高等教育公共基础类“十四五”系列规划教材

# 线性代数学习指导书

# Linear Algebra Learning Guide

（第三版）

四川大学数学学院　编
陈　丽　谭英谊　胡朝浪　主编

四川大学出版社
SICHUAN UNIVERSITY PRESS

**图书在版编目（CIP）数据**

线性代数学习指导书 / 四川大学数学学院编 ; 陈丽，谭英谊，胡朝浪主编． — 3版． — 成都 : 四川大学出版社，2023.12（2025.1 重印）

ISBN 978-7-5690-6509-1

Ⅰ．①线… Ⅱ．①四… ②陈… ③谭… ④胡… Ⅲ．①线性代数－高等学校－教学参考资料 Ⅳ．①O151.2

中国国家版本馆 CIP 数据核字（2023）第 245253 号

书　　名：线性代数学习指导书（第三版）
　　　　　Xianxing Daishu Xuexi Zhidaoshu (Di-san Ban)
编　　者：四川大学数学学院
主　　编：陈　丽　谭英谊　胡朝浪
丛 书 名：高等教育公共基础类“十四五”系列规划教材

丛书策划：李志勇　王　睿
选题策划：毕　潜　王　睿
责任编辑：毕　潜　王　睿
责任校对：胡晓燕
装帧设计：墨创文化
责任印制：李金兰

出版发行：四川大学出版社有限责任公司
　　　　　地址：成都市一环路南一段 24 号（610065）
　　　　　电话：（028）85408311（发行部）、85400276（总编室）
　　　　　电子邮箱：scupress@vip.163.com
　　　　　网址：https://press.scu.edu.cn
印前制作：四川胜翔数码印务设计有限公司
印刷装订：成都金龙印务有限责任公司

成品尺寸：185mm×260mm
印　　张：9.25
字　　数：205 千字

版　　次：2016 年 8 月 第 1 版
　　　　　2024 年 1 月 第 3 版
印　　次：2025 年 1 月 第 4 次印刷
定　　价：35.00 元

扫码获取数字资源

四川大学出版社
微信公众号

本社图书如有印装质量问题，请联系发行部调换

# 前　言

本书是与四川大学数学学院编的《线性代数》（四川大学出版社出版）相配套的学习辅导书，主要面向使用该教材的学生，也可供有关教师作为参考用书.

中国高等教育规模扩大化后，精英教育向大众化教育转变. 整个社会对于教育质量十分关注. 我们编写这本辅导书的目的是适应社会发展，满足学生学习线性代数课程的需要，期望能够对达到线性代数教学基本要求，提升线性代数教学质量有一定的辅助作用.

本书按照《线性代数》的章节顺序编写，以便于教学同步，同时有相对的独立性，方便读者选择. 每一章包括下列内容：

（1）重点、难点及学习要求. 根据课程教学大纲和内容，在概念、理论、方法、能力等方面对学生提出学习要求.

（2）知识结构网络图. 每章以图表形式建立知识结构网络图，指出各个知识点的有机联系，帮助学生从总体上把握这一章的内容及结构.

（3）基本内容与重要结论. 以简要文字阐述章节的基本内容和重要结论.

（4）疑难解答与典型例题. 精选一些代表性的、涉及本章节知识的若干例题，力求在解法上有一定典型性，在内容上对教材有所巩固、补充和提高，特别注意解题思路和方法. 这些例题有涉及多个知识点的综合题，也有涉及硕士研究生入学考试的题目.

（5）练习题精选. 为满足读者练习的需要，补充了少量习题，希望通过练习解题来消化和巩固章节知识.

本书由四川大学数学学院的陈丽、胡朝浪、谭英谊主编. 陈丽编写第一、二、三章，谭英谊编写第四、五章，胡朝浪编写第六、七章. 鉴于数学概念的理解以及数学知识的积累是一个循序渐进的过程，敬请读者对书中的不足与瑕疵，提出批评与指正.

在本书出版后，收到部分读者的信息反馈，特别感谢四川大学数学学院承担线性代数课程的老师们的宝贵意见和建议！

**编　者**

**2023 年 8 月**

# 目　录

# 第一章　线性方程组

## 一、重点、难点及学习要求

### （一）重点

线性方程组的解的存在性与唯一性的判定．矩阵的阶梯形，行最简形．用初等行变换化线性方程组的增广矩阵为阶梯形或最简形，判断、求解．在有无穷多解时，将通解表示出来．

### （二）难点

用初等行变换，化矩阵为阶梯形或最简形．对于初等行变换，化含参数的线性方程组的增广矩阵为阶梯形或最简形，判断、求解．

### （三）学习要求

1．理解齐次与非齐次线性方程组的解、增广矩阵、系数矩阵，矩阵的阶梯形、行最简形，矩阵的主元及主元列．

2．熟练运用初等行变换化矩阵为阶梯形、行最简形．

3．熟练运用初等行变换法求解线性方程组，其中要掌握通过阶梯形或行最简形矩阵判断方程组有无解，在有解时，是唯一解还是无穷多解，并会求出全部解．

4．掌握用矩阵的主元列数与未知量个数之间的关系来判定方程组的解的存在性与唯一性．

## 二、知识结构网络图

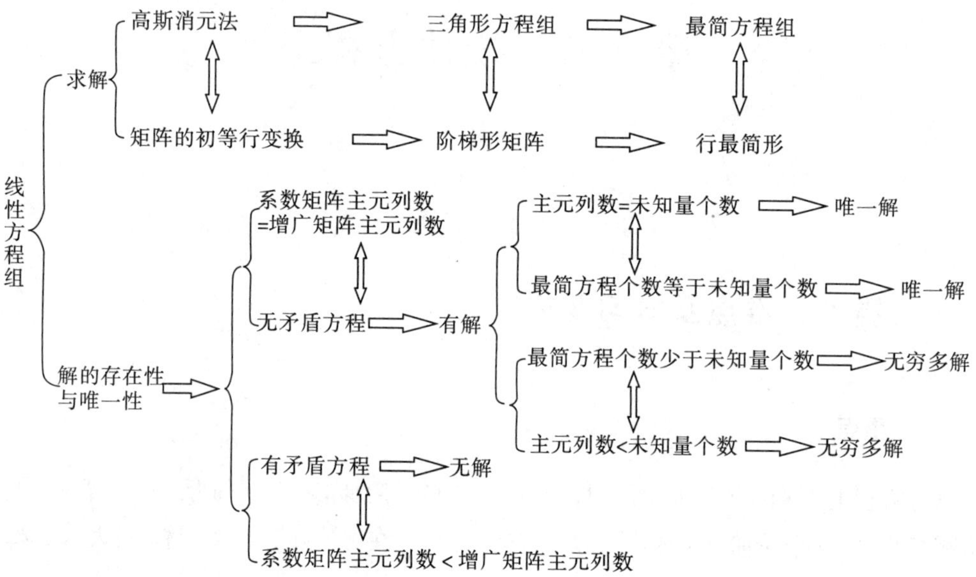


## 三、基本内容与重要结论

1. 以 $x_1$，$x_2$，…，$x_n$ 为未知量的线性方程与线性方程组的概念：

$$a_1x_1+a_2x_2+\cdots+a_nx_n=b,\quad \begin{cases} a_{11}x_1+a_{12}x_2+\cdots+a_{1n}x_n=b_1, \\ a_{21}x_1+a_{22}x_2+\cdots+a_{2n}x_n=b_2, \\ \quad\vdots \\ a_{m1}x_1+a_{m2}x_2+\cdots+a_{mn}x_n=b_m. \end{cases}$$

若 $b$，$b_1$，$b_2$，…，$b_m$ 全为零，则为齐次线性方程（组）；若 $b$，$b_1$，$b_2$，…，$b_m$ 不全为零，则为非齐次线性方程（组）.

一组满足方程（组）的 $n$ 元有序数组（$x_1$，$x_2$，…，$x_n$）称为线性方程（组）的解. 若 $n$ 元有序数组（0，0，…，0）是解，称为零解. 若方程（组）的解中含有非零数，则该解就是非零解.

2. 一个线性方程组的解有三种情况：

（1）无解.

（2）有唯一解.

（3）有无穷多解.

3. 线性方程组的两个基本问题：

(1) 方程组是否有解，即解的存在性问题.

(2) 如果解存在，是否仅有一个，即解的唯一性问题.

4. 包含相同变量的两个线性方程组如果有相同的解，则它们为等价的方程组. 对一个线性方程组通过下列三种初等变换可以得到等价的方程组：

(1) 交换方程组中两个方程的顺序.

(2) 在一个方程的两端都乘以一个非零的常数.

(3) 一个方程的常数倍加到另一个方程上.

5. 一个线性方程主要由其系数决定. 一个线性方程组与一个增广矩阵一一对应.

6. 矩阵的三种初等行变换：

(1) 对换变换——交换矩阵的两行.

(2) 数乘变换——将某行全体元素都乘以某一非零常数.

(3) 倍加变换——某行加上另一行的常数倍.

7. 两个矩阵若能通过一系列初等行变换进行转化，则这两个矩阵是行等价的. 两个线性方程组的增广矩阵行等价，则这两个方程组等价.

8. 阶梯形矩阵与矩阵的行最简形：若矩阵①所有非零行均在任一零行之上；②每一行非零首元所在列都在上一行非零首元所在列的右边；③同一列中位于非零首元下方的元素都为零，则该矩阵为阶梯形矩阵. 若阶梯形矩阵中，非零首元为 1，每个非零首元所在列只有一个非零元素，则称之为矩阵的行最简形. 一个矩阵 $\boldsymbol{A}$ 的阶梯形矩阵中非零首元就称为 $\boldsymbol{A}$ 的主元，其所在行列位置就是主元位置. 矩阵 $\boldsymbol{A}$ 中包含主元的列称为 $\boldsymbol{A}$ 的主元列.

9. 矩阵的行化简算法：

(1) 从矩阵最左边的非零列开始，主元位置在该列的第一行. 如果该位置的元是零，就用初等行变换中的对换变换或倍加变换把该位置的元化为非零，得到一个主元.

(2) 应用倍加变换将主元下方的元化为零.

(3) 盖住或忽略含有主元位置的行和它上方的行，对余下部分继续应用第一步到第二步就可得到阶梯形矩阵.

(4) 若要得到行最简形矩阵，在进行第二步时，用初等行变换中的倍加变换将主元列中除主元外的其余元化成零，并用数乘变换将主元化为 1.

10. 一个线性方程组有解当且仅当它没有矛盾方程，等价叙述为一个方程组有解当且仅当系数矩阵与增广矩阵有相同的主元列. 在有解时，若主元列数等于未知量个数，方程组有唯一解；若主元列数小于未知量个数，则方程组有无穷多解. 齐次线性方程组一定有解. 非齐次线性方程组可能无解.

11. 使用初等行变换求解线性方程组的步骤：

(1) 写出方程组的增广矩阵 $\boldsymbol{A}$.

（2）使用初等行变换化 $\boldsymbol{A}$ 为阶梯形矩阵，判断方程组有无解. 无解，停止；有解，进行下一步.

（3）继续用初等行变换化阶梯形矩阵为行最简形.

（4）写出行最简形对应的线性方程组.

（5）改写第四步得到的每个非零方程，将其中的基本变量显式表示出来，得到线性方程组的解.

## 四、疑难解答与典型例题

1. 研究线性方程组的作用是什么？

线性方程组是线性代数的核心. 在科学研究与工程应用中，超过四分之三的数学问题会涉及求解线性方程组. 利用新的数学方法，通常可以将较为复杂的问题化为线性方程组. 商业、经济学、社会学、生态学、人口统计学、遗传学、电子学、工程学以及物理学等领域都会应用线性方程组. 可以说，求解线性方程组是重要的数学问题.

2. 怎样理解“线性”一词？

线性表达式、线性方程（组）、线性组合、线性相关、线性变换等概念中的“线性”都是同样的意思. 我们在中学学的一次函数 $y=kx+b$ 的图形就是平面内一条直线. 它的表达式只涉及数乘和加法运算. 所以一个数学表达式中，只有加法和数乘运算，这样的表达式就称为线性表达式. 表达式在具体的环境下，有相应的名称. 比如含有 $n$ 个未知量的等式 $a_1x_1+a_2x_2+\cdots+a_nx_n=b$ 就称为 $n$ 元线性方程. $\begin{cases} y_1=a_{11}x_1+a_{12}x_2+\cdots+a_{1n}x_n \\ y_2=a_{21}x_1+a_{22}x_2+\cdots+a_{2n}x_n \\ \qquad\vdots \\ y_m=a_{m1}x_1+a_{m2}x_2+\cdots+a_{mn}x_n \end{cases}$ 就称为线性变换.

3. 一般线性方程组的求解方法是什么？

一个线性方程组的求解实际上要得到一个变量等于某个具体的数或表达式. 比如三元线性方程组 $\begin{cases} x_1+x_2-x_3=0 \\ x_1-x_2+x_3=2 \\ x_1+x_2+x_3=6 \end{cases}$ 有唯一解 $\begin{cases} x_1=1 \\ x_2=2 \\ x_3=3 \end{cases}$，每个未知量等于一个具体的数. 要得到 $x_3=3$ 也就是要通过初等变换把一个方程中的其余未知量 $x_1$，$x_2$ 的系数化成零，然后把 $x_3$ 的系数化为 1. 其他情形同理. 这样的方法就是高斯约当消元法.

4. 怎样理解线性方程组与矩阵的关系？

一个 $n$ 元线性方程由其系数与常数项决定. $n$ 个未知量进行了排序区分，那 $n$ 个系数及常数项对应地有序，从而产生一个 $n+1$ 元有序数组. 这个 $n+1$ 元有序数组与该方程一一对应. 同理，$m$ 个 $n$ 元线性方程组成的方程组就与 $m$ 个 $n+1$ 元有序数组组成的增广矩阵一一对应. 在高斯约当消元法求解过程中，未知量并未参与运算，实际上是方程的系数及常数项参与运算. 所以为了简便，我们用增广矩阵表示线性方程组. 但是矩阵不仅仅局限在线性方程组上，还有更广泛的应用.

5. 线性方程组的初等变换的作用是什么?

一个线性方程组包含一个或多个方程. 这些方程之间可能互相有关联. 比如第一个方程的 3 倍减去第二个方程的 2 倍就是第三个方程，那么这第三个方程就是多余的. 线性方程组的初等变换就是将多余的方程去掉，使原方程组只包含最简的方程，观察最简方程组就容易发现其中的本质和规律. 初等变换是同解变形，所以得到最简的方程组，也就得到了解.

6. 矩阵的初等行变换的作用是什么?

借助于线性方程组的初等变换的作用，很容易理解矩阵的初等行变换实际上是把矩阵的行与行之间的关系精简化，当矩阵通过初等行变换化成了行最简形后，观察行最简形矩阵，就立即可以得到原矩阵的本质特征. 这也是初等行变换贯穿整个线性代数学习过程中的原因.

对矩阵施行初等行变换化为阶梯形或行最简形的方法也称为行化简算法.

7. 线性方程组的无解的情况如何判定?

线性方程组无解的根本原因在于其中包含了一个矛盾方程. 通过初等变换将线性方程组化为最简方程组后，若出现了零等于非零数的情况，那就是这个方程组包含了一个矛盾方程. 只要不出现零等于非零数的情况，这个方程组就一定有解.

8. 线性方程组有唯一解与无穷多解的情况如何判定?

在线性方程组有解的情况下，观察最简的方程组. 如果最简方程组的方程个数等于未知量个数，实际上就得到每个未知量等于一个数，也就是方程组有唯一解. 如果最简方程组的方程个数少于未知量个数，一个方程只能解出一个未知量，即将一个未知量写在等号的一端，这样就有几个未知量解不出来，也就是它们不受表达式约束，成为自由未知量. 自由未知量可以在定义域内任意取值，从而导致有无穷多解产生. 例如，四元最简方程组 $\begin{cases}x_1-x_3-x_4=1\\x_2-x_3+x_4=2\end{cases}$ 化为 $\begin{cases}x_1=1+x_3+x_4\\x_2=2+x_3-x_4\end{cases}$，其中 $x_1$，$x_2$ 是基本变量，$x_3$，$x_4$ 就是自由未知量，可以任意取值. 所以原方程组的通解为 $(1+x_3+x_4,\ 2+x_3-x_4,\ x_3,\ x_4)$，有无穷多解. 这样的解也称为线性方程组解集的参数表示，如设 $x_3=a$，$x_4=b$，则全部解为 $(1+a+b,\ 2+a-b,\ a,\ b)$.

9. 在运用矩阵的初等行变换时要注意哪些方面?

矩阵的初等行变换可以看成是线性方程组的初等变换演变抽象出来的. 线性方程组的初等变换只能是方程与方程之间的变换，所以矩阵的初等行变换也只能是整行与整行之间的变换. 比如数乘变换，第二行乘以 3，那么矩阵的第二行的每个元素都要分别乘以 3. 又如倍加变换，第一行的 3 倍加到第二行上去，具体运算是第一行的每个元都乘以 3，然后与第二行的位于相同列的元对应相加. 第二行的每个元加上了第一行的对应元的 3 倍，有变化，但是第一行本身没有变化.

10. 线性方程组部分在实际应用中的难点是什么?

在实际应用中要运用线性方程组，首先要将实际问题转化成数学问题，建立线性方程(组). 这是最关键，也是最难的一部分. 一旦建立了线性方程组，就有完善的理论可以求线性方程组的解.

**例 1** 设 $\boldsymbol{A}=\begin{bmatrix}1&1&2&2&7\\2&2&1&1&2\\5&5&1&2&0\end{bmatrix}$，请分别判断以 $\boldsymbol{A}$ 为系数矩阵的齐次线性方程组和以 $\boldsymbol{A}$ 为增广矩阵的非齐次线性方程的解的情况，在有解时，求出全部解.

**解** 用初等行变换将 $\boldsymbol{A}$ 化为行最简形：

$$\begin{bmatrix}1&1&2&2&7\\2&2&1&1&2\\5&5&1&2&0\end{bmatrix}\xrightarrow[r_3+r_1\cdot(-5)]{r_2+r_1\cdot(-2)}\begin{bmatrix}1&1&2&2&7\\0&0&-3&-3&-12\\0&0&-9&-8&-35\end{bmatrix}$$

$$\xrightarrow{r_2\cdot\left(-\frac{1}{3}\right)}\begin{bmatrix}1&1&2&2&7\\0&0&1&1&4\\0&0&-9&-8&-35\end{bmatrix}\xrightarrow{r_3+r_2\cdot 9}\begin{bmatrix}1&1&2&2&7\\0&0&1&1&4\\0&0&0&1&1\end{bmatrix}$$

$$\xrightarrow[r_2+r_3\cdot(-1)]{r_1+r_3\cdot(-2)}\begin{bmatrix}1&1&2&0&5\\0&0&1&0&3\\0&0&0&1&1\end{bmatrix}\xrightarrow{r_1+r_2\cdot(-2)}\begin{bmatrix}1&1&0&0&-1\\0&0&1&0&3\\0&0&0&1&1\end{bmatrix}=\boldsymbol{U}.$$

(1) 写出与 $\boldsymbol{AX}=\boldsymbol{0}$ 同解的齐次线性方程组 $\boldsymbol{UX}=\boldsymbol{0}$：$\begin{cases}x_1+x_2-x_5=0\\x_3+3x_5=0\\x_4+x_5=0\end{cases}$，齐次线性方程组一定有解，因为系数矩阵的行最简形只有三个主元列（对应三个方程)，能解出三个未知量（即基本变量）$x_1$，$x_3$，$x_4$，剩余的两个变量 $x_2$，$x_5$ 为自由未知量. $\begin{cases}x_1=-x_2+x_5\\x_3=-3x_5\\x_4=-x_5\end{cases}$，这个以 $\boldsymbol{A}$ 为系数矩阵的齐次线性方程组有无穷多解，其全部解为 $(x_1, x_2, x_3, x_4, x_5)=(-a+b, a, -3b, -b, b)$，其中 $a$，$b$ 可以取一切实数.

(2) 写出以 $\boldsymbol{A}$ 为增广矩阵的非齐次线性方程组的同解方程组，注意到矩阵的最后一列是常数项列. $\begin{cases}x_1+x_2=-1\\x_3=3\\x_4=1\end{cases}$，这个方程组没有矛盾方程，系数矩阵的主元列数与增广矩阵的主元列数相等，所以方程组有解，又因为该方程组一共有四个未知量，但只有三个基本变量 $x_1$，$x_3$，$x_4$，所以有自由未知量 $x_2$. 这个以 $\boldsymbol{A}$ 为增广矩阵的非齐次线性方程组有无穷多解，其全部解为（$x_1$，$x_2$，$x_3$，$x_4$）=（$-1-a$，$a$，3，1），其中 $a$ 可以取一切实数.

**例 2** 设非齐次线性方程组 $\begin{cases} x_1-x_2+2x_3=1 \\ 2x_1-x_2+3x_3-x_4=4 \\ x_2+ax_3+bx_4=b \\ x_1-3x_2+(3-a)x_3=-4 \end{cases}$，当 $a$，$b$ 取何值时，方程组有解、无解，有解时求出全部解.

**解** 将方程组的增广矩阵用初等行变换化为阶梯形矩阵.

$$\boldsymbol{A}=\begin{bmatrix} 1 & -1 & 2 & 0 & 1 \\ 2 & -1 & 3 & -1 & 4 \\ 0 & 1 & a & b & b \\ 1 & -3 & 3-a & 0 & -4 \end{bmatrix} \xrightarrow[r_4+r_1\cdot(-1)]{r_2+r_1\cdot(-2)} \begin{bmatrix} 1 & -1 & 2 & 0 & 1 \\ 0 & 1 & -1 & -1 & 2 \\ 0 & 1 & a & b & b \\ 0 & -2 & 1-a & 0 & -5 \end{bmatrix}$$

$$\xrightarrow[r_4+r_2\cdot 2]{r_3+r_2\cdot(-1)} \begin{bmatrix} 1 & -1 & 2 & 0 & 1 \\ 0 & 1 & -1 & -1 & 2 \\ 0 & 0 & 1+a & 1+b & b-2 \\ 0 & 0 & -1-a & -2 & -1 \end{bmatrix} \xrightarrow{r_4+r_3} \begin{bmatrix} 1 & -1 & 2 & 0 & 1 \\ 0 & 1 & -1 & -1 & 2 \\ 0 & 0 & 1+a & 1+b & b-2 \\ 0 & 0 & 0 & b-1 & b-3 \end{bmatrix}.$$

根据最后一个带参数的阶梯形矩阵可以得到下列结论：

（1）当 $a\neq-1$，$b\neq1$ 时，方程组有唯一解.

$$\begin{bmatrix} 1 & -1 & 2 & 0 & 1 \\ 0 & 1 & -1 & -1 & 2 \\ 0 & 0 & 1+a & 1+b & b-2 \\ 0 & 0 & 0 & b-1 & b-3 \end{bmatrix} \to \begin{bmatrix} 1 & 0 & 0 & 0 & \dfrac{b-5}{(1+a)(b-1)}+\dfrac{4b-6}{b-1} \\ 0 & 1 & 0 & 0 & \dfrac{5-b}{(1+a)(b-1)}+\dfrac{3b-5}{b-1} \\ 0 & 0 & 1 & 0 & \dfrac{5-b}{(1+a)(b-1)} \\ 0 & 0 & 0 & 1 & \dfrac{b-3}{b-1} \end{bmatrix}.$$

（2）当 $a=-1$ 时，$\begin{bmatrix} 1 & -1 & 2 & 0 & 1 \\ 0 & 1 & -1 & -1 & 2 \\ 0 & 0 & 0 & 1+b & b-2 \\ 0 & 0 & 0 & b-1 & b-3 \end{bmatrix}$ 分两种情况讨论.

第一种情况：化简后的上面矩阵的第三、第四行成比例，即 $\dfrac{b+1}{b-1}=\dfrac{b-2}{b-3}$，可得 $b=5$，原增广矩阵最终可以化为行最简形$\begin{bmatrix} 1 & 0 & 1 & 0 & \frac{7}{2} \\ 0 & 1 & -1 & 0 & \frac{5}{2} \\ 0 & 0 & 0 & 1 & \frac{1}{2} \\ 0 & 0 & 0 & 0 & 0 \end{bmatrix}$. 写出对应的原方程组的同解方程组$\begin{cases} x_1+x_3=\frac{7}{2} \\ x_2-x_3=\frac{5}{2} \\ x_4=\frac{1}{2} \end{cases}$，主元列数为 3 ，无矛盾方程，所以有三个基本变量 $x_1$，$x_2$，$x_4$，一个自由未知量 $x_3$，原方程组有无穷多解. $(x_1, x_2, x_3, x_4)=(\frac{7}{2}-k, \frac{5}{2}+k, k, \frac{1}{2})$，$k$ 为任意实数.

第二种情况：化简后的上面矩阵的第三、第四行不成比例，即 $a=-1$，$b\neq 5$. 此时原方程组一定有一个矛盾方程，所以原方程组无解.

## 五、练习题精选

1. 求解下列增广矩阵对应的方程组.

(1) $\begin{bmatrix} 2 & 3 & -4 & 0 \\ 1 & 2 & 1 & 3 \end{bmatrix}$;

(2) $\begin{bmatrix} 2 & 1 & 4 & 1 \\ 4 & 2 & 3 & 4 \\ 5 & 2 & 6 & 0 \end{bmatrix}$;

(3) $\begin{bmatrix} 1 & 3 & 5 \\ 3 & 5 & 7 \\ 5 & 7 & 9 \end{bmatrix}$.

2. 选择 $a$，$b$ 的值，使得方程组分别：①无解；②有唯一解；③有无穷多解. 在有解时，求出全部解.

(1) $\begin{cases} x_1+ax_2=2, \\ 3x_1+6x_2=b; \end{cases}$

(2) $\begin{cases} x_1+3x_2=2, \\ 2x_1+ax_2=b. \end{cases}$

3. 给定方程组$\begin{cases}x_1+k_1x_2=b_1\\x_1+k_2x_2=b_2\end{cases}$，其中$k_1$，$k_2$和$b_1$，$b_2$为常数.

(1) 试证：若$k_1\neq k_2$，则方程组有唯一解；

(2) 若$k_1=k_2$，试证当且仅当$b_1=b_2$时方程组有解；

(3) 试给出 (1) (2) 问的几何解释.

4. 若线性方程组$\begin{cases}x_1+3x_2=a\\cx_1+dx_2=b\end{cases}$对任意的$a$，$b$都有解，求$c$，$d$满足的关系.

5. 若线性方程组$\begin{cases}ax_1+bx_2=m\\cx_1+dx_2=n\end{cases}$对任意的$m$，$n$都有解，求$a$，$b$，$c$，$d$满足的关系.

6. 判断下列命题的真假，并说明理由.

(1) 求一个线性方程组解集的参数表示，等同于求解方程组；

(2) 只要线性方程组有自由未知量，方程组就有无穷多解；

(3) 给定一个矩阵，可以通过不同的初等行变换顺序，化为不同的阶梯形矩阵；

(4) 给定一个矩阵，可以通过不同的初等行变换顺序，化为不同的行最简形；

(5) 线性方程组中的一个基本变量对应于系数矩阵中的一个主元列；

(6) 如果增广矩阵中有一行为$[0\quad 0\quad 0\quad 2\quad 0]$，则该方程组无解.

7. 一个$n$元线性方程组只有唯一解，则系数矩阵与增广矩阵的主元列数分别为多少?

8. 方程个数少于未知量个数的线性方程组（亚定组）是否一定有无穷多解?

9. 方程个数比未知量个数多的线性方程组（超定组）是否一定有解?

10. 确定$a$，$b$，$c$的值，使得增广矩阵$\begin{bmatrix}1&-4&7&a\\0&3&-5&b\\-2&5&-9&c\end{bmatrix}$对应的线性方程组有解.

11. 将军点兵，三三数之剩二，五五数之剩三，七七数之剩二，问兵几何?（求在100至500范围内的解).

12. $\boldsymbol{A}=\begin{bmatrix}1&1&a\\1&a&1\\a&1&1\end{bmatrix}$，$\boldsymbol{B}=\begin{bmatrix}1&4\\1&-2\\-2&-8\end{bmatrix}$，方程$\boldsymbol{AX}=\boldsymbol{B}$的解不唯一，求$a$.

13. $\lambda$为何值时，$\begin{cases}x_1+x_2+(2-\lambda)x_3=1\\(2-\lambda)x_1+(2-\lambda)x_2+x_3=1\\(3-2\lambda)x_1+(2-\lambda)x_2+x_3=\lambda\end{cases}$无解？有唯一解？无穷多解？在有无穷多解时求出所有解.

14. 判断$\begin{cases}x_1+2x_2+x_3=1\\2x_1+3x_2+(a+2)x_3=3\\x_1+ax_2-2x_3=0\end{cases}$的解的情况，有解时求出解.

**参考答案：**

1. (1) $\begin{cases}x_1=-9+11k\\x_2=6-6k\\x_3=k\end{cases}$，$k$ 为任意常数；

(2) $\begin{cases}x_1=-\dfrac{14}{5}\\x_2=\dfrac{41}{5}\\x_3=-\dfrac{2}{5}\end{cases}$；

(3) $\begin{cases}x_1=-1\\x_2=2\end{cases}$.

2. (1) 当 $a\neq 2$ 时，有唯一解$\begin{cases}x_1=\dfrac{ab-12}{3a-6}\\x_2=\dfrac{6-b}{3a-6}\end{cases}$；

当 $a=2$，$b\neq 6$ 时，无解；

当 $a=2$，$b=6$ 时，有无穷多解$\begin{cases}x_1=2-2k\\x_2=k\end{cases}$，$k$ 为任意常数.

(2) 当 $a\neq 6$ 时，有唯一解$\begin{cases}x_1=\dfrac{2a-3b}{a-6}\\x_2=\dfrac{b-4}{a-6}\end{cases}$；

当 $a=6$，$b\neq 4$ 时，无解；

当 $a=6$，$b=4$ 时，有无穷多解$\begin{cases}x_1=2-3k\\x_2=k\end{cases}$，$k$ 为任意常数.

3. (1) 当 $k_1\neq k_2$时，方程组有唯一解；

(2) 当 $k_1=k_2$，$b_1=b_2$时，方程组有无穷多解；

(3) 第 (1) 问表示两直线有唯一交点，第 (2) 问表示两直线重合有无穷多交点.

4. $d\neq 3c$.

5. $ad-bc\neq 0$.

6. (1) 正确；(2) 正确；(3) 正确；(4) 错误；(5) 正确；(6) 错误.

7. 系数矩阵与增广矩阵的主元列数均为 $n$.

8. 不一定，如$\begin{cases}x_1+x_2+x_3=1\\x_1+x_2+x_3=2\end{cases}$无解.

9. 不一定，如$\begin{cases}x_1=1\\x_1+x_2=1\\x_1+x_2=2\end{cases}$无解.

10. $2a+b+c=0$.

11. 128；233；338；443.

12. $a=-2$.

13. 当$\lambda=3$时无解；当$\lambda\neq1$且$\lambda\neq3$时有唯一解；当$\lambda=1$时，有无穷多解

$$\begin{cases}x_1=1-k_1-k_2\\x_2=k_1\\x_3=k_2\end{cases}$$，$k_1$，$k_2$为任意常数.

14. 当$a=3$时，有无穷多解$\begin{cases}x_1=3-7k\\x_2=-1+3k\\x_3=k\end{cases}$，$k$为任意常数；

当$a=-1$时，方程组无解；

当$a\neq3$且$a\neq-1$时，方程组有唯一解.

# 第二章　矩阵代数

## 一、重点、难点及学习要求

### （一）重点

矩阵的运算包括加法、数乘、乘法、逆、转置、分块，其中重点是乘法、逆及分块.

### （二）难点

矩阵的乘法运算及求方阵的幂、方阵可逆的判定及逆阵的求法、分块矩阵的运算.

### （三）学习要求

1. 理解矩阵的概念.

2. 了解单位矩阵、对角矩阵、三角矩阵、对称矩阵和反对称矩阵的概念以及它们的性质.

3. 掌握矩阵的线性运算、乘法、转置，以及它们的运算规律，了解方阵的幂、方阵多项式.

4. 理解逆矩阵的概念，掌握逆矩阵的性质，以及矩阵可逆的充分必要条件. 理解伴随矩阵的概念，会用伴随矩阵求矩阵的逆矩阵.

5. 掌握矩阵的初等变换，了解初等矩阵的性质和矩阵等价的概念. 掌握用初等行变换求逆矩阵的方法.

6. 了解分块矩阵及其运算.

## 二、知识结构网络图

$$\text{矩阵}\begin{cases}\text{加法}\\\text{数乘}\\\text{乘法}\\\text{逆}\\\text{转置}\\\text{分块}\end{cases}$$

## 三、基本内容与重要结论

1. 矩阵的加法：同型矩阵相加，对应分量相加.

2. 矩阵的数乘：数乘矩阵等于该数乘以矩阵的每一个元素.

3. 矩阵的乘法：相乘条件：左矩阵的列数等于右矩阵的行数：$\boldsymbol{A}_{mn}\times\boldsymbol{B}_{np}$；

乘积结果：$\boldsymbol{A}_{mn}\times\boldsymbol{B}_{np}=\boldsymbol{C}_{mp}=(\sum_{k=1}^{n}a_{ik}b_{kj})_{mp}$——左行右列；

不满足三大规律：交换律、消去律、$\boldsymbol{AB}=\boldsymbol{O}\Rightarrow\boldsymbol{A}=\boldsymbol{O}$ 或 $\boldsymbol{B}=\boldsymbol{O}$.

4. 初等变换与矩阵乘法的关系：对 $m$ 行 $n$ 列矩阵 $\boldsymbol{A}$ 施行某一初等行变换，其结果等于对 $\boldsymbol{A}$ 左乘以一个对应的 $m$ 阶初等矩阵；对 $\boldsymbol{A}$ 施行一次初等列变换，其结果等于对 $\boldsymbol{A}$ 右乘以一个相应的 $n$ 阶初等矩阵.

5. 方阵的逆：若 $n$ 阶方阵 $\boldsymbol{A}$，存在 $n$ 阶方阵 $\boldsymbol{B}$，使 $\boldsymbol{AB}=\boldsymbol{BA}=\boldsymbol{I}$，则称 $\boldsymbol{A}$ 可逆，$\boldsymbol{B}$ 为 $\boldsymbol{A}$ 的逆矩阵.

等价命题：$\Leftrightarrow n$ 阶方阵 $\boldsymbol{A}$ 可表为一些初等矩阵的乘积

$\Leftrightarrow n$ 阶方阵 $\boldsymbol{A}$ 的主元列数为 $n$

$\Leftrightarrow n$ 阶方阵 $\boldsymbol{A}$ 与 $n$ 阶单位阵行等价

$\Leftrightarrow n$ 阶方阵 $\boldsymbol{A}$ 对应的齐次线性方程组 $\boldsymbol{AX}=\boldsymbol{0}$ 只有零解

方阵可逆的性质：$(\boldsymbol{A}^{-1})^{-1}=\boldsymbol{A}$，$(k\boldsymbol{A})^{-1}=k^{-1}\boldsymbol{A}^{-1}$ $(k\neq0)$，$(\boldsymbol{AB})^{-1}=\boldsymbol{B}^{-1}\boldsymbol{A}^{-1}$.

6. 利用初等行变换求方阵的逆的方法：将 $n$ 阶方阵 $\boldsymbol{A}$ 和同阶单位阵 $\boldsymbol{E}$ 组成一个 $n$ 行 $2n$ 列的矩阵 $(\boldsymbol{A}\mid\boldsymbol{E})$，对这个新矩阵施行初等行变换，将 $\boldsymbol{A}$ 化为单位阵 $\boldsymbol{E}$，相应地右边的 $\boldsymbol{E}$ 就化成了 $\boldsymbol{A}$ 的逆阵.

7. 矩阵的转置：将 $m$ 行 $n$ 列矩阵 $\boldsymbol{A}$ 的行顺次变为列，相应地列顺次变成行，所得 $n$ 行 $m$ 列矩阵称为 $\boldsymbol{A}$ 的转置矩阵 $\boldsymbol{A}^{\mathrm{T}}$. $(\boldsymbol{A}^{\mathrm{T}})^{\mathrm{T}}=\boldsymbol{A}$，$(\boldsymbol{A}+\boldsymbol{B})^{\mathrm{T}}=\boldsymbol{A}^{\mathrm{T}}+\boldsymbol{B}^{\mathrm{T}}$，$(\lambda\boldsymbol{A})^{\mathrm{T}}=\lambda\boldsymbol{A}^{\mathrm{T}}$，$(\boldsymbol{AB})^{\mathrm{T}}=\boldsymbol{B}^{\mathrm{T}}\boldsymbol{A}^{\mathrm{T}}$.

8. 矩阵的分块：用若干条横线、竖线将 $m$ 行 $n$ 列矩阵 $\boldsymbol{A}$ 分成若干行数、列数较少的矩阵，这些矩阵称为 $\boldsymbol{A}$ 的子块或子矩阵. 被划分了的矩阵称为分块矩阵. 分块矩阵的元素可能不再是数，而是一些小矩阵. 分块矩阵的运算与通常矩阵的运算相似.

## 四、疑难解答与典型例题

1. 研究矩阵的作用是什么？

线性代数是以矩阵为工具研究线性空间. 现代数学研究的就是具有一定特征的空间. 线性空间是比较基本的：存在一个非空集合，在这个集合上定义了加法与数乘两种运算，并且满足八条规律，这个集合就称为线性空间. 线性空间中两组元素之间存在一种线性关系——线性映射（变换）. 矩阵的本质就是揭示或表述这个线性关系（学习完线性变换与线性空间后会更容易理解矩阵的本质）.

例如，在一个三维空间中，点 $P_1(x_1, y_1, z_1)$ 与点 $P_2(x_2, y_2, z_2)$ 之间有线性关系 $\begin{cases} x_2=a_{11}x_1+a_{12}y_1+a_{13}z_1 \\ y_2=a_{21}x_1+a_{22}y_1+a_{23}z_1 \\ z_2=a_{31}x_1+a_{32}y_1+a_{33}z_1 \end{cases}$，我们可以用矩阵及其乘法来表示这个关系：$\begin{bmatrix} x_2 \\ y_2 \\ z_2 \end{bmatrix}=\begin{bmatrix} a_{11} & a_{12} & a_{13} \\ a_{21} & a_{22} & a_{23} \\ a_{31} & a_{32} & a_{33} \end{bmatrix}\begin{bmatrix} x_1 \\ y_1 \\ z_1 \end{bmatrix}$. 这个关系与该三阶矩阵之间一一对应.

2. 什么是矩阵的代数运算？

矩阵的代数运算是指矩阵的加法、数乘、乘法、逆这几种运算. 如果一个矩阵的集合对于定义在其上的某些代数运算封闭，也就是运算结果仍然在这个集合中，那么这个集合就构成了一个运算系统. $n$ 阶方阵全体对于线性运算构成一个矩阵运算系统.

3. 矩阵的运算与实数的运算的相似点与区别是什么？

(1) 矩阵的加法是同型矩阵间的运算，对应位置上的元素相加. 本质就是数的加法. 所以矩阵加法满足交换律、结合律等规律.

(2) 矩阵的数乘就是一个数与矩阵的每个元相乘，本质上也是数的乘法.

(3) 矩阵的乘法与数的乘法差距很大.

①任意两个矩阵不一定能相乘. 矩阵 $\boldsymbol{A}_{mn}$ 的列数与矩阵 $\boldsymbol{B}_{pq}$ 的行数相同，才能有 $\boldsymbol{AB}$ 乘积.

②即使 $\boldsymbol{A}$ 与 $\boldsymbol{B}$ 能相乘为 $\boldsymbol{AB}$，但是 $\boldsymbol{B}$ 与 $\boldsymbol{A}$ 不一定能相乘.

③即使 $\boldsymbol{AB}$ 与 $\boldsymbol{BA}$ 有意义，但 $\boldsymbol{AB}$ 不一定等于 $\boldsymbol{BA}$，即矩阵乘法不满足交换律. 例如，$\boldsymbol{A}=\begin{bmatrix} 1 & 0 \\ 0 & 0 \end{bmatrix}$，$\boldsymbol{B}=\begin{bmatrix} 0 & 1 \\ 0 & 0 \end{bmatrix}$，$\boldsymbol{AB}=\boldsymbol{B}$，$\boldsymbol{BA}=\begin{bmatrix} 0 & 0 \\ 0 & 0 \end{bmatrix}$.

④两个非零的数相乘一定非零，但是两个非零的矩阵相乘可能为零．例如，③中的两个矩阵 $\boldsymbol{A}$ 与 $\boldsymbol{B}$ 均非零，但是 $\boldsymbol{BA}=\boldsymbol{O}$，零矩阵存在全部非零的矩阵因子．

⑤关于数的乘法满足消去律，如 $2x=2y$，则一定有 $x=y$ 成立．但是矩阵乘法不满足消去律，如 $\boldsymbol{C}=\begin{bmatrix}0 & 0\\ 0 & 2\end{bmatrix}$，取③中的 $\boldsymbol{A}$，则 $\boldsymbol{CA}=\boldsymbol{O}$．显然 $\boldsymbol{BA}=\boldsymbol{CA}$，但是 $\boldsymbol{B}$ 不等于 $\boldsymbol{C}$．

4．矩阵乘法定义有怎样的背景？

数学中的概念或定义，都是由于研究某些实际问题的需要而产生抽象出来的．两个矩阵的加法是同型矩阵间的加法．为什么两个矩阵相乘不定义为两个同型矩阵对应元素相乘呢？实际上这样的定义有过，但是不能解决任何实际问题，所以被淘汰了．

两个矩阵的乘法为什么要那样定义呢？

（1）我们可以从经济学中的例子看到应用方面的原因．假设某公司向三个商场提供货物数量如下：

$$\begin{array}{cc} & \begin{array}{ccc}\text{电脑} & \text{冰箱} & \text{彩电}\end{array}\\ \boldsymbol{A}=\begin{array}{c}\text{甲}\\ \text{乙}\\ \text{丙}\end{array} & \begin{bmatrix}50 & 40 & 10\\ 40 & 30 & 20\\ 80 & 60 & 30\end{bmatrix}\end{array}$$

矩阵 $\boldsymbol{B}$ 是这三种货物的成本及售价，$\boldsymbol{B}=\begin{array}{c}\text{电脑}\\ \text{冰箱}\\ \text{彩电}\end{array}\begin{bmatrix}4000 & 6980\\ 2800 & 4680\\ 2000 & 3280\end{bmatrix}$，则该公司的对应甲、乙、丙三个商场的总成本及总的销售收入恰好是 $\boldsymbol{AB}$．

（2）矩阵的乘法规定实际上是研究向量空间中两个线性变换作乘法的客观需要．例如，在一个三维空间中，点 $P_1(x_1,\ y_1,\ z_1)$ 与点 $P_2(x_2,\ y_2,\ z_2)$ 之间有线性关系 $\begin{cases}x_2=a_{11}x_1+a_{12}y_1+a_{13}z_1\\ y_2=a_{21}x_1+a_{22}y_1+a_{23}z_1\\ z_2=a_{31}x_1+a_{32}y_1+a_{33}z_1\end{cases}$，点 $P_3(x_3,\ y_3,\ z_3)$ 与点 $P_2(x_2,\ y_2,\ z_2)$ 之间有线性关系 $\begin{cases}x_3=b_{11}x_2+b_{12}y_2+b_{13}z_2\\ y_3=b_{21}x_2+b_{22}y_2+b_{23}z_2\\ z_3=b_{31}x_2+b_{32}y_2+b_{33}z_2\end{cases}$，那么点 $P_3(x_3,\ y_3,\ z_3)$ 与点 $P_1(x_1,\ y_1,\ z_1)$ 之间有关系 $\begin{bmatrix}x_3\\ y_3\\ z_3\end{bmatrix}=\begin{bmatrix}b_{11} & b_{12} & b_{13}\\ b_{21} & b_{22} & b_{23}\\ b_{31} & b_{32} & b_{33}\end{bmatrix}\begin{bmatrix}a_{11} & a_{12} & a_{13}\\ a_{21} & a_{22} & a_{23}\\ a_{31} & a_{32} & a_{33}\end{bmatrix}\begin{bmatrix}x_1\\ y_1\\ z_1\end{bmatrix}$．定义了矩阵的乘法就很容易用矩阵来表示线性变换的复合．

5．方阵的幂的常用计算方法有哪些？

关于 $n$ 阶方阵 $\boldsymbol{A}$ 的 $m$ 次幂的计算方法通常有以下四种：

（1）递推公式法．首先计算 $\boldsymbol{A}$ 的 2 次幂，然后计算 3 次幂，如果需要再计算 4 次幂，通过结果寻找规律，得到递推公式，最后用数学归纳法证明递推公式正确．

（2）若方阵 $\boldsymbol{A}$ 的秩为 1，则 $\boldsymbol{A}$ 可以表示成一个列向量与一个行向量的乘积，也就是两向量的外积．求 $\boldsymbol{A}$ 的 $m$ 次幂时，利用两向量的内积结果是个数 $k$，可以得到 $\boldsymbol{A}$ 的 $m$ 次幂等于 $k^{m-1}\boldsymbol{A}$．

（3）拆分法．对于一些特殊矩阵，如果能表示成一个幂零矩阵（$\boldsymbol{A}^k=0$，$k\in\mathbf{Z}^+$）与一个数量矩阵的和，那么可以采用二项式公式的结论来求解．这个求 $m$ 次幂的过程不需要证明．

**例 1** 已知 $\boldsymbol{A}=\begin{bmatrix}\lambda & 1 & 0\\ 0 & \lambda & 1\\ 0 & 0 & \lambda\end{bmatrix}$，求 $\boldsymbol{A}^k$（$k\geqslant 3$）．

**解** $\boldsymbol{A}=\lambda\boldsymbol{I}+\begin{bmatrix}0 & 1 & 0\\ 0 & 0 & 1\\ 0 & 0 & 0\end{bmatrix}=\lambda\boldsymbol{I}+\boldsymbol{B}$，

$$\boldsymbol{A}^k=(\lambda\boldsymbol{I}+\boldsymbol{B})^k=\lambda^k\boldsymbol{I}+\mathrm{C}_k^1\lambda^{k-1}\boldsymbol{B}+\mathrm{C}_k^2\lambda^{k-2}\boldsymbol{B}^2+\cdots+\boldsymbol{B}^k,$$

$$\boldsymbol{A}^k=\lambda^k\boldsymbol{I}+\mathrm{C}_k^1\lambda^{k-1}\boldsymbol{B}+\mathrm{C}_k^2\lambda^{k-2}\boldsymbol{B}^2+\cdots+\boldsymbol{B}^k=\begin{bmatrix}\lambda^k & \mathrm{C}_k^1\lambda^{k-1} & \mathrm{C}_k^2\lambda^{k-2}\\ 0 & \lambda^k & \mathrm{C}_k^1\lambda^{k-1}\\ 0 & 0 & \lambda^k\end{bmatrix}.$$

（4）相似对角化法（详见第五章）．

6．关于矩阵的逆为什么不能写成分数线形式？

数的四则运算包括加、减、乘、除．矩阵有加法、数乘、乘法运算，加法与数乘同时作用可以得到减法，所以在高等数学中，一般都很少提减法．但是为什么没有除法呢？在数的除法里面，我们必须看到除法的实质是乘法的逆运算．比如 $5\cdot\dfrac{1}{5}=\dfrac{1}{5}\cdot 5=1$，其中数 1 是乘法的单位元，$\dfrac{1}{5}$是 5 的乘法逆元，所以可以写成 $5^{-1}$．推广到矩阵概念上，有方阵可逆的定义，$\boldsymbol{AB}=\boldsymbol{BA}=\boldsymbol{I}$，其中 $\boldsymbol{B}$ 是 $\boldsymbol{A}$ 的逆阵，$\boldsymbol{A}$ 是 $\boldsymbol{B}$ 的逆阵，即 $\boldsymbol{A}=\boldsymbol{B}^{-1}$，$\boldsymbol{B}=\boldsymbol{A}^{-1}$．这里特别要注意，在矩阵的意义下，没有倒数．不能用分数线符号来表示矩阵的逆．

7．求方阵 $\boldsymbol{A}$ 的逆阵的方法有哪些？

求方阵 $\boldsymbol{A}$ 的逆阵，要根据方阵的具体情况来确定判定方法．

（1）对于给定的 $n$ 阶数值型方阵 $\boldsymbol{A}$，可以用初等行变换将（$\boldsymbol{A}\mid\boldsymbol{I}$）中的 $\boldsymbol{A}$ 化为行最简形，如果行最简形有 $n$ 行非零，则 $\boldsymbol{A}$ 可逆．继续用初等行变换化 $\boldsymbol{A}$ 为单位阵，相应地，（$\boldsymbol{A}\mid\boldsymbol{I}$）中的 $\boldsymbol{I}$ 就化为了 $\boldsymbol{A}$ 的逆阵．

（2）对于数值型方阵 $\boldsymbol{A}$ 还可以用其行列式值不为零判断可逆，其逆可用 $\boldsymbol{A}$ 的伴随矩

阵表示，即 $\boldsymbol{A}^{-1}=\frac{1}{|\boldsymbol{A}|}\boldsymbol{A}^{*}$（见第三章）.

(3) 对于抽象方阵 $\boldsymbol{A}$，可以用定义来判断并求其逆阵. 涉及矩阵方程中的方阵求逆阵，通常采用因式分解的方法.

**例 2**　设方阵 $\boldsymbol{A}$ 满足 $\boldsymbol{A}^2+3\boldsymbol{A}+2\boldsymbol{I}=\boldsymbol{O}$，证明当 $k$ 不为 1 与 2 时，$\boldsymbol{A}+k\boldsymbol{I}$ 都可逆，并求出其逆阵.

**证明**　利用一个方阵的多项式可以因式分解，将 $\boldsymbol{A}^2+3\boldsymbol{A}+2\boldsymbol{I}=0$ 改写成 $(\boldsymbol{A}+k\boldsymbol{I})[\boldsymbol{A}+(-k+3)\boldsymbol{I}]-k(-k+3)\boldsymbol{I}+2\boldsymbol{I}=\boldsymbol{O}$，移项整理得 $(\boldsymbol{A}+k\boldsymbol{I})[\boldsymbol{A}+(-k+3)\boldsymbol{I}]=-(k-1)(k-2)\boldsymbol{I}$. 再利用矩阵的数乘运算，当 $k$ 不为 1 与 2 时，$(\boldsymbol{A}+k\boldsymbol{I})\cdot\frac{1}{-(k-1)(k-2)}[\boldsymbol{A}+(-k+3)\boldsymbol{I}]=\boldsymbol{I}$. 所以 $\boldsymbol{A}+k\boldsymbol{I}$ 可逆，且其逆阵为 $\frac{1}{-(k-1)(k-2)}[\boldsymbol{A}+(-k+3)\boldsymbol{I}]$.

(4) $n$ 阶方阵的秩为 $n$，则该方阵可逆（见第四章）.

(5) 如果知道方阵的全部特征值都不是零，可断定该方阵是可逆的（见第六章）.

(6) 如果知道方阵是正交的或者是正定的，也可断定该方阵可逆（见第七章）.

8. 方阵可逆的应用是什么？

在矩阵集合中，有各种维度（矩阵的行数与列数）的矩阵，方阵是比较特殊的矩阵，可以满足加法、数乘及乘法运算. 矩阵与线性方程组密切相连，利用矩阵的乘法可以将线性方程组简化为 $\boldsymbol{AX}=\boldsymbol{B}$ 的形式. 求解线性方程组 $\boldsymbol{AX}=\boldsymbol{B}$ 就是将该式改写成 $\boldsymbol{X}=$某个矩阵. 在 $\boldsymbol{A}$ 是方阵且可逆的情况下，实际上就是 $\boldsymbol{X}=\boldsymbol{A}^{-1}\boldsymbol{B}$. 即使线性方程组 $\boldsymbol{AX}=\boldsymbol{B}$ 中的系数矩阵 $\boldsymbol{A}$ 不是方阵，在求解过程中实际上也要运用到可逆矩阵——初等矩阵. 事实上，将线性方程组通过初等变换化为最简方程组，等同于对矩阵方程 $\boldsymbol{AX}=\boldsymbol{B}$ 的两端左侧都乘以一个对应的初等矩阵，这些可逆的初等矩阵将 $\boldsymbol{A}$ 化为行最简形矩阵后得到基本变量与自由变量，以及是否有矛盾方程，从而可以求解一般的线性方程组. 所以方阵可逆的一个应用就是解线性方程组.

方阵可逆可以化简表达式，如表达式 $\boldsymbol{AX}=\boldsymbol{AY}$，当方阵 $\boldsymbol{A}$ 可逆时，可以化简为 $\boldsymbol{X}=\boldsymbol{Y}$.

方阵可逆的最重要的一个应用是体现在线性变换可逆. 因为从一个 $n$ 元变量组 $\boldsymbol{X}$ 到另一个 $n$ 元变量组 $\boldsymbol{Y}$ 之间的线性关系可以用方阵来反映 $\boldsymbol{Y}=\boldsymbol{AX}$，如果这个 $n$ 阶方阵 $\boldsymbol{A}$ 可逆，则其逆阵就反映了从变量组 $\boldsymbol{Y}$ 到变量组 $\boldsymbol{X}$ 之间的线性关系 $\boldsymbol{X}=\boldsymbol{A}^{-1}\boldsymbol{Y}$.

9. 方阵的逆的运算需要注意什么？

(1) 两个 $n$ 阶可逆方阵的和不一定可逆，如可逆方阵 $\boldsymbol{A}$ 与可逆方阵 $-\boldsymbol{A}$ 的和是零矩阵，零矩阵不可逆.

(2) 非零数 $k$ 与可逆阵 $\boldsymbol{A}$ 的乘积 $k\boldsymbol{A}$ 可逆，且 $(k\boldsymbol{A})^{-1}=k^{-1}\boldsymbol{A}^{-1}$.

(3) 两个同阶可逆方阵 $\boldsymbol{A}$ 与 $\boldsymbol{B}$ 的乘积仍然可逆，且 $(\boldsymbol{AB})^{-1}=\boldsymbol{B}^{-1}\boldsymbol{A}^{-1}$.

(4) 方阵 $\boldsymbol{A}$ 可逆，则$(\boldsymbol{A}^{\mathrm{T}})^{-1}=(\boldsymbol{A}^{-1})^{\mathrm{T}},(\boldsymbol{A}^{*})^{-1}=(\boldsymbol{A}^{-1})^{*}$.

10. 矩阵的初等变换与初等矩阵的作用是什么？

矩阵理论是线性代数的主要内容和重要基础. 矩阵的初等变换在矩阵理论中起着特别重要的作用，主要包括：在解线性方程组时的核心作用；在求逆阵时的核心作用；在求矩阵秩时的核心作用. 解线性方程组时，我们已经见到初等变换的作用实际上是精简方程组. 矩阵的初等行变换与线性方程组的初等变换是对应的. 对单位矩阵施行一次初等变换就得到初等矩阵. 在满足矩阵乘法的条件下，利用单位矩阵与矩阵 $\boldsymbol{A}$ 相乘结果还是 $\boldsymbol{A}$，对矩阵 $\boldsymbol{A}$ 施行一次初等行变换的结果等于在 $\boldsymbol{A}$ 的左侧乘以一个对应的初等矩阵，对 $\boldsymbol{A}$ 施行一次初等列变换的结果等于在 $\boldsymbol{A}$ 的右侧乘以一个对应的初等矩阵. 简言之，对 $\boldsymbol{A}$ 施行一次初等变换，可以用矩阵 $\boldsymbol{A}$ 与对应的初等矩阵的乘积（左行右列）来表示. 这就好比中国武术中的一个招式——隔山打牛. 将 $\boldsymbol{I}$ 和 $\boldsymbol{A}$ 相乘，对单位阵 $\boldsymbol{I}$ 施行一次初等变换，结果就是对 $\boldsymbol{A}$ 施行一次同样的初等变换（左行右列）. 初等矩阵可以反映对矩阵施行的初等变换. 一个方阵 $\boldsymbol{A}$ 可逆等价于 $\boldsymbol{A}$ 可以表示成一些初等矩阵的乘积，这里可以看成是 $\boldsymbol{A}$ 的一种分解，$\boldsymbol{A}$ 被分解为有限个初等矩阵相乘. 在求矩阵的秩时，用初等行变换将 $\boldsymbol{A}$ 化成阶梯形或行最简形，其作用也是把 $\boldsymbol{A}$ 分解成可逆矩阵与阶梯形矩阵或行最简形矩阵相乘，研究 $\boldsymbol{A}$ 就转化成研究相应的阶梯形矩阵或行最简形.

11. 矩阵的转置本质是什么？

对任意的一个 $m$ 行 $n$ 列的矩阵 $\boldsymbol{A}$，其转置实际上是行列位置的互换，也就是将 $\boldsymbol{A}$ 的 $m$ 行依次换为 $m$ 列，相应地，$n$ 列就依次地换成了 $n$ 行. 这个新矩阵就是 $\boldsymbol{A}$ 的转置矩阵 $\boldsymbol{A}^{\mathrm{T}}$. 若 $\boldsymbol{A}^{\mathrm{T}}=\boldsymbol{A}$，则方阵 $\boldsymbol{A}$ 为对称矩阵；若 $\boldsymbol{A}^{\mathrm{T}}=-\boldsymbol{A}$，则方阵 $\boldsymbol{A}$ 为反对称矩阵. 转置实际上是研究对称性，更进一步研究不变性的工具（见第七章）.

12. 矩阵的转置的运算需要注意哪些？

(1) 和的转置等于转置的和，$(\boldsymbol{A}+\boldsymbol{B})^{\mathrm{T}}=\boldsymbol{A}^{\mathrm{T}}+\boldsymbol{B}^{\mathrm{T}}$.

(2) 数乘矩阵的转置等于数与转置的乘积，$(k\boldsymbol{A})^{\mathrm{T}}=k\boldsymbol{A}^{\mathrm{T}}$.

(3) 特别要注意乘积的转置不等于转置的乘积，而是等于转置的反序相乘，$(\boldsymbol{AB})^{\mathrm{T}}=\boldsymbol{B}^{\mathrm{T}}\boldsymbol{A}^{\mathrm{T}}$.

(4) 对称矩阵的幂仍然是对称矩阵；反对称矩阵的奇数次幂仍然是反对称矩阵，反对称矩阵的偶数次幂是对称矩阵.

(5) 同阶对称矩阵的乘积不一定是对称矩阵，如$\begin{bmatrix}1 & 2\\2 & 1\end{bmatrix}\begin{bmatrix}1 & 2\\2 & 2\end{bmatrix}=\begin{bmatrix}5 & 6\\4 & 6\end{bmatrix}$.

(6) 若同阶方阵 $\boldsymbol{A}$ 与 $\boldsymbol{B}$ 同为对称矩阵（或反对称矩阵），则 $\boldsymbol{AB}$ 为对称矩阵的充要条件是 $\boldsymbol{AB}=\boldsymbol{BA}$，即 $\boldsymbol{A}$ 与 $\boldsymbol{B}$ 可交换.

13. 矩阵的分块意义是什么？

对于一个矩阵，其行数与列数的数值可以很大，在一些计算中直接用该矩阵参与运算是很不方便的. 为了简化计算，可以用一些横线与纵线将矩阵分成若干小块，这些块作为元素构成一个新矩阵，就是原矩阵的分块矩阵. 分块矩阵的目的与作用就是将大矩阵化为小矩阵，简化计算或推导.

14. 矩阵的分块的运算需要注意哪些?

(1) 两同型矩阵，若其分法相同，则分块矩阵可以相加，其和为对应子块相加.

(2) 数乘以分块矩阵等于数乘以每一子块所得矩阵.

(3) 两矩阵 $\boldsymbol{A}$ 与 $\boldsymbol{B}$ 可乘，当 $\boldsymbol{A}$ 的列分块与 $\boldsymbol{B}$ 的行分块相同时，对应的分块矩阵可以相乘，满足通常矩阵乘积法则.

(4) 分块矩阵的广义初等行（列）变换对于求解分块矩阵的题有很大帮助.

(5) 分块矩阵的转置结果是大矩阵转置且每一子块还要转置.

**例 3**　设 $\boldsymbol{\alpha}=(1,\ 2,\ 3)$，$\boldsymbol{\beta}=(1,\ 2,\ 1)$，求矩阵 $\boldsymbol{A}=\boldsymbol{\alpha}^{\mathrm{T}}\boldsymbol{\beta}$，$\boldsymbol{B}=\boldsymbol{\alpha}\boldsymbol{\beta}^{\mathrm{T}}$，$\boldsymbol{A}^{n}$.

**解**

$$\boldsymbol{A}=(1,\ 2,\ 3)^{\mathrm{T}}(1,\ 2,\ 1)=\begin{bmatrix}1\\2\\3\end{bmatrix}(1,\ 2,\ 1)=\begin{bmatrix}1\times1 & 1\times2 & 1\times1\\2\times1 & 2\times2 & 2\times1\\3\times1 & 3\times2 & 3\times1\end{bmatrix}$$

$$=\begin{bmatrix}1 & 2 & 1\\2 & 4 & 2\\3 & 6 & 3\end{bmatrix}.$$

利用矩阵乘法的结合律求 $\boldsymbol{A}^{n}$，

$$\boldsymbol{A}^{2}=\begin{bmatrix}1\\2\\3\end{bmatrix}(1,2,1)\begin{bmatrix}1\\2\\3\end{bmatrix}(1,2,1)=\begin{bmatrix}1\\2\\3\end{bmatrix}\left[(1,2,1)\begin{bmatrix}1\\2\\3\end{bmatrix}\right](1,2,1)$$

$$=\begin{bmatrix}1\\2\\3\end{bmatrix}(1\times1+2\times2+1\times3)(1,2,1)=8\begin{bmatrix}1\\2\\3\end{bmatrix}(1,2,1)=8\boldsymbol{A},$$

而 $\boldsymbol{A}^{3}=\boldsymbol{A}\cdot\boldsymbol{A}^{2}=8\boldsymbol{A}^{2}=8^{2}\boldsymbol{A}$，故

$$\boldsymbol{A}^{n}=8^{n-1}\boldsymbol{A},$$

$$\boldsymbol{B}=\boldsymbol{\alpha}\boldsymbol{\beta}^{\mathrm{T}}=(1,2,3)\begin{bmatrix}1\\2\\1\end{bmatrix}=8.$$

**例 4**　用初等行变换求 $\boldsymbol{A}=\begin{bmatrix}2 & 3 & 1\\0 & 1 & 3\\1 & 2 & 5\end{bmatrix}$ 的逆矩阵.

**解**

$$(\boldsymbol{A}\mid\boldsymbol{I})=\left[\begin{array}{ccc:ccc}2&3&1&1&0&0\\0&1&3&0&1&0\\1&2&5&0&0&1\end{array}\right]\xrightarrow{r_1\leftrightarrow r_3}\left[\begin{array}{ccc:ccc}1&2&5&0&0&1\\0&1&3&0&1&0\\2&3&1&1&0&0\end{array}\right]$$

$$\xrightarrow{r_3-2r_1}\left[\begin{array}{ccc:ccc}1&2&5&0&0&1\\0&1&3&0&1&0\\0&-1&-9&1&0&-2\end{array}\right]\xrightarrow[r_3+r_2]{r_1-2r_2}\left[\begin{array}{ccc:ccc}1&0&-1&0&-2&1\\0&1&3&0&1&0\\0&0&-6&1&1&-2\end{array}\right]$$

$$\xrightarrow{r_3\cdot(-\frac{1}{6})}\left[\begin{array}{ccc:ccc}1&0&-1&0&-2&1\\0&1&3&0&1&0\\0&0&1&-\frac{1}{6}&-\frac{1}{6}&\frac{1}{3}\end{array}\right]\xrightarrow[r_2-3r_3]{r_1+r_3}\left[\begin{array}{ccc:ccc}1&0&0&-\frac{1}{6}&-\frac{13}{6}&\frac{4}{3}\\0&1&0&\frac{1}{2}&\frac{3}{2}&-1\\0&0&1&-\frac{1}{6}&-\frac{1}{6}&\frac{1}{3}\end{array}\right].$$

所以，$\boldsymbol{A}^{-1}=\begin{bmatrix}-\frac{1}{6}&-\frac{13}{6}&\frac{4}{3}\\\frac{1}{2}&\frac{3}{2}&-1\\-\frac{1}{6}&-\frac{1}{6}&\frac{1}{3}\end{bmatrix}$. 题中的 $r_1$ 表示行列式的第一行，其他的依次类推.

**例 5** 已知 $\boldsymbol{A}=\begin{bmatrix}3&0&0\\0&1&-1\\0&1&4\end{bmatrix}$，$\boldsymbol{B}=\begin{bmatrix}3&6\\1&1\\2&3\end{bmatrix}$，解矩阵方程 $\boldsymbol{AX}=2\boldsymbol{X}+\boldsymbol{B}$.

**解** 因为 $\boldsymbol{AX}=2\boldsymbol{X}+\boldsymbol{B}\Rightarrow(\boldsymbol{A}\quad 2\boldsymbol{I})\boldsymbol{X}=\boldsymbol{B}$.

而 $\boldsymbol{A}-2\boldsymbol{I}=\begin{bmatrix}3&0&0\\0&1&-1\\0&1&4\end{bmatrix}-\begin{bmatrix}2&0&0\\0&2&0\\0&0&2\end{bmatrix}=\begin{bmatrix}1&0&0\\0&-1&-1\\0&1&2\end{bmatrix}$，且 $(\boldsymbol{A}-2\boldsymbol{I})^{-1}=\begin{bmatrix}1&0&0\\0&-2&-1\\0&1&1\end{bmatrix}$，在 $(\boldsymbol{A}-2\boldsymbol{I})\boldsymbol{X}=\boldsymbol{B}$ 的两端同时左乘 $(\boldsymbol{A}-2\boldsymbol{I})^{-1}$，并利用乘法的结合律可得 $\boldsymbol{X}=(\boldsymbol{A}-2\boldsymbol{I})^{-1}\boldsymbol{B}=\begin{bmatrix}3&6\\-4&-5\\3&4\end{bmatrix}$.

注意，$\boldsymbol{X}\neq\boldsymbol{B}(\boldsymbol{A}-2\boldsymbol{I})^{-1}$，因为矩阵乘法不满足交换律.

此题求解 $\boldsymbol{X}$ 时，可直接用初等行变换法：

$$(\boldsymbol{A}-2\boldsymbol{I} \mid \boldsymbol{B}) \longrightarrow \left[\begin{array}{ccc:cc}1&0&0&3&6\\0&-1&-1&1&1\\0&1&2&2&3\end{array}\right] \xrightarrow{r_3+r_2} \left[\begin{array}{ccc:cc}1&0&0&3&6\\0&-1&-1&1&1\\0&0&1&3&4\end{array}\right] \xrightarrow{r_2+r_3}$$

$$\left[\begin{array}{ccc:cc}1&0&0&3&6\\0&-1&0&4&5\\0&0&1&3&4\end{array}\right] \xrightarrow{r_2(-1)} \left[\begin{array}{ccc:cc}1&0&0&3&6\\0&1&0&-4&-5\\0&0&1&3&4\end{array}\right]，得 \boldsymbol{X}=\begin{bmatrix}3&6\\-4&-5\\3&4\end{bmatrix}.$$

**例 6**　已知矩阵 $\boldsymbol{A}=\begin{bmatrix}1&0&0\\1&1&0\\1&1&1\end{bmatrix}$，$\boldsymbol{B}=\begin{bmatrix}0&1&1\\1&0&1\\1&1&0\end{bmatrix}$，且三阶方阵 $\boldsymbol{X}$ 满足 $\boldsymbol{AXA}+\boldsymbol{BXB}=\boldsymbol{AXB}+\boldsymbol{BXA}+\boldsymbol{I}$，求 $\boldsymbol{X}$.

**解**　由已知 $\boldsymbol{AXA}+\boldsymbol{BXB}=\boldsymbol{AXB}+\boldsymbol{BXA}+\boldsymbol{I}$，移项并提取公因子得

$$(\boldsymbol{A}-\boldsymbol{B})\boldsymbol{X}(\boldsymbol{A}-\boldsymbol{B})=\boldsymbol{I},$$

$$\boldsymbol{A}-\boldsymbol{B}=\begin{bmatrix}1&-1&-1\\0&1&-1\\0&0&1\end{bmatrix}，(\boldsymbol{A}-\boldsymbol{B})^{-1}=\begin{bmatrix}1&1&2\\0&1&1\\0&0&1\end{bmatrix},$$

$$\boldsymbol{X}=[(\boldsymbol{A}-\boldsymbol{B})^{-1}]^2=\begin{bmatrix}1&2&5\\0&1&2\\0&0&1\end{bmatrix}.$$

**例 7**　用分块矩阵的广义初等行变换求矩阵 $\begin{bmatrix}1&0&0&0\\1&2&0&0\\2&1&3&0\\1&2&1&4\end{bmatrix}$ 的逆阵.

**解**　$\boldsymbol{M}=\begin{bmatrix}1&0&0&0\\1&2&0&0\\2&1&3&0\\1&2&1&4\end{bmatrix}=\begin{bmatrix}\boldsymbol{A}&\boldsymbol{0}\\\boldsymbol{C}&\boldsymbol{B}\end{bmatrix}$,

$\boldsymbol{A}=\begin{bmatrix}1&0\\1&2\end{bmatrix}$，$\boldsymbol{A}^{-1}=\dfrac{1}{2}\begin{bmatrix}2&0\\-1&1\end{bmatrix}$,

$\boldsymbol{B}=\begin{bmatrix}3&0\\1&4\end{bmatrix}$，$\boldsymbol{B}^{-1}=\dfrac{1}{12}\begin{bmatrix}4&0\\-1&3\end{bmatrix}$,

$$\left[\begin{array}{cc:cc}\boldsymbol{A}&\boldsymbol{0}&\boldsymbol{I}&\boldsymbol{0}\\\boldsymbol{C}&\boldsymbol{B}&\boldsymbol{0}&\boldsymbol{I}\end{array}\right] \xrightarrow{\boldsymbol{A}^{-1}\cdot r_1} \left[\begin{array}{cc:cc}\boldsymbol{I}&\boldsymbol{0}&\boldsymbol{A}^{-1}&\boldsymbol{0}\\\boldsymbol{C}&\boldsymbol{B}&\boldsymbol{0}&\boldsymbol{I}\end{array}\right] \xrightarrow{r_2+(-\boldsymbol{C})r_1} \left[\begin{array}{cc:cc}\boldsymbol{I}&\boldsymbol{0}&\boldsymbol{A}^{-1}&\boldsymbol{0}\\\boldsymbol{0}&\boldsymbol{B}&-\boldsymbol{C}\boldsymbol{A}^{-1}&\boldsymbol{I}\end{array}\right] \xrightarrow{\boldsymbol{B}^{-1}\cdot r_2}$$

$$\left[\begin{array}{cc:cc}\boldsymbol{I}&\boldsymbol{0}&\boldsymbol{A}^{-1}&\boldsymbol{0}\\\boldsymbol{0}&\boldsymbol{I}&-\boldsymbol{B}^{-1}\boldsymbol{C}\boldsymbol{A}^{-1}&\boldsymbol{B}^{-1}\end{array}\right],$$

$$M^{-1}=\begin{bmatrix} A^{-1} & 0 \\ -B^{-1}CA^{-1} & B^{-1} \end{bmatrix}=\frac{1}{24}\begin{bmatrix} 24 & 0 & 0 & 0 \\ -12 & 12 & 0 & 0 \\ -12 & -4 & 8 & 0 \\ 3 & -5 & -2 & 6 \end{bmatrix}.$$

**例 8** 分块矩阵 $P=(A\mid B)$，其中 $A$ 是 $n$ 阶可逆矩阵，$B$ 是 $n$ 行 $m$ 列矩阵，试求矩阵 $Q$，使 $PQ=I_n$（$I_n$ 为 $n$ 阶单位矩阵）.

**解** 根据矩阵相乘的条件知，$Q$ 矩阵应该是 $n+m$ 行 $n$ 列的矩阵. 将 $Q$ 分块成 $\begin{bmatrix} C_{nn} \\ D_{mn} \end{bmatrix}$，则 $PQ=(AB)\begin{pmatrix} C \\ D \end{pmatrix}=AC+BD=I$，可以选取 $C=A^{-1}$，$D=0$，结论得证.

**例 9** 若 $A=(A_1, A_2, A_3)$ 为三阶方阵且 $A_1+2A_2-A_3=0$，则 $A$ 不可逆.

**解** 考察以三阶方阵 $A$ 为系数矩阵的齐次线性方程组 $Ax=0$，将其用分块矩阵改写成 $[A_1 \quad A_2 \quad A_3]\begin{bmatrix} x_1 \\ x_2 \\ x_3 \end{bmatrix}=0$，即 $x_1A_1+x_2A_2+x_3A_3=0$. 根据已知条件知这个齐次线性方程组有非零解（1，2，−1）. 所以 $A$ 不可逆（如果 $A$ 可逆，以 $A$ 为系数矩阵的齐次线性方程组只有唯一零解）.

## 五、练习题精选

1. 已知 $A=P\Lambda Q$，$P=\begin{bmatrix} 2 & 1 \\ 3 & 2 \end{bmatrix}$，$\Lambda=\begin{bmatrix} 1 & 0 \\ 0 & -1 \end{bmatrix}$，$Q=\begin{bmatrix} 2 & -1 \\ -3 & 2 \end{bmatrix}$，求 $A^n$.

2. 设 $A$，$B$，$I$ 为同阶方阵，判断下列命题正确与否，并说明理由.

（1）$(A+B)^2=A^2+2AB+B^2$；

（2）$(A+kI)^3=A^3+3kA^2+3k^2A+k^3$，$k$ 为实数；

（3）若 $A$，$B$ 可交换，则 $(A+B)$ 与 $(A-B)$ 相乘也可交换；

（4）$(AB)^2=A^2B^2$ 当且仅当 $A$，$B$ 可交换；

（5）若 $BA=A$，则 $B=I$；

（6）若 $A$ 与 $AB$ 均为上三角阵，则 $B$ 也是上三角阵.

3. 设 $A$，$B$ 分别为 $n$ 阶对称阵和反对称阵. 问：正整数 $k$，$m$ 取何值时，$A^kB^m-B^mA^k$ 必为对称阵或反对称阵.

4. 下列方阵是否可逆？若可逆，求其逆阵.

（1）$\begin{bmatrix} 1 & 2 & 0 \\ 3 & 4 & 0 \\ 0 & 0 & 2 \end{bmatrix}$；

(2) $\begin{bmatrix} 1 & 0 & 1 \\ 1 & -1 & 1 \\ 1 & 1 & a \end{bmatrix}$.

5. 已知 $\boldsymbol{B}=\begin{bmatrix} 1 & 2 & 3 \\ 0 & 1 & 2 \\ 0 & 0 & 1 \end{bmatrix}$，$\boldsymbol{C}=\begin{bmatrix} 2 & 0 & 0 \\ 3 & 2 & 0 \\ 4 & 3 & 2 \end{bmatrix}$，且三阶方阵 $\boldsymbol{A}$ 满足 $(\boldsymbol{I}-\boldsymbol{C}^{-1}\boldsymbol{B}^{\mathrm{T}})^{-1}\boldsymbol{C}^{-1}\boldsymbol{A}=\boldsymbol{I}$，求 $\boldsymbol{A}$.

6. 已知同阶方阵 $\boldsymbol{A}$，$\boldsymbol{B}$，$\boldsymbol{C}$ 满足 $(\boldsymbol{I}-\boldsymbol{C}^{\mathrm{T}}\boldsymbol{B})^{\mathrm{T}}\boldsymbol{C}^{\mathrm{T}}\boldsymbol{A}=\boldsymbol{C}^{-1}$，且 $\boldsymbol{C}\boldsymbol{C}^{\mathrm{T}}=\boldsymbol{I}$，$\boldsymbol{C}-\boldsymbol{B}$ 可逆，求 $\boldsymbol{A}$.

7. 用初等行变换求解矩阵方程 $\boldsymbol{AX}=\boldsymbol{B}$，其中 $\boldsymbol{A}=\begin{bmatrix} 2 & 2 & 3 \\ 3 & 5 & 5 \\ 2 & 4 & 3 \end{bmatrix}$，$\boldsymbol{B}=\begin{bmatrix} 1 & 3 \\ 1 & 2 \\ -2 & 1 \end{bmatrix}$.

8. 设 $\boldsymbol{A}$ 是元素全为 1 的 $n$ 阶方阵（$n\geqslant 2$），证明：

(1) $\boldsymbol{A}^k=n^{k-1}\boldsymbol{A}$，$k\geqslant 2$，为正整数；

(2) $(\boldsymbol{I}-\boldsymbol{A})^{-1}=\boldsymbol{I}-\dfrac{1}{n-1}\boldsymbol{A}$.

9. 设 $\boldsymbol{A}$ 的伴随矩阵 $\boldsymbol{A}^*=\begin{bmatrix} 1 & 0 & 0 & 0 \\ 0 & 1 & 0 & 0 \\ 1 & 0 & 1 & 0 \\ 0 & -3 & 0 & 8 \end{bmatrix}$，且 $\boldsymbol{ABA}^{-1}=\boldsymbol{BA}^{-1}+3\boldsymbol{I}$，求 $\boldsymbol{B}$.

10. 用初等行变换求矩阵 $\boldsymbol{A}$ 的逆阵，

$$\boldsymbol{A}=\begin{bmatrix} 0 & a_1 & 0 & \cdots & 0 \\ 0 & 0 & a_2 & \cdots & 0 \\ \vdots & \vdots & \vdots & & \vdots \\ 0 & 0 & 0 & \cdots & a_{n-1} \\ a_n & 0 & 0 & \cdots & 0 \end{bmatrix}.$$

11. (1) 求分块矩阵 $\boldsymbol{A}$ 的逆阵，

$\boldsymbol{A}=\begin{bmatrix} \boldsymbol{0} & \boldsymbol{A}_1 \\ \boldsymbol{A}_2 & \boldsymbol{0} \end{bmatrix}$，其中 $\boldsymbol{A}_1$，$\boldsymbol{A}_2$ 都是可逆的方阵（阶数可不同）；

(2) 求分块矩阵 $\boldsymbol{B}$ 的逆阵，

$\boldsymbol{B}=\begin{bmatrix} \boldsymbol{0} & \cdots & \boldsymbol{0} & \boldsymbol{A}_1 \\ \boldsymbol{0} & \cdots & \boldsymbol{A}_2 & \boldsymbol{0} \\ \vdots & & \vdots & \vdots \\ \boldsymbol{A}_n & \cdots & \boldsymbol{0} & \boldsymbol{0} \end{bmatrix}$，$\boldsymbol{A}_1$，$\boldsymbol{A}_2$，…，$\boldsymbol{A}_n$ 都是可逆的方阵（阶数可不同）.

12. 利用分块矩阵计算下列各题.

(1) 计算$\begin{bmatrix}1&2&1&0\\0&1&0&1\\0&0&2&1\\0&0&0&3\end{bmatrix}\begin{bmatrix}1&0&3&1\\0&1&2&-1\\0&0&-2&3\\0&0&0&-3\end{bmatrix}$；

(2) $\boldsymbol{A}=\begin{bmatrix}3&4&0&0\\4&-3&0&0\\0&0&2&0\\0&0&2&2\end{bmatrix}$，求$\boldsymbol{A}^{2n}$；

(3) 求$\begin{bmatrix}1&2&1&0\\0&1&0&1\\0&0&2&1\\0&0&0&3\end{bmatrix}^{-1}$.

13. $\boldsymbol{A}=\begin{bmatrix}0&-1&0\\1&0&0\\0&0&1\end{bmatrix}$，$\boldsymbol{B}=\boldsymbol{P}^{-1}\boldsymbol{AP}$，$\boldsymbol{P}$ 为三阶可逆矩阵，求$\boldsymbol{B}^{2016}-2\boldsymbol{A}^2$.

14. 已知$\begin{cases}x_1=2y_1+2y_2+y_3\\x_2=3y_1+y_2+5y_3\\x_3=3y_1+2y_2+3y_3\end{cases}$，求从变量 $x_1$，$x_2$，$x_3$ 到变量 $y_1$，$y_2$，$y_3$ 的线性变换.

15. 设$\boldsymbol{P}^{-1}\boldsymbol{AP}=\boldsymbol{\Lambda}$，$\boldsymbol{P}=\begin{bmatrix}-1&-4\\1&1\end{bmatrix}$，$\boldsymbol{\Lambda}=\begin{bmatrix}-1&0\\0&2\end{bmatrix}$，求$\boldsymbol{A}^{11}$.

16. 设$\boldsymbol{A}=\begin{bmatrix}1&-1&0\\0&1&-1\\0&0&1\end{bmatrix}$，$\boldsymbol{B}=\begin{bmatrix}2&1&3\\0&2&1\\0&0&2\end{bmatrix}$，$(\boldsymbol{A}^{-1}\boldsymbol{B}-\boldsymbol{I})^{\mathrm{T}}\boldsymbol{A}^{\mathrm{T}}\boldsymbol{X}=\boldsymbol{A}$，求 $\boldsymbol{X}$.

17. 设$\boldsymbol{B}_{mn}$，$\boldsymbol{BB}^{\mathrm{T}}$ 可逆，$\boldsymbol{A}=\boldsymbol{I}-\boldsymbol{B}^{\mathrm{T}}(\boldsymbol{BB}^{\mathrm{T}})^{-1}\boldsymbol{B}$，证明$\boldsymbol{A}^{\mathrm{T}}=\boldsymbol{A}$ 且$\boldsymbol{A}^2=\boldsymbol{A}$.

18. 设$\boldsymbol{A}=\begin{bmatrix}2&1\\3&2\end{bmatrix}$，$\boldsymbol{B}=\begin{bmatrix}1&1&1\\-1&2&1\\1&7&6\end{bmatrix}$，$\boldsymbol{C}=\begin{bmatrix}1&0\\2&-1\\1&-1\end{bmatrix}$，求矩阵 $\boldsymbol{X}$，满足矩阵方程$\begin{bmatrix}\boldsymbol{0}&\boldsymbol{B}\\\boldsymbol{A}&\boldsymbol{0}\end{bmatrix}\boldsymbol{X}=\begin{bmatrix}\boldsymbol{C}\\\boldsymbol{0}\end{bmatrix}$.

19. 设方阵 $\boldsymbol{A}$ 满足$\boldsymbol{A}^2-\boldsymbol{A}=2\boldsymbol{I}$，证明当 $k\neq1$，$-2$ 时，$\boldsymbol{A}+k\boldsymbol{I}$ 可逆，并求其逆.

20. (1) 设 $\boldsymbol{A}$，$\boldsymbol{B}$ 为 $n$ 阶方阵，若 $\boldsymbol{I}+\boldsymbol{AB}$ 可逆，证明 $\boldsymbol{I}+\boldsymbol{BA}$ 可逆；

(2) 设$\boldsymbol{A}_{m\times n}$，$\boldsymbol{B}_{n\times m}$满足$\boldsymbol{I}_m+\boldsymbol{AB}$ 可逆，证明$\boldsymbol{I}_n+\boldsymbol{BA}$ 可逆，并求出其逆阵.（提示：

用广义初等变换）

21. 若$\boldsymbol{A}=[\boldsymbol{A}_1, \boldsymbol{A}_2, \boldsymbol{A}_3]$为三阶方阵，$\boldsymbol{\beta}$为一个三维列向量，且$\boldsymbol{\beta}=2\boldsymbol{A}_1+\boldsymbol{A}_3$，$\boldsymbol{\beta}=\boldsymbol{A}_2-2\boldsymbol{A}_3$. 证明方阵$\boldsymbol{A}$不可逆.

**参考答案：**

1. $\begin{bmatrix} 4-3\times(-1)^n & -2+2\times(-1)^n \\ 6-6\times(-1)^n & -3+4\times(-1)^n \end{bmatrix}$.

2. (1) 错误；(2) 错误；(3) 正确；(4) 错误；(5) 错误；(6) 错误.

3. 当$m$为奇数时，$\boldsymbol{A}^k\boldsymbol{B}^m-\boldsymbol{B}^m\boldsymbol{A}^k$为对称阵；

   当$m$为偶数时，$\boldsymbol{A}^k\boldsymbol{B}^m-\boldsymbol{B}^m\boldsymbol{A}^k$为反对称阵.

4. (1) 可逆，逆阵为$\begin{bmatrix} -2 & 1 & 0 \\ \frac{3}{2} & -\frac{1}{2} & 0 \\ 0 & 0 & \frac{1}{2} \end{bmatrix}$.

   (2) 当$a=1$时不可逆；

   当$a\neq 1$时可逆，逆阵为$\begin{bmatrix} \frac{a+1}{a-1} & \frac{-1}{a-1} & \frac{-1}{a-1} \\ 1 & -1 & 0 \\ \frac{-2}{a-1} & \frac{1}{a-1} & \frac{1}{a-1} \end{bmatrix}$.

5. $\boldsymbol{A}=\boldsymbol{C}-\boldsymbol{B}^{\mathrm{T}}=\begin{bmatrix} 1 & 0 & 0 \\ 1 & 1 & 0 \\ 1 & 1 & 1 \end{bmatrix}$.

6. $\boldsymbol{A}=(\boldsymbol{I}-\boldsymbol{C}\boldsymbol{B}^{\mathrm{T}})^{-1}$.

7. $\boldsymbol{X}=\begin{bmatrix} -8 & 4 \\ -2 & -1 \\ 7 & -1 \end{bmatrix}$.

8. 略.

9. $\begin{bmatrix} 6 & 0 & 0 & 0 \\ 0 & 6 & 0 & 0 \\ 6 & 0 & 6 & 0 \\ 0 & 3 & 0 & -1 \end{bmatrix}$.

10. $\begin{bmatrix} 0 & 0 & 0 & \cdots & 0 & a_n^{-1} \\ a_1^{-1} & 0 & 0 & \cdots & 0 & 0 \\ 0 & a_2^{-1} & 0 & \cdots & 0 & 0 \\ \vdots & \vdots & \vdots & & \vdots & \vdots \\ 0 & 0 & 0 & \cdots & a_{n-1}^{-1} & 0 \end{bmatrix}$.

11. (1) $\boldsymbol{A}^{-1}=\begin{bmatrix} \boldsymbol{0} & \boldsymbol{A}_2^{-1} \\ \boldsymbol{A}_1^{-1} & \boldsymbol{0} \end{bmatrix}$;

(2) $\boldsymbol{B}^{-1}=\begin{bmatrix} \boldsymbol{0} & \cdots & \boldsymbol{0} & \boldsymbol{A}_n^{-1} \\ \boldsymbol{0} & \cdots & \boldsymbol{A}_{n-1}^{-1} & \boldsymbol{0} \\ \vdots & & \vdots & \vdots \\ \boldsymbol{A}_1^{-1} & \cdots & \boldsymbol{0} & \boldsymbol{0} \end{bmatrix}$.

12. (1) $\begin{bmatrix} 1 & 2 & 5 & 2 \\ 0 & 1 & 2 & -4 \\ 0 & 0 & -4 & 3 \\ 0 & 0 & 0 & -9 \end{bmatrix}$;

(2) $\begin{bmatrix} 5^{2n} & 0 & 0 & 0 \\ 0 & 5^{2n} & 0 & 0 \\ 0 & 0 & 2^{2n} & 0 \\ 0 & 0 & 2n\cdot 2^{2n} & 2^{2n} \end{bmatrix}$;

(3) $\begin{bmatrix} 1 & -2 & -\frac{1}{2} & \frac{5}{6} \\ 0 & 1 & 0 & \frac{1}{3} \\ 0 & 0 & \frac{1}{2} & -\frac{1}{6} \\ 0 & 0 & 0 & \frac{1}{3} \end{bmatrix}$.

13. $\begin{bmatrix} 3 & 0 & 0 \\ 0 & 3 & 0 \\ 0 & 0 & -1 \end{bmatrix}$.

14. $\begin{cases} y_1=-7x_1-4x_2+9x_3 \\ y_2=6x_1+3x_2-7x_3 \\ y_3=3x_1+2x_2-4x_3 \end{cases}$.

15. $\begin{bmatrix} -\frac{1}{3}+\frac{1}{3}\times 2^{13} & -\frac{4}{3}+\frac{1}{3}\times 2^{13} \\ -\frac{1}{3}-\frac{1}{3}\times 2^{11} & -\frac{4}{3}-\frac{1}{3}\times 2^{11} \end{bmatrix}$.

16. $\begin{bmatrix} 1 & -1 & 0 \\ -2 & 3 & -1 \\ -3 & 1 & 3 \end{bmatrix}$.

17. 略.

18. $\begin{bmatrix} 2 & 0 \\ 5 & -1 \\ -6 & 1 \end{bmatrix}$.

19. 略.

20. 略.

21. 略.

# 第三章　方阵的行列式

## 一、重点、难点及学习要求

### （一）重点

方阵的行列式的定义、性质、计算、应用.

### （二）难点

方阵的行列式的性质、计算及应用.

### （三）学习要求

1. 了解方阵的行列式的概念.
2. 掌握行列式的性质，特别是初等变换对于方阵的行列式所起的作用.
3. 会应用行列式的性质和行列式按行（列）展开定理计算行列式.
4. 掌握克莱姆（Cramer）法则求解线性方程组.

## 二、知识结构网络图

- 方阵的行列式
  - 定义
    - 递归定义
    - $n^2$ 取自不同行不同列的 $n$ 个元乘积的代数和
  - 性质
    - 三种初等变换对方阵行列式的作用
    - 展开定理
  - 计算
    - 数值型行列式的计算
    - 抽象方阵行列式的计算
  - 应用
    - 判断方阵可逆与否
    - 克莱姆法则解方程组

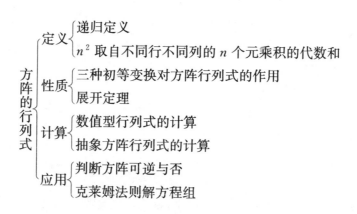

## 三、基本内容与重要结论

1. (1) 方阵的行列式的递推定义：一个 $n$ 阶方阵 $\boldsymbol{A}$ 的行列式 $\det \boldsymbol{A}$ 或 $|\boldsymbol{A}|$，是一个与方阵 $\boldsymbol{A}$ 对应的数量：

$$|\boldsymbol{A}|=\begin{cases}a_{11}, & n=1,\\ a_{11}A_{11}+a_{12}A_{12}+\cdots+a_{1n}A_{1n}, & n>1,\end{cases}$$

$A_{ij}=(-1)^{i+j}M_{ij}$，$i=1, 2, \cdots, n$；$j=1, 2, \cdots, n$，为 $\boldsymbol{A}$ 的元素 $a_{ij}$ 的代数余子式. $M_{ij}$ 为元素 $a_{ij}$ 的余子式，是由 $\boldsymbol{A}$ 划去元素 $a_{ij}$ 所在第 $i$ 行、第 $j$ 列后余下的元素按原来的顺序构成的 $n-1$ 阶行列式.

上面这个递推公式也被称为行列式按第一行展开.

(2) $n$ 阶方阵的行列式还有一个等价定义：等于 $n!$ 项取自不同行不同列的 $n$ 个元乘积的代数和，其中每一项的符号由 $n$ 个元的行标排列及列标排列逆序数的和的奇偶性决定，奇对应负号，偶对应正号.

2. 方阵的行列式的性质：

(1) 方阵的行列式可以按任意一行、任意一列展开. 即有行列式展开定理：设 $\boldsymbol{A}$ 为一个 $n$ 阶方阵，$n\geqslant 2$，$|\boldsymbol{A}|=a_{i1}A_{i1}+a_{i2}A_{i2}+\cdots+a_{in}A_{in}=a_{1j}A_{1j}+a_{2j}A_{2j}+\cdots+a_{nj}A_{nj}$，$i=1, 2, \cdots, n$；$j=1, 2, \cdots, n$.

(2) 方阵的行列式的行列地位对等，即 $|\boldsymbol{A}|=|\boldsymbol{A}^{\mathrm{T}}|$.

(3) 若方阵有一零行（列）或有两行（列）对应成比例，则方阵的行列式的值为零.

(4) 若方阵 $\boldsymbol{A}$ 的第 $i$ 行（列）的元均可表为两项的和 $a_{ij}=b_{ij}+c_{ij}$，则此方阵的行列式可以表为两个行列式之和，这两个行列式的第 $i$ 行（列）分别是 $b_{ij}$ 和 $c_{ij}$，其余地方与 $\boldsymbol{A}$ 的完全相同. 例如：$|\boldsymbol{A}_1, \boldsymbol{A}_2, \cdots, \boldsymbol{B}_i+\boldsymbol{C}_i, \cdots, \boldsymbol{A}_n|=|\boldsymbol{A}_1, \boldsymbol{A}_2, \cdots, \boldsymbol{B}_i, \cdots, \boldsymbol{A}_n|+|\boldsymbol{A}_1, \boldsymbol{A}_2, \cdots, \boldsymbol{C}_i, \cdots, \boldsymbol{A}_n|$.

(5) 设 $\boldsymbol{A}$ 为一个 $n$ 阶方阵，$n\geqslant 2$，

$$a_{i1}A_{j1}+a_{i2}A_{j2}+\cdots+a_{in}A_{jn}=\begin{cases}|\boldsymbol{A}|, & i=j,\\ 0, & i\neq j,\end{cases}$$

$i=1, 2, \cdots, n$；$j=1, 2, \cdots, n$.

(6) 对换变换改变方阵行列式的符号.

(7) 数乘变换作用在方阵上，有 $|k\boldsymbol{A}^n|=k^n|\boldsymbol{A}|$.

(8) 倍加变换不改变方阵行列式的值.

(9) 两个同阶方阵 $\boldsymbol{A}$，$\boldsymbol{B}$，有 $|\boldsymbol{AB}|=|\boldsymbol{A}|\cdot|\boldsymbol{B}|$.

3. 行列式的简单应用：

(1) 方阵可逆等价于方阵的行列式的值不为零.

（2）可以判断含 $n$ 个未知量、$n$ 个方程的线性方程组有无唯一解.

克莱姆法则：当 $n$ 个 $n$ 元线性方程组成的方程组 $\begin{cases} a_{11}x_1+a_{12}x_2+\cdots+a_{1n}x_n=b_1 \\ a_{21}x_1+a_{22}x_2+\cdots+a_{2n}x_n=b_2 \\ \quad\vdots \\ a_{n1}x_1+a_{n2}x_2+\cdots+a_{nn}x_n=b_n \end{cases}$ 的系数矩阵 $A$ 的行列式 $\det(\boldsymbol{A})=\begin{vmatrix} a_{11} & a_{12} & \cdots & a_{1n} \\ a_{21} & a_{22} & \cdots & a_{2n} \\ \vdots & \vdots & & \vdots \\ a_{n1} & a_{n2} & \cdots & a_{nn} \end{vmatrix}\neq 0$ 时，该方程组有唯一解，且解可以用 $n$ 阶行列式的商来表示.

$$x_1=\frac{\det(\boldsymbol{A}_1)}{\det(\boldsymbol{A})}=\frac{\begin{vmatrix} b_1 & a_{12} & \cdots & a_{1n} \\ b_2 & a_{22} & \cdots & a_{2n} \\ \vdots & \vdots & & \vdots \\ b_n & a_{n2} & \cdots & a_{nn} \end{vmatrix}}{\det(\boldsymbol{A})},\quad x_2=\frac{\det(\boldsymbol{A}_2)}{\det(\boldsymbol{A})}=\frac{\begin{vmatrix} a_{11} & b_1 & \cdots & a_{1n} \\ a_{21} & b_2 & \cdots & a_{2n} \\ \vdots & \vdots & & \vdots \\ a_{n1} & b_n & \cdots & a_{nn} \end{vmatrix}}{\det(\boldsymbol{A})},\quad\cdots,$$

$$x_n=\frac{\det(\boldsymbol{A}_n)}{\det(\boldsymbol{A})}=\frac{\begin{vmatrix} a_{11} & a_{12} & \cdots & b_1 \\ a_{21} & a_{22} & \cdots & b_2 \\ \vdots & \vdots & & \vdots \\ a_{n1} & a_{n2} & \cdots & b_n \end{vmatrix}}{\det(\boldsymbol{A})}.$$

（3）方阵的行列式还可以用在：

①判定 $n$ 个 $n$ 维向量线性相关性（见第四章）.

②求方阵的特征值、特征多项式（见第六章）.

③判定方阵是否正定（见第七章）.

4. 一些特殊行列式的计算公式：

（1）$$\begin{vmatrix} \lambda_1 & & & \\ & \lambda_2 & & \\ & & \ddots & \\ & & & \lambda_n \end{vmatrix}=\lambda_1\lambda_2\cdots\lambda_n.$$

（2）$$\begin{vmatrix} & & & \lambda_1 \\ & & \lambda_2 & \\ & \iddots & & \\ \lambda_n & & & \end{vmatrix}=(-1)^{\frac{n(n-1)}{2}}\lambda_1\lambda_2\cdots\lambda_n.$$

(3) $\begin{vmatrix} a_{11} & a_{12} & \cdots & a_{1n} \\ 0 & a_{22} & \cdots & a_{2n} \\ \vdots & \vdots & & \vdots \\ 0 & 0 & \cdots & a_{nn} \end{vmatrix} = a_{11}a_{22}\cdots a_{nn}$.

(4) $\begin{vmatrix} a_{11} & 0 & \cdots & 0 \\ a_{21} & a_{22} & \cdots & 0 \\ \vdots & \vdots & & \vdots \\ a_{n1} & a_{n2} & \cdots & a_{nn} \end{vmatrix} = a_{11}a_{22}\cdots a_{nn}$.

(5) $|\boldsymbol{I}| = \begin{vmatrix} 1 & 0 & \cdots & 0 \\ 0 & 1 & \cdots & 0 \\ \vdots & \vdots & & \vdots \\ 0 & 0 & \cdots & 1 \end{vmatrix} = 1$.

(6) $n(>2)$阶范德蒙行列式，$\begin{vmatrix} 1 & 1 & \cdots & 1 \\ a_1 & a_2 & \cdots & a_n \\ a_1^2 & a_2^2 & \cdots & a_n^2 \\ \vdots & \vdots & & \vdots \\ a_1^{n-1} & a_2^{n-1} & \cdots & a_n^{n-1} \end{vmatrix} = \prod_{1 \leqslant j < i \leqslant n} (a_i - a_j)$.

5. 伴随矩阵及相关性质.

定义：设 $\boldsymbol{A} = (a_{ij})_{n\times n}$ 为 $n(n \geqslant 2)$ 阶方阵，$\det(\boldsymbol{A})$ 中元素 $a_{ij}$ 的代数余子式为 $A_{ij}$（$i$，$j=1, 2, \cdots, n$），则称以 $A_{ij}$ 为其（$j$，$i$）元素的 $n$ 阶方阵$(\boldsymbol{A}_{ji})_{n\times n}$是$\boldsymbol{A}$ 的伴随矩阵，记为 $\boldsymbol{A}^*$，即 $\boldsymbol{A}^* = \begin{bmatrix} A_{11} & A_{21} & \cdots & A_{n1} \\ A_{12} & A_{22} & \cdots & A_{n2} \\ \vdots & \vdots & & \vdots \\ A_{1n} & A_{2n} & \cdots & A_{nn} \end{bmatrix}$.

对任意方阵 $\boldsymbol{A}$ 都有 $\boldsymbol{A}\boldsymbol{A}^* = \boldsymbol{A}^*\boldsymbol{A} = |\boldsymbol{A}|\boldsymbol{I}$ 成立. 若 $\boldsymbol{A}$ 可逆，则 $\boldsymbol{A}^{-1} = \frac{1}{|\boldsymbol{A}|}\boldsymbol{A}^*$.

## 四、疑难解答与典型例题

1. 行列式与方阵的表现形式的区别是什么？

行列式是方阵对应的一个量. 只有方阵才有行列式，所以称为方阵的行列式. 在确定限制条件后可以简称行列式. 两者的具体表现形式不同：方阵的具体表示是 $n\times n$ 个元排成的方形阵列两侧再加上方括号或圆括号，简洁表示通常是大写的英文字母；而行列式的具体表示是 $n\times n$ 个元排成的方形阵列两侧再加上两竖，简洁表示通常是大写的英文字母两侧再加上两竖或 det（大写英文字母）. $n$ 阶方阵是 $n^2$ 个元组成的表不可压缩. $n$ 阶方阵的行列式是 $n^2$ 个元的特定运算，可化为一个数或量形式的结果.

2. 行列式的数乘与矩阵的数乘的区别是什么？

数乘以矩阵，实际上是把这个数与矩阵的每个元相乘. 数乘以行列式，其结果是这个数乘以行列式的某一行（列）的元. 从另一个方面来看，当矩阵的每个元都有相同的因子时，可以把这个因子提到矩阵符号的外面；当方阵的行列式的某行（列）有公因子时，可以把该行（列）的公因子提到行列式符号的外面.

3. 行列式的加法与矩阵的加法的区别是什么？

两个矩阵 $\boldsymbol{A}$ 与 $\boldsymbol{B}$ 相加必须满足是同型矩阵，且对应位置的元相加，$\boldsymbol{A}$ 与 $\boldsymbol{B}$ 相加的结果是一同型矩阵。行列式的加法是同阶方阵行列式才可以用，且除一行（列）外，其余行（列）都相同的，相加时是位置相同的两行（列）元相加，其余地方不变.

3. 行列式的计算方法有哪些？

(1) 如果是二、三阶数值型行列式，可以用对角线法则来计算. 如：

$$\begin{vmatrix} a_{11} & a_{12} & a_{13} \\ a_{21} & a_{22} & a_{23} \\ a_{31} & a_{32} & a_{33} \end{vmatrix} = a_{11}a_{22}a_{33} + a_{12}a_{23}a_{31} + a_{13}a_{21}a_{32} - a_{13}a_{22}a_{31} - a_{12}a_{21}a_{33} - a_{11}a_{23}a_{32}.$$

(2) 一般数值型行列式，可以用倍加变换化零，再利用对换变换化成三角形，利用三角形行列式的值等于对角线上元素乘积求解.

例如，计算行列式 $\begin{vmatrix} 1 & 1 & 1 & 1 \\ 1 & 2 & 3 & 4 \\ 1 & 3 & 6 & 10 \\ 1 & 4 & 10 & 20 \end{vmatrix}$.

**解** 计算的关键是利用行列式的基本性质把行列式转化为便于计算的上三角形式.

$$\begin{vmatrix} 1 & 1 & 1 & 1 \\ 1 & 2 & 3 & 4 \\ 1 & 3 & 6 & 10 \\ 1 & 4 & 10 & 20 \end{vmatrix} \xlongequal{r_2-r_1,\ r_3-r_1,\ r_4-r_1} \begin{vmatrix} 1 & 1 & 1 & 1 \\ 0 & 1 & 2 & 3 \\ 0 & 2 & 5 & 9 \\ 0 & 3 & 9 & 19 \end{vmatrix}$$

$$\xlongequal{r_3-2r_2,\ r_4-3r_2} \begin{vmatrix} 1 & 1 & 1 & 1 \\ 0 & 1 & 2 & 3 \\ 0 & 0 & 1 & 3 \\ 0 & 0 & 3 & 10 \end{vmatrix} \xlongequal{r_4-3r_3} \begin{vmatrix} 1 & 1 & 1 & 1 \\ 0 & 1 & 2 & 3 \\ 0 & 0 & 1 & 3 \\ 0 & 0 & 0 & 1 \end{vmatrix} = 1\times1\times1\times1 = 1.$$

(3) 一般数值型行列式，可以用倍加变换化零，然后利用行列式的展开定理降阶，再用倍加变换化零，再降阶，直到化为三阶或二阶行列式计算出结果.

(4) 对于非数值型方阵的行列式的计算通常利用矩阵及行列式的性质解答.

**例 1**　计算 $n$ 阶行列式 $D_n=\begin{vmatrix} a & 0 & 0 & \cdots & 0 & 1 \\ 0 & a & 0 & \cdots & 0 & 0 \\ 0 & 0 & a & \cdots & 0 & 0 \\ \vdots & \vdots & \vdots & & \vdots & \vdots \\ 0 & 0 & 0 & \cdots & a & 0 \\ 1 & 0 & 0 & \cdots & 0 & a \end{vmatrix}$.

**解**　将 $D_n$ 按第 1 行展开

$$D_n=a\begin{vmatrix} a & 0 & 0 & \cdots & 0 \\ 0 & a & 0 & \cdots & 0 \\ 0 & 0 & a & \cdots & 0 \\ \vdots & \vdots & \vdots & & \vdots \\ 0 & 0 & 0 & \cdots & a \end{vmatrix}_{(n-1)}+(-1)^{n+1}\begin{vmatrix} 0 & a & 0 & \cdots & 0 \\ 0 & 0 & a & \cdots & 0 \\ \vdots & \vdots & \vdots & & \vdots \\ 0 & 0 & 0 & \cdots & a \\ 1 & 0 & 0 & \cdots & 0 \end{vmatrix}_{(n-1)}$$

$$=a^n+(-1)^{n+1}(-1)^n a^{n-2}=a^n-a^{n-2}.$$

4. 常用的方阵行列式的计算技巧有哪些?

行列式的计算技巧很多，这里我们介绍常见的一些行列式的计算技巧，主要包括倍加使行和或列和相等，箭型（爪型）化为三角形、范德蒙（伪范德蒙）行列式、升阶（加边）法、递推降阶法、层层递加（减）法等.

(1) 倍加使行（列）和相等.

如果行列式中每行或每列的元素一样，只是位置不同，这类行列式的计算一般把行列式的行全部加到第一行，或者把所有的列全部加到第一列，习惯上，我们可以全部加到第一列，提取公因子后，第一列全部变成 1，从而方便我们造 1 化 0，或者进一步化成上三角或者下三角来进行计算.

**例 2**　求如下行列式的值：

$$D_{n+1}=\begin{vmatrix} x & a_1 & a_2 & \cdots & a_n \\ a_1 & x & a_2 & \cdots & a_n \\ \vdots & \vdots & \vdots & & \vdots \\ a_1 & a_2 & a_3 & \cdots & a_n \\ a_1 & a_2 & a_3 & \cdots & x \end{vmatrix}.$$

**解**

$$D_{n+1}=\begin{vmatrix}\sum_{i=1}^{n}a_i+x & a_1 & a_2 & \cdots & a_n\\ \sum_{i=1}^{n}a_i+x & x & a_2 & \cdots & a_n\\ \vdots & \vdots & \vdots & & \vdots\\ \sum_{i=1}^{n}a_i+x & a_2 & a_3 & \cdots & a_n\\ \sum_{i=1}^{n}a_i+x & a_2 & a_3 & \cdots & x\end{vmatrix}=(\sum_{i=1}^{n}a_i+x)\begin{vmatrix}1 & a_1 & a_2 & \cdots & a_n\\ 1 & x & a_2 & \cdots & a_n\\ \vdots & \vdots & \vdots & & \vdots\\ 1 & a_2 & a_3 & \cdots & a_n\\ 1 & a_2 & a_3 & \cdots & x\end{vmatrix}.$$

对行列式

$$\begin{vmatrix}1 & a_1 & a_2 & \cdots & a_n\\ 1 & x & a_2 & \cdots & a_n\\ \vdots & \vdots & \vdots & & \vdots\\ 1 & a_2 & a_3 & \cdots & a_n\\ 1 & a_2 & a_3 & \cdots & x\end{vmatrix}$$

进行观察，此时一般有两种途径：一种是在第一列造 0，把第二行开始后的每一行都减去第一行；另一种利用第一列的 1，把第一列的倍数加到其他列来造 0. 具体采用哪种途径看具体问题. 在本题中，可以考虑把第一列的 $-a_1$ 倍加到第二列，第一列的 $-a_2$ 倍加到第三列，第一列的 $-a_n$ 倍加到最后一列.

从而有

$$D_{n+1}=(\sum_{i=1}^{n}a_i+x)\begin{vmatrix}1 & a_1 & a_2 & \cdots & a_n\\ 1 & x & a_2 & \cdots & a_n\\ \vdots & \vdots & \vdots & & \vdots\\ 1 & a_2 & a_3 & \cdots & a_n\\ 1 & a_2 & a_3 & \cdots & x\end{vmatrix}$$

$$=(\sum_{i=1}^{n}a_i+x)\begin{vmatrix}1 & 0 & 0 & \cdots & 0\\ 1 & x-a_1 & 0 & \cdots & 0\\ \vdots & \vdots & \vdots & & \vdots\\ 1 & a_2-a_1 & a_3-a_2 & \cdots & 0\\ 1 & a_2-a_1 & a_3-a_2 & \cdots & x-a_n\end{vmatrix}$$

$$=(\sum_{i=1}^{n}a_i+x)(x-a_1)(x-a_2)\cdots(x-a_n).$$

(2) 箭（爪）型行列式.

此类行列式的非零元在三条线上，类似一个箭头或爪子，可以采用倍加变换去边（爪）化为三角形的方法来做，特别注意利用主对角线上的元素来去边（爪），层层递进即可.

**例 3**　求如下行列式的值：

$$D_n=\begin{vmatrix} 1 & 2 & 3 & \cdots & n \\ 2 & 1 & 0 & \cdots & 0 \\ 3 & 0 & 1 & \cdots & 0 \\ \vdots & \vdots & \vdots & & \vdots \\ n & 0 & 0 & \cdots & 1 \end{vmatrix}.$$

**分析**　最后一列乘以 $-n$ 加到第一列，倒数第二列乘以 $-(n-1)$ 加到第一列，一直下来，到第三列乘以 $-3$ 加到第一列，第二列乘以 $-2$ 加到第一列，则有

$$D_n=\begin{vmatrix} 1-n^2-(n-1)^2-\cdots-3^2-2^2 & 2 & 3 & \cdots & n \\ 0 & 1 & 0 & \cdots & 0 \\ 0 & 0 & 1 & \cdots & 0 \\ \vdots & \vdots & \vdots & & \vdots \\ 0 & 0 & 0 & \cdots & 1 \end{vmatrix}$$

$$=1-2^2-3^2-\cdots-(n-1)^2-n^2.$$

下面介绍变形的箭（爪）型行列式.

**例 4**　求如下行列式的值：

$$D_n=\begin{vmatrix} 1 & 1 & 1 & \cdots & 1 & 1 \\ 2 & 1 & 0 & \cdots & 0 & 0 \\ 0 & 3 & 1 & \cdots & 0 & 0 \\ \vdots & \vdots & \vdots & & \vdots & \vdots \\ 0 & 0 & 0 & \cdots & 1 & 0 \\ 0 & 0 & 0 & \cdots & n & 1 \end{vmatrix}.$$

**分析**　最后一列乘以 $-n$ 加到第 $(n-1)$ 列，倒数第二列乘以 $-(n-1)$ 加到第 $(n-2)$ 列，一直下来，到第三列乘以 $-3$ 加到第二列，第二列乘以 $-2$ 加到第一列，则有

$$D_n=\begin{vmatrix} 1 & 1 & \cdots & (1-n)(1-n)+1 & 1-n & 1 \\ 2 & 1 & \cdots & 0 & 0 & 0 \\ 0 & 3 & \cdots & 0 & 0 & 0 \\ \vdots & \vdots & \vdots & \vdots & \vdots & \vdots \\ 0 & 0 & \cdots & 0 & 1 & 0 \\ 0 & 0 & \cdots & 0 & 0 & 1 \end{vmatrix}$$

$$=\{\{[[(-n+1)(-(n-1))+1](-(n-2))+1]\cdots\}(-3)+1\}(-2)+1$$

$$=\sum_{i=1}^{n}(-1)^{i+1}i!.$$

此题也可以用行列式展开定理结合数学归纳法求解.

将行列式按最后一列展开得

$$D_n=(-1)^{n+1}n!+D_{n-1}=(-1)^{n+1}n!+(-1)^n(n-1)!+\cdots+3!-2+1$$

$$=\sum_{i=1}^{n}(-1)^{i+1}i!.$$

(3)（伪）范德蒙行列式.

$$D_n=\begin{vmatrix}1&1&1&\cdots&1&1\\x_1&x_2&x_3&\cdots&x_{n-1}&x_n\\x_1^2&x_2^2&x_3^2&\cdots&x_{n-1}^2&x_n^2\\\vdots&\vdots&\vdots&&\vdots&\vdots\\x_1^{n-2}&x_2^{n-2}&x_3^{n-2}&\cdots&x_{n-1}^{n-2}&x_n^{n-2}\\x_1^{n-1}&x_2^{n-1}&x_3^{n-1}&\cdots&x_{n-1}^{n-1}&x_n^{n-1}\end{vmatrix}=\prod_{j>i\geqslant 1}(x_j-x_i).$$

**例 5** 求如下行列式的值：

$$D_4=\begin{vmatrix}1&1&1&1\\a&b&c&d\\a^2&b^2&c^2&d^2\\a^4&b^4&c^4&d^4\end{vmatrix}.$$

**分析** 此行列式并非标准的范德蒙行列式，少了三次方，不妨把这种行列式称为伪范德蒙行列式，这类行列式的计算可以先构造一个真正的范德蒙行列式，然后通过系数的对比来进行计算.

**解** 构造 5 阶范德蒙行列式（这也是升阶法）

$$D_5=\begin{vmatrix}1&1&1&1&1\\a&b&c&d&x\\a^2&b^2&c^2&d^2&x^2\\a^3&b^3&c^3&d^3&x^3\\a^4&b^4&c^4&d^4&x^4\end{vmatrix}.$$

一方面，这是一个范德蒙行列式，所以可以直接求出它的结果，即

$$D_5=(x-a)(x-b)(x-c)(x-d)(d-a)(d-b)(d-c)(c-a)(c-b)(b-a).$$

另一方面，此行列式按照第五列展开可得

$$D_5=1\cdot A_{15}+xA_{25}+x^2A_{35}+x^3A_{45}+x^4A_{55}.$$

这两个表达式必定相等，因此当中未知数的系数也相等，观察三次方的系数，则有

$$A_{45}=-D_4=-(a+b+c+d)(d-a)(d-b)(d-c)(c-a)(c-b)(b-a).$$

即

$$D_4=(a+b+c+d)(d-a)(d-b)(d-c)(c-a)(c-b)(b-a).$$

(4) 递推法.

应用行列式的性质，把一个 $n$ 阶行列式表示为具有相同结构的较低阶行列式（比如 $n-1$阶或 $n-1$ 阶与 $n-2$ 阶等）的线性关系式，这种关系式称为递推关系式. 根据递推关系式及某个低阶初始行列式（比如二阶或一阶行列式）的值，便可递推求得所给 $n$ 阶行列式的值，这种计算行列式的方法称为递推法.

**例 6** 求 $D_n=\begin{vmatrix} \alpha+\beta & \alpha\beta & 0 & \cdots & 0 & 0 \\ 1 & \alpha+\beta & \alpha\beta & \cdots & 0 & 0 \\ 0 & 1 & \alpha+\beta & \cdots & 0 & 0 \\ \vdots & \vdots & \vdots & & \vdots & \vdots \\ 0 & 0 & 0 & \cdots & 1 & \alpha+\beta \end{vmatrix}$.

**分析**　此行列式的特点是：除主对角线及其上下两条对角线的元素外，其余的元素都为零，这种行列式称为“三对角”行列式. 从行列式的左上方往右下方看，即知 $D_{n-1}$与 $D_n$具有相同的结构. 因此可考虑利用递推关系式计算.

**解**　$D_n$按第一列展开，再将展开后的第二项中 $n-1$ 阶行列式按第一行展开，有

$$D_n=(\alpha+\beta)D_{n-1}-\alpha\beta D_{n-2}.$$

这是由 $D_{n-1}$和 $D_{n-2}$表示 $D_n$的递推关系式. 若由上面的递推关系式从 $n$ 阶逐阶往低阶递推，计算较烦琐，注意到上面的递推关系式是由 $n-1$ 阶和 $n-2$ 阶行列式表示 $n$ 阶行列式，因此，可考虑将其变形为

$$D_n-\alpha D_{n-1}=\beta D_{n-1}-\alpha\beta D_{n-2}=\beta(D_{n-1}-\alpha D_{n-2})$$

或

$$D_n-\beta D_{n-1}=\alpha D_{n-1}-\alpha\beta D_{n-2}=\alpha(D_{n-1}-\beta D_{n-2}).$$

现可反复用低阶代替高阶，有

$$\begin{aligned} D_n-\alpha D_{n-1}&=\beta(D_{n-1}-\alpha D_{n-2})=\beta^2(D_{n-2}-\alpha D_{n-3})=\beta^3(D_{n-3}-\alpha D_{n-4}) \\ &=\cdots=\beta^{n-2}(D_2-\alpha D_1)=\beta^{n-2}[(\alpha+\beta)^2-\alpha\beta-\alpha(\alpha+\beta)]=\beta^n. \end{aligned} \tag{1}$$

同样有

$$\begin{aligned} D_n-\beta D_{n-1}&=\alpha(D_{n-1}-\beta D_{n-2})=\alpha^2(D_{n-2}-\beta D_{n-3})=\alpha^3(D_{n-3}-\beta D_{n-4}) \\ &=\cdots=\alpha^{n-2}(D_2-\beta D_1)=\alpha^{n-2}[(\alpha+\beta)^2-\alpha\beta-\beta(\alpha+\beta)]=\alpha^n. \end{aligned} \tag{2}$$

因此当 $\alpha\neq\beta$ 时，由 (1) (2) 式可解得

$$D_n=\frac{\alpha^{n+1}-\beta^{n+1}}{\alpha-\beta}=\alpha^n+\alpha^{n-1}\beta+\cdots+\alpha^{n-k}\beta^k+\cdots+\alpha\beta^{n-1}+\beta^n.$$

当 $\alpha=\beta$ 时，可得

$$D_n=(n+1)x^n.$$

（5）升阶法（加边法）.

有时为了计算行列式，特意把原行列式加上一行一列再进行计算，这种计算行列式的方法称为升阶法或加边法. 当然，这个过程必须是保持值不变的，并且要使所得的高一阶行列式较易计算. 要根据需要和原行列式的特点选取所加的行和列. 升阶法或加边法适用于某一行（列）有一个相同的字母，也可用于其列（行）的元素分别为 $n-1$ 个元素的倍数的情况.

加边法的一般做法如下：

$$D_n=\begin{vmatrix} a_{11} & \cdots & a_{1n} \\ a_{21} & \cdots & a_{2n} \\ \vdots & & \vdots \\ a_{n1} & \cdots & a_{nn} \end{vmatrix}=\begin{vmatrix} 1 & a_1 & \cdots & a_n \\ 0 & a_{11} & \cdots & a_{1n} \\ 0 & a_{21} & \cdots & a_{2n} \\ \vdots & \vdots & & \vdots \\ 0 & a_{n1} & \cdots & a_{nn} \end{vmatrix}=\begin{vmatrix} 1 & 0 & \cdots & 0 \\ b_1 & a_{11} & \cdots & a_{1n} \\ b_2 & a_{21} & \cdots & a_{2n} \\ \vdots & \vdots & & \vdots \\ b_n & a_{n1} & \cdots & a_{nn} \end{vmatrix}.$$

特殊情况取 $a_1=a_2=\cdots=a_n=1$ 或 $b_1=b_2=\cdots=b_n=1$.

**例 7** 计算 $n$ 阶行列式：

$$D_n=\begin{vmatrix} x_1^2+1 & x_1x_2 & \cdots & x_1x_n \\ x_2x_1 & x_2^2+1 & \cdots & x_2x_n \\ \vdots & \vdots & & \vdots \\ x_nx_1 & x_nx_2 & \cdots & x_n^2+1 \end{vmatrix}.$$

**分析** 先把主对角线的数都减 1，就可明显地看出第一行为 $x_1$ 与 $x_1$，$x_2$，…，$x_n$ 相乘，第二行为 $x_2$ 与 $x_1$，$x_2$，…，$x_n$ 相乘，…，第 $n$ 行为 $x_n$ 与 $x_1$，$x_2$，…，$x_n$ 相乘. 这样就知道了该行列式每行有相同的因子 $x_1$，$x_2$，…，$x_n$，从而可以考虑此法.

**解**

$$D_n=\begin{vmatrix} 1 & x_1 & x_2 & \cdots & x_n \\ 0 & x_1^2+1 & x_1x_2 & \cdots & x_1x_2 \\ 0 & x_2x_1 & x_2^2+1 & \cdots & x_2x_n \\ \vdots & \vdots & \vdots & & \vdots \\ 0 & x_nx_1 & x_nx_2 & \cdots & x_n^2+1 \end{vmatrix}_{n+1} \xlongequal[r_{i+1}-x_ir_1]{(i=1,2,\cdots,n)} \begin{vmatrix} 1 & x_1 & x_2 & \cdots & x_n \\ -x_1 & 1 & 0 & \cdots & 0 \\ -x_2 & 0 & 1 & \cdots & 0 \\ \vdots & \vdots & \vdots & & \vdots \\ -x_n & 0 & 0 & \cdots & 1 \end{vmatrix}_{n+1}$$

$$\xlongequal[\substack{c_1+x_ic_{i+1} \\ (i=1,\cdots,n)}]{} \begin{vmatrix} 1+\sum\limits_{i=1}^{n}x_i^2 & x_1 & x_2 & \cdots & x_n \\ 0 & 1 & 0 & \cdots & 0 \\ 0 & 0 & 1 & \cdots & 0 \\ \vdots & \vdots & \vdots & & \vdots \\ 0 & 0 & 0 & \cdots & 1 \end{vmatrix}_{n+1}=1+\sum_{i=1}^{n}x_i^2.$$

（6）拆项法.

拆项法是将给定的行列式的某一行（列）的元素写成两数和的形式，再利用行列式的性质将原行列式写成两行列式之和，把一个复杂的行列式简化成两个较为简单的行列式，使问题简化以利于计算.

**例 8**　设 $n$ 阶行列式：

$$\begin{vmatrix} a_{11} & a_{12} & \cdots & a_{1n} \\ a_{21} & a_{22} & \cdots & a_{2n} \\ \vdots & \vdots & & \vdots \\ a_{n1} & a_{n2} & \cdots & a_{nn} \end{vmatrix}=1,$$

且满足 $a_{ij}=-a_{ji}(i, j=1, 2, \cdots, n)$. 对任意数 $b$，求 $n$ 阶行列式

$$\begin{vmatrix} a_{11}+b & a_{12}+b & \cdots & a_{1n}+b \\ a_{21}+b & a_{22}+b & \cdots & a_{2n}+b \\ \vdots & \vdots & & \vdots \\ a_{n1}+b & a_{n2}+b & \cdots & a_{nn}+b \end{vmatrix}.$$

**分析**　该行列式的每个元素都是由两个数的和组成，且其中有一个数是 $b$，可以用拆行（列）法.

**解**

$$D_n=\begin{vmatrix} a_{11}+b & a_{12}+b & \cdots & a_{1n}+b \\ a_{21}+b & a_{22}+b & \cdots & a_{2n}+b \\ \vdots & \vdots & & \vdots \\ a_{n1}+b & a_{n2}+b & \cdots & a_{nn}+b \end{vmatrix}$$

$$=\begin{vmatrix} a_{11} & a_{12}+b & \cdots & a_{1n}+b \\ a_{21} & a_{22}+b & \cdots & a_{2n}+b \\ \vdots & \vdots & & \vdots \\ a_{n1} & a_{n2}+b & \cdots & a_{nn}+b \end{vmatrix}+\begin{vmatrix} b & a_{12}+b & \cdots & a_{1n}+b \\ b & a_{22}+b & \cdots & a_{2n}+b \\ \vdots & \vdots & & \vdots \\ b & a_{n2}+b & \cdots & a_{nn}+b \end{vmatrix}$$

$$=\begin{vmatrix} a_{11} & a_{12} & \cdots & a_{1n}+b \\ a_{21} & a_{22} & \cdots & a_{2n}+b \\ \vdots & \vdots & & \vdots \\ a_{n1} & a_{n2} & \cdots & a_{nn}+b \end{vmatrix}+\begin{vmatrix} a_{11} & b & \cdots & a_{1n}+b \\ a_{21} & b & \cdots & a_{2n}+b \\ \vdots & \vdots & & \vdots \\ a_{n1} & b & \cdots & a_{nn}+b \end{vmatrix}+b\begin{vmatrix} 1 & a_{12} & \cdots & a_{1n} \\ 1 & a_{22} & \cdots & a_{2n} \\ \vdots & \vdots & & \vdots \\ 1 & a_{n2} & \cdots & a_{nn} \end{vmatrix}$$

$$=\begin{vmatrix} a_{11} & a_{12} & \cdots & a_{1n} \\ a_{21} & a_{22} & \cdots & a_{2n} \\ \vdots & \vdots & & \vdots \\ a_{n1} & a_{n2} & \cdots & a_{nn} \end{vmatrix}+b\begin{vmatrix} a_{11} & 1 & \cdots & a_{1n} \\ a_{21} & 1 & \cdots & a_{2n} \\ \vdots & \vdots & & \vdots \\ a_{n1} & 1 & \cdots & a_{nn} \end{vmatrix}+\cdots+b\begin{vmatrix} 1 & a_{12} & \cdots & a_{1n} \\ 1 & a_{22} & \cdots & a_{2n} \\ \vdots & \vdots & & \vdots \\ 1 & a_{n2} & \cdots & a_{nn} \end{vmatrix}$$

$$= 1 + b\sum_{i=1}^{n} A_{2i} + \cdots + b\sum_{i=1}^{n} A_{1i}$$

$$= 1 + b\sum_{i,j=1}^{n} A_{ij},$$

式中，$A_{ij}$ 为行列式中元素 $a_{ij}$ 的代数余子式.

又令 $\boldsymbol{A} = \begin{bmatrix} a_{11} & a_{12} & \cdots & a_{1n} \\ a_{21} & a_{22} & \cdots & a_{2n} \\ \vdots & \vdots & & \vdots \\ a_{n1} & a_{n2} & \cdots & a_{nn} \end{bmatrix}$，且 $a_{ij} = -a_{ji}$，$i$，$j=1$，2，…，$n$，有 $|\boldsymbol{A}|=1$，且 $\boldsymbol{A}^{\mathrm{T}} = -\boldsymbol{A}$.

由 $\boldsymbol{A}^{-1} = \dfrac{\boldsymbol{A}^*}{|\boldsymbol{A}|}$，得 $|\boldsymbol{A}| \cdot \boldsymbol{A}^{-1} = \boldsymbol{A}^*$，即 $\boldsymbol{A}^* \cdot \boldsymbol{A} = \boldsymbol{I}$，所以 $\boldsymbol{A}^* = \boldsymbol{A}^{-1}$.

又 $(\boldsymbol{A}^*)^{\mathrm{T}} = (\boldsymbol{A}^{-1})^{\mathrm{T}} = (\boldsymbol{A}^{\mathrm{T}})^{-1} = -(\boldsymbol{A})^{-1} = -\boldsymbol{A}^*$，所以 $\boldsymbol{A}^*$ 也为反对称矩阵.

因为 $A_{ij}$（$i$，$j=1$，2，…，$n$）为 $\boldsymbol{A}^*$ 的元素，所以有 $\sum\limits_{i=1,j=1}^{n} A_{ij} = 0$，从而知 $D_n = 1 + b\sum\limits_{i=1,j=1}^{n} A_{ij} = 1$.

此题也可以用升阶（加边）法求解.

（7）数学归纳法.

一般是利用不完全归纳法寻找出行列式的猜想值，再用数学归纳法给出猜想的证明. 因此，数学归纳法一般是用来证明行列式等式. 因为给定一个行列式，要猜想其值是比较难的，所以是先给定其值，然后再去证明.

**例 9** 证明：

$$D_n = \begin{vmatrix} 2\cos\theta & 1 & 0 & \cdots & 0 & 0 \\ 1 & 2\cos\theta & 1 & \cdots & 0 & 0 \\ 0 & 1 & 2\cos\theta & \cdots & 0 & 0 \\ \vdots & \vdots & \vdots & & \vdots & \vdots \\ 0 & 0 & 0 & \cdots & 2\cos\theta & 1 \\ 0 & 0 & 0 & \cdots & 1 & 2\cos\theta \end{vmatrix} = \frac{\sin(n+1)\theta}{\sin\theta} \quad (\sin\theta \neq 0).$$

**证明** 当 $n=1$，2 时，有

$$D_1 = 2\cos\theta = \frac{\sin(1+1)\theta}{\sin\theta},$$

$$D_2 = \begin{vmatrix} 2\cos\theta & 1 \\ 1 & 2\cos\theta \end{vmatrix} = 4\cos^2\theta - 1 = \frac{\sin(2+1)\theta}{\sin\theta}.$$

结论显然成立.

现假定结论对阶数小于等于 $n-1$ 时的行列式成立. 即有

$$D_{n-2}=\frac{\sin(n-2+1)\theta}{\sin\theta},\quad D_{n-1}=\frac{\sin(n-1+1)\theta}{\sin\theta}.$$

将 $D_n$ 按第一列展开，得

$$D_n=2\cos\theta\begin{vmatrix}2\cos\theta & 1 & \cdots & 0 & 0\\ 1 & 2\cos\theta & \cdots & 0 & 0\\ \vdots & \vdots & & \vdots & \vdots\\ 0 & 0 & \cdots & 2\cos\theta & 1\\ 0 & 0 & \cdots & 1 & 2\cos\theta\end{vmatrix}_{(n-1)}-\begin{vmatrix}2\cos\theta & 0 & \cdots & 0 & 0\\ 1 & 2\cos\theta & \cdots & 0 & 0\\ \vdots & \vdots & & \vdots & \vdots\\ 0 & 0 & \cdots & 2\cos\theta & 1\\ 0 & 0 & \cdots & 1 & 2\cos\theta\end{vmatrix}_{(n-1)}$$

$$=2\cos\theta\cdot D_{n-1}-D_{n-2}$$

$$=2\cos\theta\cdot\frac{\sin(n-1+1)\theta}{\sin\theta}-\frac{\sin(n-2+1)\theta}{\sin\theta}$$

$$=\frac{2\cos\theta\cdot\sin n\theta-\sin(n-1)\theta}{\sin\theta}$$

$$=\frac{2\cos\theta\cdot\sin n\theta-\sin n\theta\cdot\cos\theta+\cos n\theta\cdot\sin\theta}{\sin\theta}$$

$$=\frac{\sin n\theta\cdot\cos\theta+\cos n\theta\cdot\sin\theta}{\sin\theta}$$

$$=\frac{\sin(n+1)\theta}{\sin\theta}.$$

故当对 $n$ 时，等式也成立. 得证.

(8) 利用拉普拉斯定理.

拉普拉斯定理的四种特殊情形如下：

① $\begin{vmatrix}\boldsymbol{A}_{nn} & \boldsymbol{O}\\ \boldsymbol{C}_{mn} & \boldsymbol{B}_{mm}\end{vmatrix}=|\boldsymbol{A}_{nn}|\cdot|\boldsymbol{B}_{mm}|.$

② $\begin{vmatrix}\boldsymbol{A}_{nn} & \boldsymbol{C}_{nm}\\ \boldsymbol{O} & \boldsymbol{B}_{mm}\end{vmatrix}=|\boldsymbol{A}_{nn}|\cdot|\boldsymbol{B}_{mm}|.$

③ $\begin{vmatrix}\boldsymbol{O} & \boldsymbol{A}_{nn}\\ \boldsymbol{B}_{mm} & \boldsymbol{C}_{mn}\end{vmatrix}=(-1)^{mn}|\boldsymbol{A}_{nn}|\cdot|\boldsymbol{B}_{mm}|.$

④ $\begin{vmatrix}\boldsymbol{C}_{nm} & \boldsymbol{A}_{nn}\\ \boldsymbol{B}_{mm} & \boldsymbol{O}\end{vmatrix}=(-1)^{mn}|\boldsymbol{A}_{nn}|\cdot|\boldsymbol{B}_{mm}|.$

**例 10**　计算如下 $n$ 阶行列式的值：

$$D_n=\begin{vmatrix}\lambda & a & a & a & \cdots & a\\ b & \alpha & \beta & \beta & \cdots & \beta\\ b & \beta & \alpha & \beta & \cdots & \beta\\ \vdots & \vdots & \vdots & \vdots & & \vdots\\ b & \beta & \beta & \beta & \cdots & \alpha\end{vmatrix}.$$

**解**

$$D_n \xlongequal[(i=2,3,\cdots,n-1)]{r_{i+1}-r_2} \begin{vmatrix} \lambda & a & a & a & \cdots & a \\ b & \alpha & \alpha & \beta & \cdots & \beta \\ 0 & \beta-\alpha & \alpha-\beta & 0 & \cdots & 0 \\ \vdots & \vdots & \vdots & \vdots & & \vdots \\ 0 & \beta-\alpha & 0 & 0 & \cdots & \alpha-\beta \end{vmatrix}$$

$$\xlongequal[(i=3,4,\cdots,n)]{C_2+C_i} \begin{vmatrix} \lambda & (n-1)a & a & a & \cdots & a \\ b & \alpha+(n-2)\beta & \beta & \beta & \cdots & \beta \\ 0 & 0 & \alpha-\beta & 0 & \cdots & 0 \\ 0 & 0 & 0 & \alpha-\beta & \cdots & 0 \\ \vdots & \vdots & \vdots & \vdots & & \vdots \\ 0 & 0 & 0 & 0 & \cdots & \alpha-\beta \end{vmatrix}$$

$$\xlongequal[\text{拉斯定理}]{\text{利用拉普}} \begin{vmatrix} \lambda & (n-1)a \\ b & \alpha+(n-2)\beta \end{vmatrix}_{2\times 2} \cdot \begin{vmatrix} \alpha-\beta & 0 & \cdots & 0 \\ 0 & \alpha-\beta & \cdots & 0 \\ \vdots & \vdots & & \vdots \\ 0 & 0 & \cdots & \alpha-\beta \end{vmatrix}_{(n-2)\times(n-2)}$$

$$=[\lambda\alpha+\lambda(n-2)\beta-ab(n-1)]\cdot(\alpha-\beta)^{n-2}.$$

(9) 对于抽象方阵的行列式，通常利用方阵及行列式的性质来计算.

**例 11** 设 $\boldsymbol{A}$ 为 $n$ 阶方阵，$|\boldsymbol{A}|=5$，求 $|(5\boldsymbol{A}^{\mathrm{T}})^{-1}|$.

**解** $|(5\boldsymbol{A}^{\mathrm{T}})^{-1}| = \left|\frac{1}{5}(\boldsymbol{A}^{\mathrm{T}})^{-1}\right| = \frac{1}{5^n}|(\boldsymbol{A}^{\mathrm{T}})^{-1}| = \frac{1}{5^n}\frac{1}{|\boldsymbol{A}^{\mathrm{T}}|} = \frac{1}{5^n}\frac{1}{|\boldsymbol{A}|} = \frac{1}{5^{n+1}}.$

**例 12** 用行列式（Cramer 法则）解方程组 $\begin{cases} x_1+2x_2+3x_3-2x_4=6, \\ 2x_1-x_2-2x_3-3x_4=8, \\ 3x_1+2x_2-x_3+2x_4=4, \\ 2x_1-3x_2+2x_3+x_4=-8. \end{cases}$

**解** 克莱姆法则解方程组要先计算系数矩阵 $\boldsymbol{A}$ 的行列式，如果它不为零，则继续计算将系数矩阵行列式中的某一列用常数项列 $(6, 8, 4, -8)^{\mathrm{T}}$ 替换后得行列式，最后按克莱姆法则的求解公式算出方程组的解.

系数矩阵行列式 $\det(\boldsymbol{A}) = \begin{vmatrix} 1 & 2 & 3 & -2 \\ 2 & -1 & -2 & -3 \\ 3 & 2 & -1 & 2 \\ 2 & -3 & 2 & 1 \end{vmatrix} = 324,$

用常数项列替换 $\boldsymbol{A}$ 的第一列得 $\boldsymbol{A}_1$，$\det(\boldsymbol{A}_1)=\begin{vmatrix} 6 & 2 & 3 & -2 \\ 8 & -1 & -2 & -3 \\ 4 & 2 & -1 & 2 \\ -8 & -3 & 2 & 1 \end{vmatrix}=324$，

用常数项列替换 $\boldsymbol{A}$ 的第二列得 $\boldsymbol{A}_2$，$\det(\boldsymbol{A}_2)=\begin{vmatrix} 1 & 6 & 3 & -2 \\ 2 & 8 & -2 & -3 \\ 3 & 4 & -1 & 2 \\ 2 & -8 & 2 & 1 \end{vmatrix}=648$，

用常数项列替换 $\boldsymbol{A}$ 的第三列得 $\boldsymbol{A}_3$，$\det(\boldsymbol{A}_3)=\begin{vmatrix} 1 & 2 & 6 & -2 \\ 2 & -1 & 8 & -3 \\ 3 & 2 & 4 & 2 \\ 2 & -3 & -8 & 1 \end{vmatrix}=-324$，

用常数项列替换 $\boldsymbol{A}$ 的第四列得 $\boldsymbol{A}_4$，$\det(\boldsymbol{A}_4)=\begin{vmatrix} 1 & 2 & 3 & 6 \\ 2 & -1 & -2 & 8 \\ 3 & 2 & -1 & 4 \\ 2 & -3 & 2 & -8 \end{vmatrix}=-648$，

所以方程组的解为 $x_1=\dfrac{\det(\boldsymbol{A}_1)}{\det(\boldsymbol{A})}=\dfrac{324}{324}=1$，$x_2=\dfrac{\det(\boldsymbol{A}_2)}{\det(\boldsymbol{A})}=\dfrac{648}{324}=2$，$x_3=\dfrac{\det(\boldsymbol{A}_3)}{\det(\boldsymbol{A})}=\dfrac{-324}{324}=-1$，$x_4=\dfrac{\det(\boldsymbol{A}_4)}{\det(\boldsymbol{A})}=\dfrac{-648}{324}=-2$.

5. $n$ 阶方阵 $\boldsymbol{A}$ 的行列式的意义是什么?

$n$ 阶方阵 $\boldsymbol{A}$ 表示的是 $\mathbf{R}^n\to\mathbf{R}^n$ 的线性变换. 二、三阶方阵表示二、三维空间中的线性变换. 线性变换会对空间进行挤压或者拉伸，通过追踪空间基向量的变换，可以查看空间中相应量的变化. 例如，在二、三维空间中，考查单位面积（二维）/单位体积（三维）的面积/体积缩放比例，这个缩放比例对应的就是行列式的值. $n$ 阶方阵 $\boldsymbol{A}$ 的行列式表示 $n$ 维空间中线性变换对空间压缩或者拉升的比例.

二维空间中二阶方阵行列式的值表示以二阶方阵的列向量作为相邻边的平行四边形的面积，三维空间中三阶方阵行列式的值表示以三阶方阵的三个列向量为共顶点的三条棱的平行六面体的体积. 行列式的值为 0 表示将空间压缩到更低的维度. 方阵的列向量组线性相关等价于其行列式的值 0.

## 五、练习题精选

1. 若方程组$\begin{cases}bx+ay=0\\cx+az=b\\cy+bz=a\end{cases}$有唯一解，则 $abc\neq$________.

2. 当 $a$ 为________时，方程组$\begin{cases}x_1+x_2+x_3=0\\x_1+2x_2+ax_3=0\\x_1+4x_2+a^2x_3=0\end{cases}$有非零解.

3. 设 $\det(\boldsymbol{A})=\begin{vmatrix}3&-1&2\\-2&-3&1\\0&1&-4\end{vmatrix}$，则 $2A_{11}+A_{21}-4A_{31}=$__________.

4. 设 $\boldsymbol{A}$，$\boldsymbol{B}$ 均为 3 阶方阵，且 $|\boldsymbol{A}|=\frac{1}{2}$，$|\boldsymbol{B}|=2$，则 $|2(\boldsymbol{B}^{\mathrm{T}}\boldsymbol{A}^{-1})|=$________.

5. 设$\begin{vmatrix}a_{11}&a_{12}&a_{13}\\a_{21}&a_{22}&a_{23}\\a_{31}&a_{32}&a_{33}\end{vmatrix}=1$，则$\begin{vmatrix}4a_{11}&2a_{11}-3a_{12}&a_{13}\\4a_{21}&2a_{21}-3a_{22}&a_{23}\\4a_{31}&2a_{31}-3a_{32}&a_{33}\end{vmatrix}=$___________.

6. 设齐次线性方程组$\begin{cases}kx+z=0\\2x+ky+z=0\\kx-2y+z=0\end{cases}$有非零解，则 $k=$___________.

7. 已知四阶行列式 $\det(\boldsymbol{A})$中第三列元素依次为$-1$，2，0，1，它们的余子式依次分别为 5，3，$-7$，4，则 $\det(\boldsymbol{A})=$_______________________.

8. 计算行列式的值.

(1) $\begin{vmatrix}a+b&c&1\\b+c&a&1\\c+a&b&1\end{vmatrix}$；

(2) $D=\begin{vmatrix}1&2&-1&2\\3&0&1&-1\\1&-2&0&4\\-2&-4&1&-1\end{vmatrix}$；

(3) $\begin{vmatrix}1&1&1&1+x\\1&1&1-x&1\\1&1+y&1&1\\1-y&1&1&1\end{vmatrix}$；

(4) $\begin{vmatrix} 1 & a_1 & a_2 & a_3 \\ 1 & a_1+b_1 & a_2 & a_3 \\ 1 & a_1 & a_2+b_2 & a_3 \\ 1 & a_1 & a_2 & a_3+b_3 \end{vmatrix}$；

(5) $D_n=\begin{vmatrix} 3 & 2 & 2 & \cdots & 2 \\ 2 & 3 & 2 & \cdots & 2 \\ 2 & 2 & 3 & \cdots & 2 \\ \vdots & \vdots & \vdots & & \vdots \\ 2 & 2 & 2 & \cdots & 3 \end{vmatrix}$；

(6) $D_{n+1}=\begin{vmatrix} -1 & 1 & 0 & \cdots & 0 & 0 \\ 0 & -2 & 2 & \cdots & 0 & 0 \\ \vdots & \vdots & \vdots & & \vdots & \vdots \\ 0 & 0 & 0 & \cdots & -n & n \\ 2 & 2 & 2 & \cdots & 2 & 2 \end{vmatrix}$；

(7) $\begin{vmatrix} 1+x_1y_1 & 1+x_1y_2 & \cdots & 1+x_1y_n \\ 1+x_2y_1 & 1+x_2y_2 & \cdots & 1+x_2y_n \\ \vdots & \vdots & & \vdots \\ 1+x_ny_1 & 1+x_ny_2 & \cdots & 1+x_ny_n \end{vmatrix}$；

(8) $\begin{vmatrix} x & -1 & 0 & \cdots & 0 \\ 0 & x & -1 & \cdots & 0 \\ 0 & 0 & x & \cdots & 0 \\ \vdots & \vdots & \vdots & & \vdots \\ a_n & a_{n-1} & a_{n-2} & \cdots & a_1+x \end{vmatrix}$.

9. 设行列式 $\det(\boldsymbol{A})=\begin{vmatrix} 4 & 1 & 3 & -2 \\ 3 & 3 & 3 & -6 \\ -1 & 2 & 0 & 7 \\ 1 & 2 & 9 & -2 \end{vmatrix}$，不计算 $A_{ij}$，直接证明 $A_{41}+A_{42}+A_{43}=2A_{44}$.

10. 已知方阵 $\boldsymbol{B}=\begin{bmatrix} 3 & -5 & 2 & 1 \\ 1 & 1 & 0 & -5 \\ -1 & 3 & 1 & 3 \\ 2 & -4 & -1 & 3 \end{bmatrix}$，求 $A_{13}+3A_{23}-2A_{33}+2A_{43}$.

11. 已知某圆过点 $A(2, 1)$，$B(-2, -1)$，$C(1, 0)$，试求圆的方程、圆心、半径.

12. 设$\boldsymbol{A}$为三阶矩阵，$\boldsymbol{A}^*$为$\boldsymbol{A}$的伴随矩阵，且$|\boldsymbol{A}|=\dfrac{1}{2}$，求$|(3\boldsymbol{A})^{-1}-2\boldsymbol{A}^*|$.

13. 用克莱姆法则解方程组.

(1) $\begin{cases} x_1+x_2+x_3=1, \\ 2x_1+3x_2-2x_3=5, \\ 4x_1+9x_2+4x_3=25; \end{cases}$

(2) $\begin{cases} x_1+x_2+x_3=1, \\ 2x_1+3x_2+4x_3=5, \\ 4x_1+9x_2+16x_3=25. \end{cases}$

14. 已知$\boldsymbol{A}=\begin{bmatrix} 0 & 0 & 3 & 4 \\ 0 & 0 & 4 & -3 \\ 1 & 4 & 0 & 0 \\ 0 & -1 & 0 & 0 \end{bmatrix}$，求$\boldsymbol{A}^{-1}$及$|\boldsymbol{A}^{10}|$.

15. 设$\boldsymbol{A}$是元素为整数的$n$阶矩阵，则存在元素为整数的$n$阶矩阵$\boldsymbol{B}$，使得$\boldsymbol{AB}=\boldsymbol{I}$的充分必要条件是$|\boldsymbol{A}|=1$或$|\boldsymbol{A}|=-1$.

16. 已知$\boldsymbol{A}=[a_{ij}]_{n\times n}$是$n$（$n\geqslant 2$）阶矩阵，证明$(\boldsymbol{A}^*)^*=|\boldsymbol{A}|^{n-2}\boldsymbol{A}$，并计算$\begin{vmatrix} A_{22} & A_{32} & \cdots & A_{n2} \\ A_{23} & A_{33} & \cdots & A_{n3} \\ \vdots & \vdots & & \vdots \\ A_{2n} & A_{3n} & \cdots & A_{nn} \end{vmatrix}$.

17. 设$\boldsymbol{\alpha}=(1,\ 0,\ -1)^{\mathrm{T}}$，矩阵$\boldsymbol{A}=\boldsymbol{\alpha}\boldsymbol{\alpha}^{\mathrm{T}}$，$n$为正整数，则$|k\boldsymbol{I}-\boldsymbol{A}^n|=$________.

18. 设$\boldsymbol{\alpha}_1$，$\boldsymbol{\alpha}_2$，$\boldsymbol{\alpha}_3$均为3维列向量，记矩阵$\boldsymbol{A}=(\boldsymbol{\alpha}_1,\ \boldsymbol{\alpha}_2,\ \boldsymbol{\alpha}_3)$，$\boldsymbol{B}=(\boldsymbol{\alpha}_1+\boldsymbol{\alpha}_2+\boldsymbol{\alpha}_3,\ \boldsymbol{\alpha}_1+2\boldsymbol{\alpha}_2+4\boldsymbol{\alpha}_3,\ \boldsymbol{\alpha}_1+3\boldsymbol{\alpha}_2+9\boldsymbol{\alpha}_3)$，如果$|\boldsymbol{A}|=1$，则$|\boldsymbol{B}|=$________.

19. 设矩阵$\boldsymbol{A}=\begin{bmatrix} 2 & 1 & 0 \\ 1 & 2 & 0 \\ 0 & 0 & 1 \end{bmatrix}$，矩阵$\boldsymbol{B}$满足$\boldsymbol{ABA}^*=2\boldsymbol{BA}^*+\boldsymbol{I}$，则$|\boldsymbol{B}|=$________.

20. 计算行列式$\begin{vmatrix} 1+x & 1 & 1 & 1 \\ 1 & 1-x & 1 & 1 \\ 1 & 1 & 1+y & 1 \\ 1 & 1 & 1 & 1-y \end{vmatrix}$，其中$xy\neq 0$.

21. 设$|\boldsymbol{A}|=\begin{vmatrix} 1 & 2 & 3 & 4 \\ 1 & 2 & 1 & 3 \\ 1 & 1 & 3 & 4 \\ 1 & 1 & 2 & 3 \end{vmatrix}$，求$A_{11}+A_{12}+A_{13}+A_{14}$，其中$A_{ij}$表示$|\boldsymbol{A}|$中第$i$

行第 $j$ 列元素的代数余子式.

22. 若 $a$，$b$，$c$ 表示三角形 $ABC$ 的三边长，且满足 $\begin{vmatrix} a & a^2 & a+b+c \\ b & b^2 & a+b+c \\ c & c^2 & a+b+c \end{vmatrix}=0$，判断三角形 $ABC$ 的形状（等腰、直角、等边、等腰直角）.

23. 设方阵 $\boldsymbol{A}$ 可逆，且 $\boldsymbol{A}$ 的每行元素之和均等于 $a$，证明：

（1）$a\neq 0$；

（2）$\boldsymbol{A}^{-1}$的每行元素之和为（$1/a$）.

24. 设 $\boldsymbol{A}=\begin{bmatrix} 0 & a & b \\ a & 0 & c \\ b & c & 0 \end{bmatrix}$，$\boldsymbol{B}=\begin{bmatrix} 0 & 0 & 0 \\ 0 & k & 0 \\ 0 & 0 & l \end{bmatrix}$，求当 $\boldsymbol{AB}+\boldsymbol{I}$ 可逆时，$k$，$l$ 满足的条件，并求 $(\boldsymbol{AB}+\boldsymbol{I})^{-1}$.

25. 求 $n$ 阶方阵 $\boldsymbol{A}=[a_{ij}]$ 的行列式的值，其中 $a_{ij}=|i-j|$，$i$，$j=1$，2，…，$n$.

**参考答案：**

1. 0.
2. 1 或 2.
3. 0.
4. 32.
5. $-12$.
6. 2.
7. $-15$.
8. （1）0；　（2）$-10$；　（3）$x^2y^2$；

（4）$b_1b_2b_3$；　（5）$2n+1$；　（6）$(-1)^n\cdot 2\cdot(n+1)!$；

（7）$\begin{cases} 1+x_1y_1, & n=1 \\ (x_2-x_1)(y_2-y_1), & n=2; \\ 0, & n>2 \end{cases}$　（8）$x^n+a_1x^{n-1}+\cdots+a_{n-1}x+a_n$.

9. 略.
10. $-120$.
11. $(x+2)^2+(y-4)^2=25$.
12. $-\dfrac{16}{27}$.
13. （1）$x_1=-\dfrac{7}{2}$，$x_2=\dfrac{21}{5}$，$x_3=\dfrac{3}{10}$；

（2）$x_1=1$，$x_2=-3$，$x_3=3$.

14. $\boldsymbol{A}^{-1}=\begin{bmatrix} 0 & 0 & 1 & 4 \\ 0 & 0 & 0 & -1 \\ \frac{3}{25} & \frac{4}{25} & 0 & 0 \\ \frac{4}{25} & -\frac{3}{25} & 0 & 0 \end{bmatrix}$，$|\boldsymbol{A}^{10}|=25^{10}$.

15. 略.

16. $|\boldsymbol{A}|^{n-2}\cdot a_{11}$.

17. $k^3-k^2\cdot 2^n$.

18. 2.

19. $-\frac{1}{9}$.

20. $x^2y^2$.

21. 1.

22. 等腰三角形.

23. 略.

24. 当 $1-c^2kl\neq 0$ 时，$\boldsymbol{AB}+\boldsymbol{I}$ 可逆，$(\boldsymbol{AB}+\boldsymbol{I})^{-1}=$

$$\frac{1}{1-c^2kl}\begin{bmatrix} 1-c^2kl & -ak+bckl & ackl-bl \\ 0 & 1 & -cl \\ 0 & -ck & 1 \end{bmatrix}.$$

25. $(-1)^{n-1}\cdot(n-1)\cdot 2^{n-2}$.

# 第四章　向量空间

## 一、重点、难点及学习要求

### （一）重点

向量的线性运算与线性组合，向量组的线性相关和线性无关，向量组的极大线性无关组和秩，矩阵的秩，线性方程组有解的判别、解的结构及通解的求法，向量空间的基和维数，坐标和过渡矩阵.

### （二）难点

向量组的线性相关和线性无关的判断与证明，向量组的极大线性无关组和秩的求法，矩阵秩的概念及有关性质，应用线性方程组解的理论解决有关向量、矩阵的问题.

### （三）学习要求

1. 理解 $n$ 维向量、向量的线性组合与线性表示的概念，掌握向量的线性运算(加法和数乘)，掌握线性表示的判别方法.

2. 理解向量组线性相关和线性无关的概念，掌握向量组线性相关与线性无关的主要性质和判别方法，掌握证明向量组线性相关与线性无关的方法.

3. 理解向量组的极大线性无关组和秩的概念，理解向量组等价的概念，会求向量组的极大线性无关组和秩.

4. 理解矩阵秩的概念及矩阵秩的有关性质，了解向量组的秩与矩阵的秩之间的关系，掌握用初等变换求矩阵秩的方法.

5. 掌握齐次线性方程组有非零解的充分必要条件，掌握齐次线性方程组解的结构，掌握齐次线性方程组系数矩阵的秩、解空间的维数和未知量个数之间的关系，掌握用初等行变换求齐次线性方程组的基础解系和通解的方法.

6. 掌握非齐次线性方程组有解的判别条件，掌握非齐次线性方程组与其导出组的解的联系，掌握非齐次线性方程组解的结构，会求非齐次线性方程组的通解.

7. 了解 $n$ 维向量空间、基、维数、坐标等概念.

8. 了解基变换和坐标变换公式，会求向量的坐标，会求过渡矩阵.

## 二、知识结构网络图

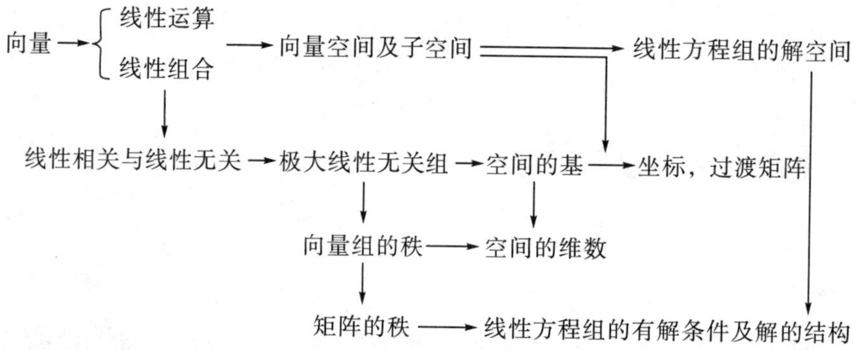


本章的题目无论是证明、判断还是计算，关键在于深刻理解本章的基本概念，弄清其相互关系. 要学会用定义来做推导论证，并在推导过程中注意逻辑的正确性，表达要清晰.

## 三、基本内容与重要结论

1. $n$ 维向量的概念与运算.

$n$ 个数 $a_1, a_2, \cdots, a_n$ 组成的有序数组称为 $n$ 维向量，记为 $\boldsymbol{\alpha}=(a_1, a_2, \cdots, a_n)$ 或 $\boldsymbol{\alpha}=(a_1, a_2, \cdots, a_n)^{\mathrm{T}}$，前者称为行向量，后者称为列向量. $a_i$ 称为 $\boldsymbol{\alpha}$ 的第 $i(i=1, 2, \cdots, n)$ 个分量.

设 $\boldsymbol{\alpha}=(a_1, a_2, \cdots, a_n)^{\mathrm{T}}$，$\boldsymbol{\beta}=(b_1, b_2, \cdots, b_n)^{\mathrm{T}}$，向量 $\boldsymbol{\alpha}$ 与 $\boldsymbol{\beta}$ 的和

$$\boldsymbol{\alpha}+\boldsymbol{\beta}=(a_1+b_1, a_2+b_2, \cdots, a_n+b_n)^{\mathrm{T}},$$

数 $k$ 与向量 $\boldsymbol{\alpha}$ 的数量乘积

$$k\boldsymbol{\alpha}=(ka_1, ka_2, \cdots, ka_n)^{\mathrm{T}}.$$

向量的加法和数乘运算统称向量的线性运算. 向量的线性运算可视为矩阵的线性运算的特殊情形，也满足 8 条运算规律.

全体 $n$ 维实向量的集合记为 $\mathbf{R}^n$.

2. 向量组的线性表出.

若干个同维数的向量组成的集合称为向量组.

对于向量组 $\boldsymbol{\alpha}_1, \boldsymbol{\alpha}_2, \cdots, \boldsymbol{\alpha}_s$ 和一组数 $k_1, k_2, \cdots, k_s$，表达式 $k_1\boldsymbol{\alpha}_1+k_2\boldsymbol{\alpha}_2+\cdots+k_s\boldsymbol{\alpha}_s$

称为向量组$\boldsymbol{\alpha}_1$，$\boldsymbol{\alpha}_2$，…，$\boldsymbol{\alpha}_s$的一个线性组合．对向量$\boldsymbol{\beta}$，若存在一组常数$k_1$，$k_2$，…，$k_s$使得

$$\boldsymbol{\beta}=k_1\boldsymbol{\alpha}_1+k_2\boldsymbol{\alpha}_2+\cdots+k_s\boldsymbol{\alpha}_s,$$

则称$\boldsymbol{\beta}$可由向量组$\boldsymbol{\alpha}_1$，$\boldsymbol{\alpha}_2$，…，$\boldsymbol{\alpha}_s$线性表出．

设有两个向量组(Ⅰ)$\boldsymbol{\alpha}_1$，$\boldsymbol{\alpha}_2$，…，$\boldsymbol{\alpha}_s$；(Ⅱ)$\boldsymbol{\beta}_1$，$\boldsymbol{\beta}_2$，…，$\boldsymbol{\beta}_t$．若向量组(Ⅰ)中每个向量都可由向量组(Ⅱ)线性表出，则称向量组(Ⅰ)可由向量组(Ⅱ)线性表出．如果(Ⅰ)和(Ⅱ)可以互相线性表出，则称向量组(Ⅰ)与向量组(Ⅱ)等价．

向量组的线性表出满足传递性．

向量组的线性表出和线性方程组的解及向量组的秩有如下关系：

(1) 向量$\boldsymbol{\beta}$可由$\boldsymbol{\alpha}_1$，$\boldsymbol{\alpha}_2$，…，$\boldsymbol{\alpha}_s$线性表出

$\Leftrightarrow$线性方程组$x_1\boldsymbol{\alpha}_1+x_2\boldsymbol{\alpha}_2+\cdots+x_n\boldsymbol{\alpha}_n=\boldsymbol{\beta}$有解

$\Leftrightarrow r(\boldsymbol{\alpha}_1, \boldsymbol{\alpha}_2, \cdots, \boldsymbol{\alpha}_s)=r(\boldsymbol{\alpha}_1, \boldsymbol{\alpha}_2, \cdots, \boldsymbol{\alpha}_s, \boldsymbol{\beta})$．

(2) 向量组$\boldsymbol{\beta}_1$，$\boldsymbol{\beta}_2$，…，$\boldsymbol{\beta}_t$可由向量组$\boldsymbol{\alpha}_1$，$\boldsymbol{\alpha}_2$，…，$\boldsymbol{\alpha}_s$线性表出

$\Leftrightarrow$矩阵方程$[\boldsymbol{\alpha}_1, \boldsymbol{\alpha}_2, \cdots, \boldsymbol{\alpha}_s]\boldsymbol{X}=[\boldsymbol{\beta}_1, \boldsymbol{\beta}_2, \cdots, \boldsymbol{\beta}_t]$有解

$\Leftrightarrow r(\boldsymbol{\alpha}_1, \boldsymbol{\alpha}_2, \cdots, \boldsymbol{\alpha}_s)=r(\boldsymbol{\alpha}_1, \boldsymbol{\alpha}_2, \cdots, \boldsymbol{\alpha}_s, \boldsymbol{\beta}_1, \boldsymbol{\beta}_2, \cdots, \boldsymbol{\beta}_t)$．

(3) 向量组$\boldsymbol{\alpha}_1$，$\boldsymbol{\alpha}_2$，…，$\boldsymbol{\alpha}_s$与向量组$\boldsymbol{\beta}_1$，$\boldsymbol{\beta}_2$，…，$\boldsymbol{\beta}_t$等价

$\Leftrightarrow r(\boldsymbol{\alpha}_1, \boldsymbol{\alpha}_2, \cdots, \boldsymbol{\alpha}_s)=r(\boldsymbol{\beta}_1, \boldsymbol{\beta}_2, \cdots, \boldsymbol{\beta}_t)=r(\boldsymbol{\alpha}_1, \boldsymbol{\alpha}_2, \cdots, \boldsymbol{\alpha}_s, \boldsymbol{\beta}_1, \boldsymbol{\beta}_2, \cdots, \boldsymbol{\beta}_t)$．

(4) 向量组$\boldsymbol{\beta}_1$，$\boldsymbol{\beta}_2$，…，$\boldsymbol{\beta}_t$可由向量组$\boldsymbol{\alpha}_1$，$\boldsymbol{\alpha}_2$，…，$\boldsymbol{\alpha}_s$线性表出，则

$$r(\boldsymbol{\beta}_1, \boldsymbol{\beta}_2, \cdots, \boldsymbol{\beta}_t)\leqslant r(\boldsymbol{\alpha}_1, \boldsymbol{\alpha}_2, \cdots, \boldsymbol{\alpha}_s).$$

3. 向量组的线性相关性.

给定向量组$\boldsymbol{\alpha}_1$，$\boldsymbol{\alpha}_2$，…，$\boldsymbol{\alpha}_s$，如果存在一组不全为零的数$k_1$，$k_2$，…，$k_s$，使得

$$k_1\boldsymbol{\alpha}_1+k_2\boldsymbol{\alpha}_2+\cdots+k_s\boldsymbol{\alpha}_s=\boldsymbol{0},$$

则称向量组$\boldsymbol{\alpha}_1$，$\boldsymbol{\alpha}_2$，…，$\boldsymbol{\alpha}_s$线性相关．否则称$\boldsymbol{\alpha}_1$，$\boldsymbol{\alpha}_2$，…，$\boldsymbol{\alpha}_s$线性无关，即仅当$k_1=k_2=\cdots=k_s=0$时，$k_1\boldsymbol{\alpha}_1+k_2\boldsymbol{\alpha}_2+\cdots+k_s\boldsymbol{\alpha}_s=\boldsymbol{0}$才成立，则称向量组$\boldsymbol{\alpha}_1$，$\boldsymbol{\alpha}_2$，…，$\boldsymbol{\alpha}_s$线性无关；或者，当$k_1\boldsymbol{\alpha}_1+k_2\boldsymbol{\alpha}_2+\cdots+k_s\boldsymbol{\alpha}_s=\boldsymbol{0}$成立时，必有$k_1=k_2=\cdots=k_s=0$，则称向量组$\boldsymbol{\alpha}_1$，$\boldsymbol{\alpha}_2$，…，$\boldsymbol{\alpha}_s$线性无关．

以下是向量组线性相关及线性无关的一些结论．

(1) 向量组$\boldsymbol{\alpha}_1$，$\boldsymbol{\alpha}_2$，…，$\boldsymbol{\alpha}_s$线性相关的充要条件是齐次线性方程组$\boldsymbol{Ax}=\boldsymbol{0}$有非零解，其中$\boldsymbol{A}=[\boldsymbol{\alpha}_1, \boldsymbol{\alpha}_2, \cdots, \boldsymbol{\alpha}_s]$，$\boldsymbol{x}=(x_1, x_2, \cdots, x_s)^{\mathrm{T}}$；向量组$\boldsymbol{\alpha}_1$，$\boldsymbol{\alpha}_2$，…，$\boldsymbol{\alpha}_s$线性无关的充要条件是齐次线性方程组$\boldsymbol{Ax}=\boldsymbol{0}$只有零解．

(2) $n$个$n$维向量$\boldsymbol{\alpha}_1$，$\boldsymbol{\alpha}_2$，…，$\boldsymbol{\alpha}_n$线性相关的充要条件是$n$阶行列式

$$\det(\boldsymbol{\alpha}_1, \boldsymbol{\alpha}_2, \cdots, \boldsymbol{\alpha}_n)=0.$$

(3) 当向量组中的向量个数大于向量的维数时，向量组一定线性相关．特别地，任意$n+1$个$n$维向量一定线性相关．

(4) 向量组$\boldsymbol{\alpha}_1$，$\boldsymbol{\alpha}_2$，…，$\boldsymbol{\alpha}_s$线性相关$\Leftrightarrow r(\boldsymbol{\alpha}_1, \boldsymbol{\alpha}_2, \cdots, \boldsymbol{\alpha}_s) < s$；

向量组$\boldsymbol{\alpha}_1$，$\boldsymbol{\alpha}_2$，…，$\boldsymbol{\alpha}_s$线性无关$\Leftrightarrow r(\boldsymbol{\alpha}_1, \boldsymbol{\alpha}_2, \cdots, \boldsymbol{\alpha}_s) = s$.

(5) 一个向量线性相关当且仅当该向量为零向量；两个向量线性相关当且仅当其中至少有一个向量是另一个的倍数.

(6) 向量组$\boldsymbol{\alpha}_1$，$\boldsymbol{\alpha}_2$，…，$\boldsymbol{\alpha}_s(s \geqslant 2)$线性相关的充要条件是其中至少有一个向量可由其余$s-1$个向量线性表出.

(7) 若向量组$\boldsymbol{\alpha}_1$，$\boldsymbol{\alpha}_2$，…，$\boldsymbol{\alpha}_s$线性无关，而$\boldsymbol{\alpha}_1$，$\boldsymbol{\alpha}_2$，…，$\boldsymbol{\alpha}_s$，$\boldsymbol{\beta}$线性相关，则$\boldsymbol{\beta}$可由$\boldsymbol{\alpha}_1$，$\boldsymbol{\alpha}_2$，…，$\boldsymbol{\alpha}_s$唯一地线性表出.

(8) 若向量组$\boldsymbol{\alpha}_1$，$\boldsymbol{\alpha}_2$，…，$\boldsymbol{\alpha}_s$有一个部分组线性相关，则向量组$\boldsymbol{\alpha}_1$，$\boldsymbol{\alpha}_2$，…，$\boldsymbol{\alpha}_s$线性相关.

(9) 对于线性无关的$n$维向量组，在每个向量的相同位置分别添加$m$个分量，则所得到的$n+m$维向量组仍线性无关.

(10) 设向量组$\boldsymbol{\alpha}_1$，$\boldsymbol{\alpha}_2$，…，$\boldsymbol{\alpha}_s$可由向量组$\boldsymbol{\beta}_1$，$\boldsymbol{\beta}_2$，…，$\boldsymbol{\beta}_t$线性表出，如果$s>t$，则$\boldsymbol{\alpha}_1$，$\boldsymbol{\alpha}_2$，…，$\boldsymbol{\alpha}_s$线性相关.

若线性无关向量组$\boldsymbol{\alpha}_1$，$\boldsymbol{\alpha}_2$，…，$\boldsymbol{\alpha}_s$可由向量组$\boldsymbol{\beta}_1$，$\boldsymbol{\beta}_2$，…，$\boldsymbol{\beta}_t$线性表出，则$s \leqslant t$.

(11) 矩阵的初等行变换不改变列向量之间的线性相关性和线性组合关系.

4. 向量组的极大线性无关组和秩.

极大线性无关组：在向量组$\boldsymbol{\alpha}_1$，$\boldsymbol{\alpha}_2$，…，$\boldsymbol{\alpha}_s$中，若存在$r$个向量$\boldsymbol{\alpha}_{i_1}$，$\boldsymbol{\alpha}_{i_2}$，…，$\boldsymbol{\alpha}_{i_r}$线性无关，而再加入任意一个向量$\boldsymbol{\alpha}_j(j=1, 2, \cdots, s)$就线性相关，则称$\boldsymbol{\alpha}_{i_1}$，$\boldsymbol{\alpha}_{i_2}$，…，$\boldsymbol{\alpha}_{i_r}$是$\boldsymbol{\alpha}_1$，$\boldsymbol{\alpha}_2$，…，$\boldsymbol{\alpha}_s$的一个极大线性无关组. 极大线性无关组所含向量个数称为向量组$\boldsymbol{\alpha}_1$，$\boldsymbol{\alpha}_2$，…，$\boldsymbol{\alpha}_s$的秩，记为$r(\boldsymbol{\alpha}_1, \boldsymbol{\alpha}_2, \cdots, \boldsymbol{\alpha}_s)$.

极大线性无关组的等价定义：设向量组$\boldsymbol{\alpha}_1$，$\boldsymbol{\alpha}_2$，…，$\boldsymbol{\alpha}_s$的一个部分组$\boldsymbol{\alpha}_{i_1}$，$\boldsymbol{\alpha}_{i_2}$，…，$\boldsymbol{\alpha}_{i_r}$线性无关，且$\boldsymbol{\alpha}_1$，$\boldsymbol{\alpha}_2$，…，$\boldsymbol{\alpha}_s$中任一向量都能由$\boldsymbol{\alpha}_{i_1}$，$\boldsymbol{\alpha}_{i_2}$，…，$\boldsymbol{\alpha}_{i_r}$线性表出，则$\boldsymbol{\alpha}_{i_1}$，$\boldsymbol{\alpha}_{i_2}$，…，$\boldsymbol{\alpha}_{i_r}$是$\boldsymbol{\alpha}_1$，$\boldsymbol{\alpha}_2$，…，$\boldsymbol{\alpha}_s$的极大线性无关组.

向量组的极大线性无关组是与向量组等价的线性无关的部分组.

一个向量组的极大线性无关组不一定唯一，但向量组的任意两个极大线性无关组等价，从而含有相同个数的向量.

只含零向量的向量组没有极大线性无关组，规定其秩为0.

线性无关的向量组的极大线性无关组就是它本身.

求列向量组$\boldsymbol{\alpha}_1$，$\boldsymbol{\alpha}_2$，…，$\boldsymbol{\alpha}_s$的极大线性无关组的方法：令$\boldsymbol{A}=[\boldsymbol{\alpha}_1, \boldsymbol{\alpha}_2, \cdots, \boldsymbol{\alpha}_s]$，用初等行变换将$\boldsymbol{A}$化成阶梯形矩阵，$\boldsymbol{A}$的主元列就是$\boldsymbol{\alpha}_1$，$\boldsymbol{\alpha}_2$，…，$\boldsymbol{\alpha}_s$的一个极大线性无关组.

5. 矩阵的秩.

矩阵的秩等于它的列向量组的秩，也等于它的行向量组的秩.

矩阵的秩的一些性质和结论如下：

(1) $\boldsymbol{A}_{m\times n}$，则 $0\leqslant r(\boldsymbol{A})\leqslant \min\{m, n\}$.

(2) 矩阵的秩等于其非零子式的最高阶数.

(3) 矩阵的初等变换不改变矩阵的秩. 因此，对 $\boldsymbol{A}$ 进行初等行变换化为阶梯形矩阵，其中非零行的数目就是 $\boldsymbol{A}$ 的秩.

(4) 若 $\boldsymbol{A}$，$\boldsymbol{B}$ 为同型矩阵，则：$\boldsymbol{A}$ 与 $\boldsymbol{B}$ 相抵 $\Leftrightarrow r(\boldsymbol{A})=r(\boldsymbol{B})$.

(5) $r(\boldsymbol{A})=r(\boldsymbol{A}^{\mathrm{T}})=r(\boldsymbol{A}^{\mathrm{T}}\boldsymbol{A})$.

(6) 若数 $k\neq 0$，则 $r(k\boldsymbol{A})=r(\boldsymbol{A})$.

(7) $r(\boldsymbol{A}\pm\boldsymbol{B})\leqslant r(\boldsymbol{A})+r(\boldsymbol{B})$.

(8) $r(\boldsymbol{AB})\leqslant \min\{r(\boldsymbol{A}), r(\boldsymbol{B})\}$.

(9) 设 $\boldsymbol{A}$ 是 $m\times n$ 矩阵，$\boldsymbol{P}$，$\boldsymbol{Q}$ 分别是 $m$ 阶和 $n$ 阶可逆矩阵，则

$$r(\boldsymbol{A})=r(\boldsymbol{PA})=r(\boldsymbol{AQ})=r(\boldsymbol{PAQ}).$$

(10) $\boldsymbol{A}_{m\times n}$，$\boldsymbol{B}_{n\times t}$，若 $\boldsymbol{AB}=\boldsymbol{O}$，则 $r(\boldsymbol{A})+r(\boldsymbol{B})\leqslant n$.

(11) $\boldsymbol{A}^*$ 是 $\boldsymbol{A}$ 的伴随矩阵，则 $r(\boldsymbol{A}^*)=\begin{cases} n, \text{ if } r(\boldsymbol{A})=n, \\ 1, \text{ if } r(\boldsymbol{A})=n-1, \\ 0, \text{ if } r(\boldsymbol{A})<n-1. \end{cases}$

6. 齐次线性方程组解的性质和结构.

(1) $n$ 元齐次线性方程组 $\boldsymbol{Ax}=\boldsymbol{0}$ 有非零解 $\Leftrightarrow r(\boldsymbol{A})<n$.

(2) 齐次线性方程组的解空间是向量空间，即齐次线性方程组解的任意线性组合仍是解.

(3) 齐次线性方程组解空间的基也称为该方程组的基础解系. 即 $\boldsymbol{Ax}=\boldsymbol{0}$ 的基础解系 $\boldsymbol{\eta}_1$，$\boldsymbol{\eta}_2$，…，$\boldsymbol{\eta}_t$ 满足：

$\boldsymbol{\eta}_1$，$\boldsymbol{\eta}_2$，…，$\boldsymbol{\eta}_t$ 中的每个向量都是 $\boldsymbol{Ax}=\boldsymbol{0}$ 的解；

$\boldsymbol{\eta}_1$，$\boldsymbol{\eta}_2$，…，$\boldsymbol{\eta}_t$ 线性无关；

$\boldsymbol{Ax}=\boldsymbol{0}$ 的任意一个解都可由 $\boldsymbol{\eta}_1$，$\boldsymbol{\eta}_2$，…，$\boldsymbol{\eta}_t$ 线性表出.

(4) 若 $r(\boldsymbol{A})=r<n$（未知量个数），则齐次线性方程组 $\boldsymbol{Ax}=\boldsymbol{0}$ 存在基础解系，且它的基础解系含有 $n-r$ 个解向量，设为 $\boldsymbol{\eta}_1$，$\boldsymbol{\eta}_2$，…，$\boldsymbol{\eta}_{n-r}$，则方程组的通解为 $k_1\boldsymbol{\eta}_1+k_2\boldsymbol{\eta}_2+\cdots+k_{n-r}\boldsymbol{\eta}_{n-r}$，其中 $k_1$，$k_2$，…，$k_{n-r}$ 是任意实数.

(5) $n$ 元齐次线性方程组 $\boldsymbol{Ax}=\boldsymbol{0}$ 的任意 $n-r(\boldsymbol{A})$ 个线性无关的解都可构成它的基础解系.

7. 非齐次线性方程组解的性质和结构.

(1) $n$ 元非齐次线性方程组 $\boldsymbol{Ax}=\boldsymbol{b}$ 有解 $\Leftrightarrow$ 系数矩阵的秩等于增广矩阵的秩，即 $r(\boldsymbol{A})=r(\boldsymbol{A}, \boldsymbol{b})$.

(2) 若 $\boldsymbol{\xi}_1$，$\boldsymbol{\xi}_2$ 是非齐次线性方程组 $\boldsymbol{Ax}=\boldsymbol{b}$ 的任意两个解，则 $\boldsymbol{\xi}_1-\boldsymbol{\xi}_2$ 是其导出组 $\boldsymbol{Ax}=$

$\mathbf{0}$ 的解；若$\boldsymbol{\xi}_0$是非齐次线性方程组 $\boldsymbol{Ax}=\boldsymbol{b}$ 的解，$\boldsymbol{\eta}$ 是其导出组 $\boldsymbol{Ax}=\mathbf{0}$ 的解，则$\boldsymbol{\xi}_0+\boldsymbol{\eta}$ 是方程组 $\boldsymbol{Ax}=\boldsymbol{b}$ 的解.

(3) 设 $m\times n$ 矩阵 $\boldsymbol{A}$ 是非齐次线性方程组 $\boldsymbol{Ax}=\boldsymbol{b}$ 的系数矩阵，当 $r(\boldsymbol{A})=r(\overline{\boldsymbol{A}})=n$ 时，$\boldsymbol{Ax}=\boldsymbol{b}$ 有唯一解；当 $r(\boldsymbol{A})=r(\overline{\boldsymbol{A}})=r<n$ 时，$\boldsymbol{Ax}=\boldsymbol{b}$ 有无穷多组解，其通解为$\boldsymbol{\eta}_0+k_1\boldsymbol{\eta}_1+k_2\boldsymbol{\eta}_2+\cdots+k_{n-r}\boldsymbol{\eta}_{n-r}$,，其中$\boldsymbol{\eta}_0$是非齐次线性方程组 $\boldsymbol{Ax}=\boldsymbol{b}$ 的一个特解，$\boldsymbol{\eta}_1$，$\boldsymbol{\eta}_2$，…，$\boldsymbol{\eta}_{n-r}$是导出组 $\boldsymbol{Ax}=\mathbf{0}$ 的一个基础解系，$k_1$，$k_2$，…，$k_{n-r}$是任意实数.

8. 向量空间.

(1) 设 $V$ 是数域 $F$ 上的 $n$ 维向量构成的非空集合，如果 $V$ 对于向量的加法和数乘两种运算封闭，则称集合 $V$ 为数域 $F$ 上的向量空间.

(2) 设 $V$ 是数域 $F$ 上的向量空间，如果 $V$ 中有 $n$ 个线性无关的向量，而任意 $n+1$ 个向量都线性相关，则称向量空间 $V$ 是 $n$ 维的，记作 $\dim V=n$，而这 $n$ 个线性无关的向量称为向量空间 $V$ 的一组基.

如果在向量空间 $V$ 中有 $n$ 个线性无关的向量$\boldsymbol{\alpha}_1$，$\boldsymbol{\alpha}_2$，…，$\boldsymbol{\alpha}_n$，且 $V$ 中任意向量都可用$\boldsymbol{\alpha}_1$，$\boldsymbol{\alpha}_2$，…，$\boldsymbol{\alpha}_n$线性表出，那么 $V$ 是 $n$ 维的，而$\boldsymbol{\alpha}_1$，$\boldsymbol{\alpha}_2$，…，$\boldsymbol{\alpha}_n$就是 $V$ 的一组基.

(3) 如果$\mathbf{R}^n$的非空子集 $H$ 对$\mathbf{R}^n$上定义的加法和数乘运算封闭，则称 $H$ 为$\mathbf{R}^n$的子空间.

(4) 设$\boldsymbol{\alpha}_1$，$\boldsymbol{\alpha}_2$，…，$\boldsymbol{\alpha}_m\in\mathbf{R}^n$，由$\boldsymbol{\alpha}_1$，…，$\boldsymbol{\alpha}_m$生成的向量空间

$$span\{\boldsymbol{\alpha}_1, \cdots, \boldsymbol{\alpha}_m\}=\{k_1\boldsymbol{\alpha}_1+k_2\boldsymbol{\alpha}_2+\cdots+k_m\boldsymbol{\alpha}_m \mid k_1, k_2, \cdots, k_m\in\mathbf{R}\}$$

是$\mathbf{R}^n$的子空间，且$\boldsymbol{\alpha}_1$，…，$\boldsymbol{\alpha}_m$的极大线性无关组可作为 $span\{\boldsymbol{\alpha}_1, \cdots, \boldsymbol{\alpha}_m\}$ 的一组基.

(5) 设$\boldsymbol{\varepsilon}_1$，$\boldsymbol{\varepsilon}_2$，…，$\boldsymbol{\varepsilon}_n$与$\boldsymbol{\eta}_1$，$\boldsymbol{\eta}_2$，…，$\boldsymbol{\eta}_n$是 $n$ 维向量空间的两组基，且

$$(\boldsymbol{\eta}_1, \boldsymbol{\eta}_2, \cdots, \boldsymbol{\eta}_n)=(\boldsymbol{\varepsilon}_1, \boldsymbol{\varepsilon}_2, \cdots, \boldsymbol{\varepsilon}_n)\boldsymbol{A},$$

称 $\boldsymbol{A}$ 为由基$\boldsymbol{\varepsilon}_1$，$\boldsymbol{\varepsilon}_2$，…，$\boldsymbol{\varepsilon}_n$到基$\boldsymbol{\eta}_1$，$\boldsymbol{\eta}_2$，…，$\boldsymbol{\eta}_n$的过渡矩阵，$\boldsymbol{A}$ 的第 $j\,(j=1, 2, \cdots, n)$列就是$\boldsymbol{\eta}_j$在基$\boldsymbol{\varepsilon}_1$，$\boldsymbol{\varepsilon}_2$，…，$\boldsymbol{\varepsilon}_n$下的坐标. $\boldsymbol{A}$ 是可逆矩阵，且

$$(\boldsymbol{\varepsilon}_1, \boldsymbol{\varepsilon}_2, \cdots, \boldsymbol{\varepsilon}_n)=(\boldsymbol{\eta}_1, \boldsymbol{\eta}_2, \cdots, \boldsymbol{\eta}_n)\boldsymbol{A}^{-1}.$$

(6) $n$ 维向量空间 $V$ 中任一向量 $\boldsymbol{\beta}$ 可由它的基$\boldsymbol{\alpha}_1$，$\boldsymbol{\alpha}_2$，…，$\boldsymbol{\alpha}_n$唯一线性表示为 $\boldsymbol{\beta}=x_1\boldsymbol{\alpha}_1+x_2\boldsymbol{\alpha}_2+\cdots+x_n\boldsymbol{\alpha}_n$，称$(x_1, x_2, \cdots, x_n)^{\mathrm{T}}$是 $\boldsymbol{\beta}$ 在基$\boldsymbol{\alpha}_1$，$\boldsymbol{\alpha}_2$，…，$\boldsymbol{\alpha}_n$下的坐标.

设在向量空间 $V$ 中，由基$\boldsymbol{\varepsilon}_1$，$\boldsymbol{\varepsilon}_2$，…，$\boldsymbol{\varepsilon}_n$到基$\boldsymbol{\eta}_1$，$\boldsymbol{\eta}_2$，…，$\boldsymbol{\eta}_n$的过渡矩阵为 $\boldsymbol{A}$，则 $V$ 中任意向量 $\boldsymbol{\alpha}$ 在基$\boldsymbol{\varepsilon}_1$，$\boldsymbol{\varepsilon}_2$，…，$\boldsymbol{\varepsilon}_n$下的坐标 $\boldsymbol{x}$ 和在基$\boldsymbol{\eta}_1$，$\boldsymbol{\eta}_2$，…，$\boldsymbol{\eta}_n$下的坐标 $\boldsymbol{y}$ 满足坐标变换公式 $\boldsymbol{x}=\boldsymbol{Ay}$，$\boldsymbol{y}=\boldsymbol{A}^{-1}\boldsymbol{x}$.

## 四、疑难解答与典型例题

1. 如何理解 $n$ 维向量的概念？

平面向量和几何空间向量可以用来处理几何问题和描述物理现象，为了更广泛地应用

向量这个工具，我们拓展了几何向量的概念，定义了由 $n$ 元有序数组构成的 $n$ 维向量，抽象出向量空间的概念，并对向量引入线性运算来研究向量空间的结构．在下一章，我们还将进一步抽象化向量的概念，定义向量为线性空间的元素，以描述更一般的研究对象，并引入线性运算来研究线性空间．

向量有两种表示形式：行向量形式和列向量形式．同一个有序数组写成行或列的形式，按定义应是同一个向量，但在参与运算时，通常看成两个不同的向量．向量的线性运算可以按照矩阵的线性运算规则进行运算，行向量是行矩阵，列向量是列矩阵．向量通常作为列向量处理，因为如果 $\boldsymbol{A}$ 是一个 $m\times n$ 矩阵，则 $\boldsymbol{Ax}$ 把一个 $n$ 维列向量 $\boldsymbol{x}$ 变换为一个 $m$ 维列向量，这样就可以把 $\boldsymbol{A}$ 看成一个从 $\mathbf{R}^n$ 到 $\mathbf{R}^m$ 的映射，而矩阵乘法恰好可以描述这个映射，即 $\boldsymbol{A}(\boldsymbol{x})=\boldsymbol{Ax}$，而线性方程组 $\boldsymbol{Ax}=\boldsymbol{b}$ 也可以视为求在该映射下 $\boldsymbol{R}^m$ 中向量 $\boldsymbol{b}$ 的原像．

2. 向量的线性组合和线性表示有什么意义？

线性组合和线性表示可以表达向量之间的线性关系．例如，在 $\mathbf{R}^2$ 中，通过向量的缩放和相加(即线性运算)，任何向量都可以被两个不共线的向量线性组合出来；在 $\mathbf{R}^3$ 中，任何向量都可以被不共面的三个向量线性表示．一般地，$n$ 维向量空间 $\mathbf{R}^n$ 中，任何向量都可以被线性无关的 $n$ 个向量线性表示，这样，我们就可以用有限多个向量来表示 $n$ 维空间中的无穷多个向量．齐次线性方程组的任何解都可以表示成其基础解系的线性组合．

通过线性组合，我们还可以定义许多重要的概念，比如线性相关、向量空间等．另外，线性方程组的向量形式即为增广矩阵的列向量之间的线性组合关系．

3. 如何理解向量组的线性相关性和线性无关性？

因为向量组 $\boldsymbol{\alpha}_1$，$\boldsymbol{\alpha}_2$，…，$\boldsymbol{\alpha}_s$ $(s\geqslant 2)$ 线性相关当且仅当其中至少有一个向量能由其余 $s-1$ 个向量线性表示，所以其向量之间有线性表示关系；而向量组线性无关是指其向量之间不存在线性表示关系，即任何向量都不能表示成组内其余向量的线性组合．

在线性表示的意义下，线性相关的向量组中含有冗余信息，即某些向量是多余的，这些向量可由组内其他向量线性表示，利用线性表示的传递性可知，能由原始向量组线性表示的向量也可由去除这些多余向量后的向量组线性表示．

4. 判断向量组的线性相关性和线性无关性有哪些常用方法？

(1) 利用定义：判断向量方程 $k_1\boldsymbol{\alpha}_1+k_2\boldsymbol{\alpha}_2+\cdots+k_s\boldsymbol{\alpha}_s=\mathbf{0}$(视诸 $k_i$ 为未知量)是否有非零解．假设有常数 $k_1$，$k_2$，…，$k_s$，使得 $k_1\boldsymbol{\alpha}_1+k_2\boldsymbol{\alpha}_2+\cdots+k_s\boldsymbol{\alpha}_s=\mathbf{0}$ 成立，根据已知条件进行推断，若仅当 $k_1$，$k_2$，…，$k_s$ 全为 0 时才成立，则 $\boldsymbol{\alpha}_1$，$\boldsymbol{\alpha}_2$，…，$\boldsymbol{\alpha}_s$ 线性无关；否则，$\boldsymbol{\alpha}_1$，$\boldsymbol{\alpha}_2$，…，$\boldsymbol{\alpha}_s$ 线性相关．

(2) 反证法．

(3) 利用秩：结合向量组的秩进行讨论．若向量组的秩小于向量组中向量的个数，则向量组线性相关；若两者相等，则向量组线性无关．

(4) 行列式法：当向量组中向量的个数和向量的维数相同时，可将向量组组成方阵，通过判断方阵的行列式是否为 0，确定向量组线性相关还是线性无关．若行列式为 0，则向量组线性相关；若行列式不为 0，则向量组线性无关．

（5）利用所讨论向量组与已知向量组之间的关系，利用向量组线性相关的性质来判断．

5．向量的维数和向量的个数与向量组的线性相关性有何关系？

任意 $n+1$ 个 $n$ 维向量必线性相关．这个性质可以叙述为：若向量的个数超过向量的维数，则该向量组必线性相关．如果向量的个数少于或等于向量的维数，则向量组可能线性无关，也可能线性相关．特别地，$n$ 个 $n$ 维向量$\boldsymbol{\alpha}_1$，$\boldsymbol{\alpha}_2$，…，$\boldsymbol{\alpha}_n$线性相关的充分必要条件是行列式$|\boldsymbol{\alpha}_1 \quad \boldsymbol{\alpha}_2 \quad \cdots \quad \boldsymbol{\alpha}_n|=0$．

6．如何理解向量组的极大线性无关组？

向量组的极大线性无关组具有双重属性：极大线性无关组是原向量组的所有线性无关部分组中含向量最多者(极大性)，也是所有能线性表示原向量组的部分组中含向量最少者(极小性)．因此，向量组的极大线性无关组是向量组中代表最广泛、成员最精简的“有效”部分组．从某种意义上讲，如果我们弄清楚一个向量组的极大线性无关组的结构，便弄清楚了整个向量组的结构．

7．如何理解两个向量组的向量之间有相同的线性相关性、有相同的线性组合关系？

设有 $m$ 维向量组(Ⅰ)：$\boldsymbol{\alpha}_1$，$\boldsymbol{\alpha}_2$，…，$\boldsymbol{\alpha}_s$和 $n$ 维向量组(Ⅱ)：$\boldsymbol{\beta}_1$，$\boldsymbol{\beta}_2$，…，$\boldsymbol{\beta}_s$，$m$ 与 $n$ 不一定相等．

向量组(Ⅰ)与向量组(Ⅱ)的向量之间有相同的线性相关性是指：对于任何的 $1\leqslant i_1<i_2<\cdots<i_r\leqslant s$，向量组$\boldsymbol{\alpha}_{i_1}$，$\boldsymbol{\alpha}_{i_2}$，…，$\boldsymbol{\alpha}_{i_r}$线性相关(线性无关)当且仅当向量组$\boldsymbol{\beta}_{i_1}$，$\boldsymbol{\beta}_{i_2}$，…，$\boldsymbol{\beta}_{i_r}$线性相关(线性无关)．

向量组(Ⅰ)与向量组(Ⅱ)的向量之间有相同的线性组合关系是指：设 $1\leqslant i_1<i_2<\cdots<i_r\leqslant s$，$1\leqslant j\leqslant s$，则$\boldsymbol{\alpha}_j=k_1\boldsymbol{\alpha}_{i_1}+k_2\boldsymbol{\alpha}_{i_2}+k_r\boldsymbol{\alpha}_{i_r}$当且仅当$\boldsymbol{\beta}_j=k_1\boldsymbol{\beta}_{i_1}+k_2\boldsymbol{\beta}_{i_2}+k_r\boldsymbol{\beta}_{i_r}$．

例如，矩阵的初等行变换不改变矩阵列向量之间的线性关系．如果对矩阵 $\boldsymbol{A}$ 进行一系列初等行变换得到矩阵$\boldsymbol{B}$，则 $\boldsymbol{B}$ 的列向量组与 $\boldsymbol{A}$ 的列向量组有完全相同的线性组合关系(因为线性方程组 $\boldsymbol{Bx}=\boldsymbol{0}$ 与线性方程组 $\boldsymbol{Ax}=\boldsymbol{0}$ 同解)，我们可以利用这个结果来求向量组的极大线性无关组和秩．

8．如何求向量组的极大线性无关组和秩？

为求一个列向量组的极大线性无关组，可将列向量组构成一个矩阵，然后对矩阵进行初等行变换(注：只作初等行变换)，将其化为阶梯形矩阵，则主元列所对应的列向量构成一个极大线性无关组；进一步，利用行最简形矩阵可以用极大线性无关组线性表示其余向量．

对于行向量组$\boldsymbol{\alpha}_1$，$\boldsymbol{\alpha}_2$，…，$\boldsymbol{\alpha}_s$，因为在考察向量组的线性相关性时，将其作为列向量组还是行向量组都是可以的，所以行向量组$\boldsymbol{\alpha}_1$，$\boldsymbol{\alpha}_2$，…，$\boldsymbol{\alpha}_s$和列向量组$\boldsymbol{\alpha}_1$，$\boldsymbol{\alpha}_2$，…，

$\boldsymbol{\alpha}_s$有相同的秩，且$\boldsymbol{\alpha}_{i_1}$，$\boldsymbol{\alpha}_{i_2}$，…，$\boldsymbol{\alpha}_{i_r}$是向量组$\boldsymbol{\alpha}_1$，$\boldsymbol{\alpha}_2$，…，$\boldsymbol{\alpha}_s$的极大线性无关组当且仅当$\boldsymbol{\alpha}_{i_1}^{\mathrm{T}}$，$\boldsymbol{\alpha}_{i_2}^{\mathrm{T}}$，…，$\boldsymbol{\alpha}_{i_r}^{\mathrm{T}}$是向量组$\boldsymbol{\alpha}_1^{\mathrm{T}}$，$\boldsymbol{\alpha}_2^{\mathrm{T}}$，…，$\boldsymbol{\alpha}_s^{\mathrm{T}}$的极大线性无关组. 这样，我们考察列向量组$\boldsymbol{\alpha}_1^{\mathrm{T}}$，$\boldsymbol{\alpha}_2^{\mathrm{T}}$，…，$\boldsymbol{\alpha}_s^{\mathrm{T}}$即可.

关于一般向量组的秩的计算或证明，常从以下几个方面来考虑：

（1）以定义为基础进行考察.

（2）转化为矩阵的秩来考察.

（3）利用等价的向量组具有相同的秩来考察.

（4）利用有关向量组的秩的基本结论来考察.

9. 向量组的秩与矩阵的秩之间有何关系？

一个矩阵可以看成由列向量组或行向量组构成，而一个向量组也可以形成一个矩阵，因此向量组的秩和矩阵的秩有着密切的联系. 矩阵的秩可定义为其列向量组的秩或行向量组的秩，两者有相同的值. 向量组的秩的问题可转化为其形成的矩阵的秩的问题；同样，考察矩阵的秩也可以通过考察其列(行)向量组的秩或极大线性无关组来完成.

若向量组$\boldsymbol{\alpha}_1$，$\boldsymbol{\alpha}_2$，…，$\boldsymbol{\alpha}_s$与$\boldsymbol{\beta}_1$，$\boldsymbol{\beta}_2$，…，$\boldsymbol{\beta}_s$等价，则矩阵$\boldsymbol{A}=[\boldsymbol{\alpha}_1, \boldsymbol{\alpha}_2, \cdots, \boldsymbol{\alpha}_s]$与$\boldsymbol{B}=[\boldsymbol{\beta}_1, \boldsymbol{\beta}_2, \cdots, \boldsymbol{\beta}_s]$同型，且$r(\boldsymbol{A})=r(\boldsymbol{B})$，从而矩阵$\boldsymbol{A}$与$\boldsymbol{B}$相抵. 反过来，若矩阵$\boldsymbol{A}$与$\boldsymbol{B}$相抵，向量组$\boldsymbol{\alpha}_1$，$\boldsymbol{\alpha}_2$，…，$\boldsymbol{\alpha}_s$与$\boldsymbol{\beta}_1$，$\boldsymbol{\beta}_2$，…，$\boldsymbol{\beta}_s$不一定等价，例如

$$\boldsymbol{A}=\begin{bmatrix}1 & 0\\ 0 & 0\end{bmatrix},\ \boldsymbol{B}=\begin{bmatrix}0 & 0\\ 0 & 1\end{bmatrix},$$

则$\boldsymbol{A}$与$\boldsymbol{B}$相抵，但它们的列向量组并不等价.

10. 线性方程组有哪几种等价表示？

分量形式：

$$\begin{cases}a_{11}x_1+a_{12}x_2+\cdots+a_{1n}x_n=b_1\\ a_{21}x_1+a_{22}x_2+\cdots+a_{2n}x_n=b_2\\ \qquad\vdots\\ a_{n1}x_1+a_{n2}x_2+\cdots+a_{mn}x_n=b_n\end{cases}\Leftrightarrow\sum_{j=1}^{n}a_{ij}x_j=b_i(i=1,2,\cdots,m)$$

矩阵形式：

$$\boldsymbol{Ax}=\boldsymbol{b},\ \boldsymbol{A}=\begin{bmatrix}a_{11} & a_{12} & \cdots & a_{1n}\\ a_{21} & a_{22} & \cdots & a_{2n}\\ \vdots & \vdots & & \vdots\\ a_{m1} & a_{m2} & \cdots & a_{mn}\end{bmatrix},\ \boldsymbol{x}=\begin{bmatrix}x_1\\ x_2\\ \vdots\\ x_n\end{bmatrix},\ \boldsymbol{b}=\begin{bmatrix}b_1\\ b_2\\ \vdots\\ b_m\end{bmatrix}$$

向量形式：

$$x_1\boldsymbol{\alpha}_1+x_2\boldsymbol{\alpha}_2+\cdots+x_n\boldsymbol{\alpha}_n=\boldsymbol{b},\ \boldsymbol{\alpha}_j=\begin{bmatrix}a_{1j}\\ a_{2j}\\ \vdots\\ a_{mj}\end{bmatrix}(j=1,\ 2,\ \cdots,\ n).$$

在解题时，可根据需要选取线性方程组的适当形式.

11. 如何判断向量组$\boldsymbol{\eta}_1$，$\boldsymbol{\eta}_2$，…，$\boldsymbol{\eta}_s$为齐次线性方程组$\boldsymbol{Ax}=\mathbf{0}$的基础解系？

齐次线性方程组的基础解系$\boldsymbol{\eta}_1$，$\boldsymbol{\eta}_2$，…，$\boldsymbol{\eta}_s$即为$\boldsymbol{Ax}=\mathbf{0}$的解空间的一个基，需满足下列三个条件：

（1）$\boldsymbol{\eta}_1$，$\boldsymbol{\eta}_2$，…，$\boldsymbol{\eta}_s$是$\boldsymbol{Ax}=\mathbf{0}$的解；

（2）$\boldsymbol{\eta}_1$，$\boldsymbol{\eta}_2$，…，$\boldsymbol{\eta}_s$线性无关；

（3）$\boldsymbol{\eta}_1$，$\boldsymbol{\eta}_2$，…，$\boldsymbol{\eta}_s$可以线性表示$\boldsymbol{Ax}=\mathbf{0}$的任意一个解.

若$\boldsymbol{Ax}=\mathbf{0}$只有零解，则没有基础解系.

若$\boldsymbol{Ax}=\mathbf{0}$有非零解，则必有基础解系，此时有无穷多个基础解系，且任意两个基础解系等价.

一个常用的结果是：如果一个向量组包含$n-r(\boldsymbol{A})$个向量(其中$n$是未知量的个数)，且都是方程组的解，则这个向量组是方程组的基础解系当且仅当该向量组线性无关.

求齐次线性方程组的通解时，找出基础解系是关键. 对齐次线性方程组的系数矩阵作初等行变换化为行最简形，写出与原方程组$\boldsymbol{Ax}=\mathbf{0}$同解的线性方程组，通过对自由变量的合适取值($n-r(\boldsymbol{A})$个自由未知量取值应为$n-r(\boldsymbol{A})$个$n-r(\boldsymbol{A})$维线性无关向量组，一般取自由未知量的值为$n-r(\boldsymbol{A})$维标准向量组)，可求得方程组的$n-r(\boldsymbol{A})$个线性无关的解，即齐次线性方程组的一个基础解系.

12. 非齐次线性方程组$\boldsymbol{A}_{m\times n}\boldsymbol{x}=\boldsymbol{b}$的解与相应的齐次线性方程组$\boldsymbol{A}_{m\times n}\boldsymbol{x}=\mathbf{0}$的解有什么关系？

$\boldsymbol{Ax}=\boldsymbol{b}$有唯一解$\Rightarrow\boldsymbol{Ax}=\mathbf{0}$只有零解$\Leftrightarrow r(\boldsymbol{A})=n$，

$\boldsymbol{Ax}=\boldsymbol{b}$有无穷多解$\Rightarrow\boldsymbol{Ax}=\mathbf{0}$有非零解$\Leftrightarrow r(\boldsymbol{A})<n$，

$\boldsymbol{Ax}=\mathbf{0}$只有零解(有非零解)，不一定$\boldsymbol{Ax}=\boldsymbol{b}$有唯一解(无穷多解)，因为$\boldsymbol{Ax}=\boldsymbol{b}$可能无解.

13. 非齐次线性方程组$\boldsymbol{Ax}=\boldsymbol{b}$的解向量组的秩是多少？

当$\boldsymbol{Ax}=\boldsymbol{b}$有唯一解时，其解向量组的秩为1；当$\boldsymbol{Ax}=\boldsymbol{b}$有无穷多解时，其通解为$\boldsymbol{\eta}=k_1\boldsymbol{\eta}_1+k_2\boldsymbol{\eta}_2+\cdots+k_s\boldsymbol{\eta}_s+\boldsymbol{\eta}_0$($\boldsymbol{\eta}_1$，$\boldsymbol{\eta}_2$，…，$\boldsymbol{\eta}_s$为导出组$\boldsymbol{Ax}=\mathbf{0}$的基础解系，$\boldsymbol{\eta}_0$为$\boldsymbol{Ax}=\boldsymbol{b}$的一个特解). 令$\boldsymbol{\beta}_i=\boldsymbol{\eta}_i+\boldsymbol{\eta}_0\ (1\leqslant i\leqslant s)$，$\boldsymbol{\beta}_0=\boldsymbol{\eta}_0$，易知$\boldsymbol{\beta}_0$，$\boldsymbol{\beta}_1$，…，$\boldsymbol{\beta}_s$是$\boldsymbol{Ax}=\boldsymbol{b}$的线性无关的解，且$\boldsymbol{Ax}=\boldsymbol{b}$的任意解可以表示为$\boldsymbol{\beta}_0$，$\boldsymbol{\beta}_1$，…，$\boldsymbol{\beta}_s$的线性组合，所以$\boldsymbol{Ax}=\boldsymbol{b}$的解向量组的秩为$s+1=n-r(\boldsymbol{A})+1$(其中$n$为未知量个数).

14. 如何理解向量空间的基和维数？如何理解齐次线性方程组解空间的维数？

向量空间可以看成一个特殊的向量组，即对于向量的加法和数乘运算封闭的向量组，因此向量空间的基和维数分别对应着向量组的极大线性无关组和秩. 确定向量空间的一个基后，向量空间中所有的向量都可以由这个基线性表示，向量空间是其基的所有线性组合所构成的集合，这样就清晰地描述了向量空间的结构.

齐次线性方程组 $\boldsymbol{Ax}=\boldsymbol{0}$ 的解空间的维数 $\dim Null(\boldsymbol{A})=n-r(\boldsymbol{A})$，即 $\boldsymbol{Ax}=\boldsymbol{0}$ 经初等变换化为阶梯形方程组后自由未知量的个数. 齐次线性方程组 $\boldsymbol{Ax}=\boldsymbol{0}$ 的未知量个数 $n$，$\boldsymbol{A}$ 的秩 $r(\boldsymbol{A})$ 与基础解系中向量个数 $s$ 之间有关系 $s+r(\boldsymbol{A})=n$.

15. 若向量组 $\boldsymbol{\alpha}_1$，$\boldsymbol{\alpha}_2$，…，$\boldsymbol{\alpha}_s$ 为向量空间 $V$ 的一个基，那么 $\boldsymbol{\alpha}_2$，$\boldsymbol{\alpha}_1$，…，$\boldsymbol{\alpha}_s$ 也是 $V$ 的一个基吗？如果是，那么它们是相同的基吗？

从基的定义可以看出，若向量组 $\boldsymbol{\alpha}_1$，$\boldsymbol{\alpha}_2$，…，$\boldsymbol{\alpha}_s$ 为向量空间 $V$ 的一个基，则 $\boldsymbol{\alpha}_2$，$\boldsymbol{\alpha}_1$，…，$\boldsymbol{\alpha}_s$ 也是 $V$ 的一个基. 但 $\boldsymbol{\alpha}_2$，$\boldsymbol{\alpha}_1$，…，$\boldsymbol{\alpha}_s$ 与 $\boldsymbol{\alpha}_1$，$\boldsymbol{\alpha}_2$，…，$\boldsymbol{\alpha}_s$ 是向量空间 $V$ 的两个不同的基，因为要使得向量空间中的向量在同一个基下的坐标唯一，基中的向量必须是有序的.

**例 1** 设 $\boldsymbol{\alpha}_1=(1,0,2,3)^{\mathrm{T}}$，$\boldsymbol{\alpha}_2=(1,1,3,5)^{\mathrm{T}}$，$\boldsymbol{\alpha}_3=(1,-1,a+2,1)^{\mathrm{T}}$，$\boldsymbol{\alpha}_4=(1,2,4,a+8)^{\mathrm{T}}$，$\boldsymbol{\beta}=(1,1,b+3,5)^{\mathrm{T}}$. 当 $a$，$b$ 为何值时，

（1）$\boldsymbol{\beta}$ 不能由 $\boldsymbol{\alpha}_1$，$\boldsymbol{\alpha}_2$，$\boldsymbol{\alpha}_3$，$\boldsymbol{\alpha}_4$ 线性表示；

（2）$\boldsymbol{\beta}$ 可由 $\boldsymbol{\alpha}_1$，$\boldsymbol{\alpha}_2$，$\boldsymbol{\alpha}_3$，$\boldsymbol{\alpha}_4$ 线性表示，且表达式唯一. 写出该表达式.

**解** 设 $\boldsymbol{\beta}=x_1\boldsymbol{\alpha}_1+x_2\boldsymbol{\alpha}_2+x_3\boldsymbol{\alpha}_3+x_4\boldsymbol{\alpha}_4$，令 $\boldsymbol{A}=(\boldsymbol{\alpha}_1,\boldsymbol{\alpha}_2,\boldsymbol{\alpha}_3,\boldsymbol{\alpha}_4)$，$\boldsymbol{x}=(x_1,x_2,x_3,x_4)^{\mathrm{T}}$，则问题归结为判断线性方程组 $\boldsymbol{Ax}=\boldsymbol{\beta}$ 是否有解及解是否唯一. 对增广矩阵作初等行变换，得

$$(\boldsymbol{A},\boldsymbol{\beta})=\begin{bmatrix}1&1&1&1&1\\0&1&-1&2&1\\2&3&a+2&4&b+3\\3&5&1&a+8&5\end{bmatrix}\to\begin{bmatrix}1&1&1&1&1\\0&1&-1&2&1\\0&1&a&2&b+1\\0&2&-2&a+5&2\end{bmatrix}$$

$$\to\begin{bmatrix}1&1&1&1&1\\0&1&-1&2&1\\0&0&a+1&0&b\\0&0&0&a+1&0\end{bmatrix},$$

（1）当 $a=-1$ 且 $b\neq0$ 时，线性方程组 $\boldsymbol{Ax}=\boldsymbol{\beta}$ 无解，即 $\boldsymbol{\beta}$ 不能由 $\boldsymbol{\alpha}_1$，$\boldsymbol{\alpha}_2$，$\boldsymbol{\alpha}_3$，$\boldsymbol{\alpha}_4$ 线性表示.

（2）当 $a\neq-1$ 时，$\boldsymbol{Ax}=\boldsymbol{\beta}$ 有唯一解 $\left(-\dfrac{2b}{a+1},\dfrac{a+b+1}{a+1},\dfrac{b}{a+1},0\right)^{\mathrm{T}}$，即 $\boldsymbol{\beta}$ 可由 $\boldsymbol{\alpha}_1$，$\boldsymbol{\alpha}_2$，$\boldsymbol{\alpha}_3$，$\boldsymbol{\alpha}_4$ 线性表示，且表达式唯一：

$$\boldsymbol{\beta}=-\frac{2b}{a+1}\boldsymbol{\alpha}_1+\frac{a+b+1}{a+1}\boldsymbol{\alpha}_2+\frac{b}{a+1}\boldsymbol{\alpha}_3+0\cdot\boldsymbol{\alpha}_4.$$

**例 2** 确定常数 $k$，使向量组 $\boldsymbol{\alpha}_1=(1,1,k)^{\mathrm{T}}$，$\boldsymbol{\alpha}_2=(1,k,1)^{\mathrm{T}}$，$\boldsymbol{\alpha}_3=(k,1,1)^{\mathrm{T}}$ 可由向量组 $\boldsymbol{\beta}_1=(1,1,k)^{\mathrm{T}}$，$\boldsymbol{\beta}_2=(-2,k,4)^{\mathrm{T}}$，$\boldsymbol{\beta}_3=(-2,k,k)^{\mathrm{T}}$ 线性表示，但 $\boldsymbol{\beta}_1$，$\boldsymbol{\beta}_2$，$\boldsymbol{\beta}_3$ 不能由 $\boldsymbol{\alpha}_1$，$\boldsymbol{\alpha}_2$，$\boldsymbol{\alpha}_3$ 线性表示.

**解** 方法一：

$$(\boldsymbol{\alpha}_1, \boldsymbol{\alpha}_2, \boldsymbol{\alpha}_3; \boldsymbol{\beta}_1, \boldsymbol{\beta}_2, \boldsymbol{\beta}_3)=\begin{bmatrix}1 & 1 & k & 1 & -2 & -2\\ 1 & k & 1 & 1 & k & k\\ k & 1 & 1 & k & 4 & k\end{bmatrix}$$

$$\to\begin{bmatrix}1 & 1 & a & 1 & -2 & -2\\ 0 & k-1 & 1-k & 0 & k+2 & k+2\\ 0 & 1-k & 1-k^2 & 0 & 4+2k & 3k\end{bmatrix}$$

$$\to\begin{bmatrix}1 & 1 & k & 1 & -2 & -2\\ 0 & k-1 & 1-k & 0 & k+2 & k+2\\ 0 & 0 & -(k-1)(k+2) & 0 & 3k+6 & 4k+2\end{bmatrix}.$$

由于$\boldsymbol{\beta}_1$，$\boldsymbol{\beta}_2$，$\boldsymbol{\beta}_3$不能由$\boldsymbol{\alpha}_1$，$\boldsymbol{\alpha}_2$，$\boldsymbol{\alpha}_3$线性表出，故$r(\boldsymbol{\alpha}_1, \boldsymbol{\alpha}_2, \boldsymbol{\alpha}_3)<r(\boldsymbol{\alpha}_1, \boldsymbol{\alpha}_2, \boldsymbol{\alpha}_3; \boldsymbol{\beta}_1, \boldsymbol{\beta}_2, \boldsymbol{\beta}_3)\leqslant 3$，因此$k=1$或$k=-2$.

当$k=1$时，$\boldsymbol{\alpha}_1=\boldsymbol{\alpha}_2=\boldsymbol{\alpha}_3=\boldsymbol{\beta}_1=(1, 1, 1)^{\mathrm{T}}$，故$\boldsymbol{\alpha}_1$，$\boldsymbol{\alpha}_2$，$\boldsymbol{\alpha}_3$可由$\boldsymbol{\beta}_1$，$\boldsymbol{\beta}_2$，$\boldsymbol{\beta}_3$线性表出，所以$k=1$符合题意.

当$k=-2$时，

$$(\boldsymbol{\beta}_1, \boldsymbol{\beta}_2, \boldsymbol{\beta}_3; \boldsymbol{\alpha}_1, \boldsymbol{\alpha}_2, \boldsymbol{\alpha}_3)=\begin{bmatrix}1 & -2 & -2 & 1 & 1 & -2\\ 1 & -2 & -2 & 1 & -2 & 1\\ -2 & 4 & -2 & -2 & 1 & 1\end{bmatrix}$$

$$\to\begin{bmatrix}1 & -2 & -2 & 1 & 1 & -2\\ 0 & 0 & 0 & 0 & -3 & 3\\ 0 & 0 & -6 & 0 & 3 & -3\end{bmatrix},$$

因为$r(\boldsymbol{\beta}_1, \boldsymbol{\beta}_2, \boldsymbol{\beta}_3)=2<3=r(\boldsymbol{\beta}_1, \boldsymbol{\beta}_2, \boldsymbol{\beta}_3; \boldsymbol{\alpha}_1, \boldsymbol{\alpha}_2, \boldsymbol{\alpha}_3)$，故$\boldsymbol{\alpha}_1$，$\boldsymbol{\alpha}_2$，$\boldsymbol{\alpha}_3$不能由$\boldsymbol{\beta}_1$，$\boldsymbol{\beta}_2$，$\boldsymbol{\beta}_3$线性表出.

综上，$k=1$.

方法二：由于$\boldsymbol{\beta}_1$，$\boldsymbol{\beta}_2$，$\boldsymbol{\beta}_3$不能由$\boldsymbol{\alpha}_1$，$\boldsymbol{\alpha}_2$，$\boldsymbol{\alpha}_3$线性表出，故$\boldsymbol{\alpha}_1$，$\boldsymbol{\alpha}_2$，$\boldsymbol{\alpha}_3$不是$\mathbf{R}^3$的基，所以$r(\boldsymbol{\alpha}_1, \boldsymbol{\alpha}_2, \boldsymbol{\alpha}_3)<3$. $|\boldsymbol{\alpha}_1, \boldsymbol{\alpha}_2, \boldsymbol{\alpha}_3|=-(k-1)^2(k+2)=0$，所以$k=1$或$k=-2$.

后同方法一.

**例 3** 设向量组$B$：$\boldsymbol{\beta}_1$，$\boldsymbol{\beta}_2$，…，$\boldsymbol{\beta}_s$能由向量组$A$：$\boldsymbol{\alpha}_1$，$\boldsymbol{\alpha}_2$，…，$\boldsymbol{\alpha}_t$线性表示，且它们的秩相等，证明向量组$A$与向量组$B$等价.

**证明** 方法一：设向量组$A$与向量组$B$合并而成的向量组为$C=(A, B)$. 因为向量组$B$能由向量组$A$线性表出，故$r(C)=r(A)$. 又已知$r(A)=r(B)$，所以有$r(A)=r(B)=r(C)$，所以向量组$A$与向量组$B$等价.

方法二：只需证明向量组$A$能由向量组$B$线性表示.

设$r(A)=r(B)=r$，并不妨设向量组$A$和向量组$B$的极大线性无关组分别为$A_0$：

$\boldsymbol{\alpha}_1$，…，$\boldsymbol{\alpha}_r$和$B_0$：$\boldsymbol{\beta}_1$，…，$\boldsymbol{\beta}_r$. 因为向量组 $B$ 能由向量组 $A$ 线性表示，故向量组$B_0$能由向量组$A_0$线性表示，即有 $r$ 阶方阵$K_r$，使

$$(\boldsymbol{\beta}_1, \cdots, \boldsymbol{\beta}_r)=(\boldsymbol{\alpha}_1, \cdots, \boldsymbol{\alpha}_r)K_r.$$

由 $r \geqslant r(K_r) \geqslant r(\boldsymbol{\beta}_1, \cdots, \boldsymbol{\beta}_r)=r$，可得 $r(K_r)=r$，于是矩阵$K_r$可逆，并有

$$(\boldsymbol{\alpha}_1, \cdots, \boldsymbol{\alpha}_r)=(\boldsymbol{\beta}_1, \cdots, \boldsymbol{\beta}_r)K_r^{-1}.$$

即向量组$A_0$可由向量组$B_0$线性表示，从而向量组 $A$ 可由向量组 $B$ 线性表示. 所以向量组 $A$ 与向量组 $B$ 等价.

方法三：设 $r(A)=r(B)=r$. 因为向量组 $B$ 能由向量组 $A$ 线性表出，故向量组 $A$ 与向量组 $B$ 合并而成的向量组$(A, B)$能由向量组 $A$ 线性表示. 而向量组 $A$ 是向量组$(A, B)$的部分组，故向量组 $A$ 总能由向量组$(A, B)$线性表示. 所以向量组$(A, B)$与向量组 $A$ 等价，$r(A, B)=r$.

因为向量组 $B$ 的秩为 $r$，故向量组 $B$ 的极大线性无关组$B_0$含 $r$ 个向量，所以向量组$B_0$也是向量组$(A, B)$的极大线性无关组，从而向量组$(A, B)$与向量组$B_0$等价. 由等价的传递性，向量组 $A$ 与向量组$B_0$等价，可知向量组 $A$ 与向量组 $B$ 等价.

**例 4**　若向量组$\boldsymbol{\alpha}_1=(1, 1, 1)^{\mathrm{T}}$，$\boldsymbol{\alpha}_2=(1, 2, 3)^{\mathrm{T}}$，$\boldsymbol{\alpha}_3=(1, 3, t)^{\mathrm{T}}$线性相关，求参数 $t$ 的值，并在此时将$\boldsymbol{\alpha}_3$表示为$\boldsymbol{\alpha}_1$，$\boldsymbol{\alpha}_2$的线性组合.

**解**　方法一：考虑向量方程 $x_1\boldsymbol{\alpha}_1+x_2\boldsymbol{\alpha}_2+x_3\boldsymbol{\alpha}_3=\mathbf{0}$，对系数矩阵 $\boldsymbol{A}=(\boldsymbol{\alpha}_1, \boldsymbol{\alpha}_2, \boldsymbol{\alpha}_3)$作初等行变换

$$\begin{bmatrix}1 & 1 & 1\\1 & 2 & 3\\1 & 3 & t\end{bmatrix} \to \begin{bmatrix}1 & 1 & 1\\0 & 1 & 2\\0 & 0 & t-5\end{bmatrix},$$

当 $t=5$ 时，齐次线性方程组 $\boldsymbol{Ax}=\mathbf{0}$ 有非零解，故$\boldsymbol{\alpha}_1$，$\boldsymbol{\alpha}_2$，$\boldsymbol{\alpha}_3$线性相关. 此时将 $\boldsymbol{A}$ 进一步化为行最简形

$$\boldsymbol{A} \to \begin{bmatrix}1 & 0 & -1\\0 & 1 & 2\\0 & 0 & 0\end{bmatrix},$$

方程组 $\boldsymbol{Ax}=\mathbf{0}$ 的一个非零解为$(1, -2, 1)^{\mathrm{T}}$，这说明$\boldsymbol{\alpha}_1$，$\boldsymbol{\alpha}_2$，$\boldsymbol{\alpha}_3$有线性关系$\boldsymbol{\alpha}_1-2\boldsymbol{\alpha}_2+\boldsymbol{\alpha}_3=\mathbf{0}$，所以$\boldsymbol{\alpha}_3=-\boldsymbol{\alpha}_1+2\boldsymbol{\alpha}_2$.

方法二：向量组构成的行列式

$$|\boldsymbol{\alpha}_1, \boldsymbol{\alpha}_2, \boldsymbol{\alpha}_3|=\begin{vmatrix}1 & 1 & 1\\1 & 2 & 3\\1 & 3 & t\end{vmatrix}=t-5,$$

当 $t=5$ 时，$|\boldsymbol{\alpha}_1, \boldsymbol{\alpha}_2, \boldsymbol{\alpha}_3|=0$，此时$\boldsymbol{\alpha}_1$，$\boldsymbol{\alpha}_2$，$\boldsymbol{\alpha}_3$线性相关.

当 $t=5$ 时，对 $\boldsymbol{A}=(\boldsymbol{\alpha}_1, \boldsymbol{\alpha}_2, \boldsymbol{\alpha}_3)$作初等行变换化为行最简形

$$A=\begin{bmatrix}1&1&1\\1&2&3\\1&3&5\end{bmatrix}\to\begin{bmatrix}1&0&-1\\0&1&2\\0&0&0\end{bmatrix},$$

由此可得$\boldsymbol{\alpha}_3=-\boldsymbol{\alpha}_1+2\boldsymbol{\alpha}_2$.

**例 5** 设向量组$\boldsymbol{\alpha}_1$，$\boldsymbol{\alpha}_2$，…，$\boldsymbol{\alpha}_s$线性无关，向量 $\boldsymbol{b}$ 可由向量组$\boldsymbol{\alpha}_1$，$\boldsymbol{\alpha}_2$，…，$\boldsymbol{\alpha}_s$线性表示，且表示系数全不为零，证明：向量组$\boldsymbol{\alpha}_1$，$\boldsymbol{\alpha}_2$，…，$\boldsymbol{\alpha}_s$，$\boldsymbol{b}$ 中任意 $s$ 个向量都线性无关.

**证明** 方法一(反证法)：设向量组$\boldsymbol{\alpha}_1$,，…，$\boldsymbol{\alpha}_{i-1}$，$\boldsymbol{\alpha}_{i+1}$，…，$\boldsymbol{\alpha}_s$，$\boldsymbol{b}$ 线性相关，则存在 $s$ 个不全为零的数$k_1$，…，$k_{i-1}$，$k_{i+1}$，…，$k_s$，$k$ 使得

$$k_1\boldsymbol{\alpha}_1+\cdots+k_{i-1}\boldsymbol{\alpha}_{i-1}+k_{i+1}\boldsymbol{\alpha}_{i+1}+\cdots+k_s\boldsymbol{\alpha}_s+k\boldsymbol{b}=\boldsymbol{0},$$

其中 $k$ 必不为 0(否则有$\boldsymbol{\alpha}_1$，…，$\boldsymbol{\alpha}_{i-1}$，$\boldsymbol{\alpha}_{i+1}$，…，$\boldsymbol{\alpha}_s$线性相关，可得$\boldsymbol{\alpha}_1$，$\boldsymbol{\alpha}_2$，…，$\boldsymbol{\alpha}_s$线性相关，与已知矛盾). 于是有

$$\boldsymbol{b}=-\frac{1}{k}(k_1\boldsymbol{\alpha}_1+\cdots+k_{i-1}\boldsymbol{\alpha}_{i-1}+k_{i+1}\boldsymbol{\alpha}_{i+1}+\cdots+k_s\boldsymbol{\alpha}_s),$$

即 $\boldsymbol{b}$ 由$\boldsymbol{\alpha}_1$，$\boldsymbol{\alpha}_2$，…，$\boldsymbol{\alpha}_s$线性表示时，$\boldsymbol{\alpha}_i$ 的系数为 0，与已知矛盾. 故$\boldsymbol{\alpha}_1$，…，$\boldsymbol{\alpha}_{i-1}$，$\boldsymbol{\alpha}_{i+1}$，…，$\boldsymbol{\alpha}_s$，$\boldsymbol{b}$ 线性无关.

方法二：设有向量组（Ⅰ)$\boldsymbol{\alpha}_1$，$\boldsymbol{\alpha}_2$，…，$\boldsymbol{\alpha}_s$，$\boldsymbol{b}$，

(Ⅱ)$\boldsymbol{\alpha}_1$，…，$\boldsymbol{\alpha}_{i-1}$，$\boldsymbol{\alpha}_{i+1}$，…，$\boldsymbol{\alpha}_s$，$\boldsymbol{b}(1\leqslant i\leqslant s)$，

则向量组(Ⅱ)可由向量组(Ⅰ)线性表示. 向量组(Ⅰ)中除$\boldsymbol{\alpha}_i$外均可由向量组(Ⅱ)线性表示，而由已知有

$$\boldsymbol{b}=k_1\boldsymbol{\alpha}_1+\cdots+k_i\boldsymbol{\alpha}_i+\cdots+k_s\boldsymbol{\alpha}_s,$$

其中所有$k_i\neq0(i=1，2，\cdots，s)$，故有

$$\boldsymbol{\alpha}_i=-\frac{1}{k_i}(k_1\boldsymbol{\alpha}_1+\cdots+k_{i-1}\boldsymbol{\alpha}_{i-1}+k_{i+1}\boldsymbol{\alpha}_{i+1}+\cdots+k_s\boldsymbol{\alpha}_s-\boldsymbol{b}),$$

即$\boldsymbol{\alpha}_i$也可由向量组(Ⅱ)线性表示，因此向量组(Ⅰ)和向量组(Ⅱ)等价，从而 $r$(Ⅱ)$=r$(Ⅰ)$=s$，而向量组(Ⅱ)只含有 $s$ 个向量，所以向量组(Ⅱ)线性无关.

**例 6** 设向量组$\boldsymbol{\alpha}_1$，$\boldsymbol{\alpha}_2$，…，$\boldsymbol{\alpha}_s(s\geqslant2)$线性无关，令$\boldsymbol{\beta}_1=\boldsymbol{\alpha}_1+\boldsymbol{\alpha}_2$，$\boldsymbol{\beta}_2=\boldsymbol{\alpha}_2+\boldsymbol{\alpha}_3$，…，$\boldsymbol{\beta}_{s-1}=\boldsymbol{\alpha}_{s-1}+\boldsymbol{\alpha}_s$，$\boldsymbol{\beta}_s=\boldsymbol{\alpha}_s+\boldsymbol{\alpha}_1$，试讨论向量组$\boldsymbol{\beta}_1$，$\boldsymbol{\beta}_2$，…，$\boldsymbol{\beta}_s$的线性相关性.

**解** 方法一：若一组数$k_1$，$k_2$，…，$k_s$使得$k_1\boldsymbol{\beta}_1+k_2\boldsymbol{\beta}_2+\cdots+k_s\boldsymbol{\beta}_s=\boldsymbol{0}$，即

$$k_1(\boldsymbol{\alpha}_1+\boldsymbol{\alpha}_2)+k_2(\boldsymbol{\alpha}_2+\boldsymbol{\alpha}_3)+\cdots+k_{s-1}(\boldsymbol{\alpha}_{s-1}+\boldsymbol{\alpha}_s)+k_s(\boldsymbol{\alpha}_s+\boldsymbol{\alpha}_1)=\boldsymbol{0},$$

整理得

$$(k_s+k_1)\boldsymbol{\alpha}_1+(k_1+k_2)\boldsymbol{\alpha}_2+\cdots+(k_{s-2}+k_{s-1})\boldsymbol{\alpha}_{s-1}+(k_{s-1}+k_s)\boldsymbol{\alpha}_s=\boldsymbol{0}.$$

因为$\boldsymbol{\alpha}_1$，$\boldsymbol{\alpha}_2$，…，$\boldsymbol{\alpha}_s$线性无关，所以

$$k_s+k_1=k_1+k_2=\cdots=k_{s-2}+k_{s-1}=k_{s-1}+k_s=0,$$

该齐次线性方程组的系数行列式为

$$D=\begin{vmatrix}1&1&\cdots&0&0\\0&1&\cdots&0&0\\\vdots&\vdots&&\vdots&\vdots\\0&0&\cdots&1&1\\1&0&\cdots&0&1\end{vmatrix}_s=1-(-1)^s,$$

当 $s$ 为奇数时，$D=2\neq 0$，$\boldsymbol{\beta}_1$，$\boldsymbol{\beta}_2$，…，$\boldsymbol{\beta}_s$ 线性无关；当 $s$ 为偶数时，$D=0$，$\boldsymbol{\beta}_1$，$\boldsymbol{\beta}_2$，…，$\boldsymbol{\beta}_s$ 线性相关.

方法二：由已知，向量组 $\boldsymbol{\beta}_1$，$\boldsymbol{\beta}_2$，…，$\boldsymbol{\beta}_s$ 可由向量组 $\boldsymbol{\alpha}_1$，$\boldsymbol{\alpha}_2$，…，$\boldsymbol{\alpha}_s$ 线性表示为

$$(\boldsymbol{\beta}_1,\ \boldsymbol{\beta}_2,\ \cdots,\ \boldsymbol{\beta}_{s-1},\ \boldsymbol{\beta}_s)=(\boldsymbol{\alpha}_1,\ \boldsymbol{\alpha}_2,\ \cdots,\ \boldsymbol{\alpha}_s)\begin{bmatrix}1&0&\cdots&0&1\\1&1&\cdots&0&0\\0&1&\cdots&0&0\\\vdots&\vdots&&\vdots&\vdots\\0&0&0&1&0\\0&0&0&1&1\end{bmatrix},$$

记为 $\boldsymbol{B}=\boldsymbol{AK}$. $|\boldsymbol{K}|=1-(-1)^s$.

当 $s$ 为奇数时，$|\boldsymbol{K}|=2\neq 0$，$\boldsymbol{K}$ 可逆，所以 $r(\boldsymbol{B})=r(\boldsymbol{A})=s$，此时向量组 $\boldsymbol{\beta}_1$，$\boldsymbol{\beta}_2$，…，$\boldsymbol{\beta}_s$ 线性无关；

当 $s$ 为偶数时，$|\boldsymbol{K}|=0$，$\boldsymbol{K}$ 不可逆，所以 $r(\boldsymbol{B})<r(\boldsymbol{A})=s$，此时向量组 $\boldsymbol{\beta}_1$，$\boldsymbol{\beta}_2$，…，$\boldsymbol{\beta}_s$ 线性相关.

**例 7**　设向量组 $\boldsymbol{\alpha}_1$，$\boldsymbol{\alpha}_2$，…，$\boldsymbol{\alpha}_s$ 线性无关，向量组 $\boldsymbol{\beta}_1$，$\boldsymbol{\beta}_2$，…，$\boldsymbol{\beta}_r$ 可由 $\boldsymbol{\alpha}_1$，$\boldsymbol{\alpha}_2$，…，$\boldsymbol{\alpha}_s$ 线性表示，即

$$\begin{cases}\boldsymbol{\beta}_1=k_{11}\boldsymbol{\alpha}_1+k_{21}\boldsymbol{\alpha}_2+\cdots+k_{s1}\boldsymbol{\alpha}_s\\\boldsymbol{\beta}_2=k_{12}\boldsymbol{\alpha}_1+k_{22}\boldsymbol{\alpha}_2+\cdots+k_{s2}\boldsymbol{\alpha}_s\\\qquad\vdots\\\boldsymbol{\beta}_r=k_{1r}\boldsymbol{\alpha}_1+k_{2r}\boldsymbol{\alpha}_2+\cdots+k_{sr}\boldsymbol{\alpha}_s\end{cases},$$

或

$$[\boldsymbol{\beta}_1,\ \boldsymbol{\beta}_2,\ \cdots,\ \boldsymbol{\beta}_r]=[\boldsymbol{\alpha}_1,\ \boldsymbol{\alpha}_2,\ \cdots,\ \boldsymbol{\alpha}_s]\boldsymbol{K},$$

其中 $\boldsymbol{K}=(k_{ij})$ 为 $s\times r$ 矩阵. 证明 $\boldsymbol{\beta}_1$，$\boldsymbol{\beta}_2$，…，$\boldsymbol{\beta}_r$ 线性无关的充分必要条件是 $r(\boldsymbol{K})=r$.

**证明**　考虑向量方程 $x_1\boldsymbol{\beta}_1+x_2\boldsymbol{\beta}_2+\cdots+x_s\boldsymbol{\beta}_s=\boldsymbol{0}$，即

$$(\boldsymbol{\beta}_1,\ \boldsymbol{\beta}_2,\ \cdots,\ \boldsymbol{\beta}_r)\begin{bmatrix}x_1\\x_2\\\vdots\\x_s\end{bmatrix}=\boldsymbol{0}.$$

由已知，有

$$(\boldsymbol{\alpha}_1, \boldsymbol{\alpha}_2, \cdots, \boldsymbol{\alpha}_s)\boldsymbol{K}\begin{bmatrix} x_1 \\ x_2 \\ \vdots \\ x_s \end{bmatrix}=\boldsymbol{0},$$

因为$\boldsymbol{\alpha}_1$，$\boldsymbol{\alpha}_2$，…，$\boldsymbol{\alpha}_s$线性无关，上式等价于$\boldsymbol{K}\begin{bmatrix} x_1 \\ x_2 \\ \vdots \\ x_s \end{bmatrix}=\boldsymbol{0}$，该齐次线性方程组只有零解的充要条件是$r(\boldsymbol{K})=r$，这也是$\boldsymbol{\beta}_1$，$\boldsymbol{\beta}_2$，…，$\boldsymbol{\beta}_r$线性无关的充要条件.

**例 8** 证明 $n$ 维列向量组$\boldsymbol{\alpha}_1$，$\boldsymbol{\alpha}_2$，…，$\boldsymbol{\alpha}_n$线性无关的充分必要条件是行列式

$$D=\begin{vmatrix} \boldsymbol{\alpha}_1^{\mathrm{T}}\boldsymbol{\alpha}_1 & \boldsymbol{\alpha}_1^{\mathrm{T}}\boldsymbol{\alpha}_1 & \cdots & \boldsymbol{\alpha}_1^{\mathrm{T}}\boldsymbol{\alpha}_1 \\ \boldsymbol{\alpha}_1^{\mathrm{T}}\boldsymbol{\alpha}_1 & \boldsymbol{\alpha}_1^{\mathrm{T}}\boldsymbol{\alpha}_1 & \cdots & \boldsymbol{\alpha}_1^{\mathrm{T}}\boldsymbol{\alpha}_1 \\ \vdots & \vdots & & \vdots \\ \boldsymbol{\alpha}_1^{\mathrm{T}}\boldsymbol{\alpha}_1 & \boldsymbol{\alpha}_1^{\mathrm{T}}\boldsymbol{\alpha}_1 & \cdots & \boldsymbol{\alpha}_1^{\mathrm{T}}\boldsymbol{\alpha}_1 \end{vmatrix}\neq 0.$$

**证明** 令$\boldsymbol{A}=(\boldsymbol{\alpha}_1, \boldsymbol{\alpha}_2, \cdots, \boldsymbol{\alpha}_n)$，则向量组$\boldsymbol{\alpha}_1$，$\boldsymbol{\alpha}_2$，…，$\boldsymbol{\alpha}_n$线性无关$\Leftrightarrow|\boldsymbol{A}|\neq 0$.
由于

$$\boldsymbol{A}^{\mathrm{T}}\boldsymbol{A}=\begin{bmatrix} \boldsymbol{\alpha}_1^{\mathrm{T}} \\ \boldsymbol{\alpha}_2^{\mathrm{T}} \\ \vdots \\ \boldsymbol{\alpha}_n^{\mathrm{T}} \end{bmatrix}(\boldsymbol{\alpha}_1, \boldsymbol{\alpha}_2, \cdots, \boldsymbol{\alpha}_n)=\begin{bmatrix} \boldsymbol{\alpha}_1^{\mathrm{T}}\boldsymbol{\alpha}_1 & \boldsymbol{\alpha}_1^{\mathrm{T}}\boldsymbol{\alpha}_1 & \cdots & \boldsymbol{\alpha}_1^{\mathrm{T}}\boldsymbol{\alpha}_1 \\ \boldsymbol{\alpha}_1^{\mathrm{T}}\boldsymbol{\alpha}_1 & \boldsymbol{\alpha}_1^{\mathrm{T}}\boldsymbol{\alpha}_1 & \cdots & \boldsymbol{\alpha}_1^{\mathrm{T}}\boldsymbol{\alpha}_1 \\ \vdots & \vdots & & \vdots \\ \boldsymbol{\alpha}_1^{\mathrm{T}}\boldsymbol{\alpha}_1 & \boldsymbol{\alpha}_1^{\mathrm{T}}\boldsymbol{\alpha}_1 & \cdots & \boldsymbol{\alpha}_1^{\mathrm{T}}\boldsymbol{\alpha}_1 \end{bmatrix},$$

上式两端取行列式，得

$$|\boldsymbol{A}|^2=|\boldsymbol{A}^{\mathrm{T}}||\boldsymbol{A}|=D,$$

故$|\boldsymbol{A}|\neq 0\Leftrightarrow D\neq 0$，所以向量组$\boldsymbol{\alpha}_1$，$\boldsymbol{\alpha}_2$，…，$\boldsymbol{\alpha}_n$线性无关$\Leftrightarrow D\neq 0$.

**例 9** 设向量组$\boldsymbol{\alpha}_1=(1, 1, 3, 1)^{\mathrm{T}}$，$\boldsymbol{\alpha}_2=(-1, 1, -1, 3)^{\mathrm{T}}$，$\boldsymbol{\alpha}_3=(5, -2, 8, -9)^{\mathrm{T}}$，$\boldsymbol{\alpha}_4=(-1, 3, 1, 7)^{\mathrm{T}}$，求该向量组的秩和一个极大线性无关组，并用该极大线性无关组线性表示其余向量.

**解** 记$\boldsymbol{A}=[\boldsymbol{\alpha}_1 \quad \boldsymbol{\alpha}_2 \quad \boldsymbol{\alpha}_3 \quad \boldsymbol{\alpha}_4]$，用初等行变换将 $\boldsymbol{A}$ 化为阶梯形矩阵：

$$\boldsymbol{A}=\begin{bmatrix} 1 & -1 & 5 & -1 \\ 1 & 1 & -2 & 3 \\ 3 & -1 & 8 & 1 \\ 1 & 3 & -9 & 7 \end{bmatrix}\to\begin{bmatrix} 1 & -1 & 5 & -1 \\ 0 & 2 & -7 & 4 \\ 0 & 2 & -7 & 4 \\ 0 & 4 & -14 & 8 \end{bmatrix}\to\begin{bmatrix} 1 & -1 & 5 & -1 \\ 0 & 2 & -2 & 4 \\ 0 & 0 & 0 & 0 \\ 0 & 0 & 0 & 0 \end{bmatrix}=\boldsymbol{B},$$

$\boldsymbol{B}$ 有两个非零行，且主元列为第 1，2 列，所以 $r(\boldsymbol{\alpha}_1 \quad \boldsymbol{\alpha}_2 \quad \boldsymbol{\alpha}_3 \quad \boldsymbol{\alpha}_4)=r(\boldsymbol{A})=2$，且$\boldsymbol{\alpha}_1$，

$\boldsymbol{\alpha}_2$是一个极大线性无关组.

进一步化 $\boldsymbol{B}$ 为行最简形：

$$\boldsymbol{B}\to\begin{bmatrix}1&-1&5&-1\\0&1&-\frac{7}{2}&2\\0&0&0&0\\0&0&0&0\end{bmatrix}\to\begin{bmatrix}1&0&\frac{3}{2}&1\\0&1&-\frac{7}{2}&2\\0&0&0&0\\0&0&0&0\end{bmatrix}=[\boldsymbol{\gamma}_1\quad\boldsymbol{\gamma}_2\quad\boldsymbol{\gamma}_3\quad\boldsymbol{\gamma}_4]=\boldsymbol{C},$$

易知，$\boldsymbol{\gamma}_3=\frac{3}{2}\boldsymbol{\gamma}_1-\frac{7}{2}\boldsymbol{\gamma}_2$，$\boldsymbol{\gamma}_4=\boldsymbol{\gamma}_1+2\boldsymbol{\gamma}_2$，所以$\boldsymbol{\alpha}_3=\frac{3}{2}\boldsymbol{\alpha}_1-\frac{7}{2}\boldsymbol{\alpha}_2$，$\boldsymbol{\alpha}_4=\boldsymbol{\alpha}_1+2\boldsymbol{\alpha}_2$.

**例 10**　已知向量组(Ⅰ)$\boldsymbol{\alpha}_1$，$\boldsymbol{\alpha}_2$，$\boldsymbol{\alpha}_3$的秩为 3，向量组(Ⅱ)$\boldsymbol{\alpha}_1$，$\boldsymbol{\alpha}_2$，$\boldsymbol{\alpha}_3$，$\boldsymbol{\alpha}_4$的秩为 3，向量组(Ⅲ)$\boldsymbol{\alpha}_1$，$\boldsymbol{\alpha}_2$，$\boldsymbol{\alpha}_3$，$\boldsymbol{\alpha}_5$的秩为 4. 求向量组(Ⅳ)$\boldsymbol{\alpha}_1$，$\boldsymbol{\alpha}_2$，$\boldsymbol{\alpha}_3$，$\boldsymbol{\alpha}_5-\boldsymbol{\alpha}_4$的秩.

**解**　方法一：由 $r$(Ⅰ)$=3$ 知$\boldsymbol{\alpha}_1$，$\boldsymbol{\alpha}_2$，$\boldsymbol{\alpha}_3$线性无关，由 $r$(Ⅱ)$=3$ 知$\boldsymbol{\alpha}_1$，$\boldsymbol{\alpha}_2$，$\boldsymbol{\alpha}_3$，$\boldsymbol{\alpha}_4$线性相关，故$\boldsymbol{\alpha}_4$可由$\boldsymbol{\alpha}_1$，$\boldsymbol{\alpha}_2$，$\boldsymbol{\alpha}_3$线性表出. 易知$\boldsymbol{\alpha}_5=\boldsymbol{\alpha}_4+(\boldsymbol{\alpha}_5-\boldsymbol{\alpha}_4)$可由$\boldsymbol{\alpha}_1$，$\boldsymbol{\alpha}_2$，$\boldsymbol{\alpha}_3$，$\boldsymbol{\alpha}_5-\boldsymbol{\alpha}_4$线性表出，显然$\boldsymbol{\alpha}_1$，$\boldsymbol{\alpha}_2$，$\boldsymbol{\alpha}_3$可由向量组(Ⅳ)线性表出，因此向量组(Ⅲ)可由向量组(Ⅳ)线性表出，故有 $r$(Ⅳ)$\geqslant r$(Ⅲ)$=4$. 又 $r$(Ⅳ)$\leqslant 4$，所以 $r$(Ⅳ)$=4$.

方法二：由 $r$(Ⅰ)$=3$ 知$\boldsymbol{\alpha}_1$，$\boldsymbol{\alpha}_2$，$\boldsymbol{\alpha}_3$线性无关，且 $4\geqslant r$(Ⅳ)$\geqslant r$(Ⅰ)$=3$. 如果向量组(Ⅳ)线性相关，则$\boldsymbol{\alpha}_5-\boldsymbol{\alpha}_4$可由$\boldsymbol{\alpha}_1$，$\boldsymbol{\alpha}_2$，$\boldsymbol{\alpha}_3$线性表出. 由 $r$(Ⅱ)$=3$ 知$\boldsymbol{\alpha}_1$，$\boldsymbol{\alpha}_2$，$\boldsymbol{\alpha}_3$，$\boldsymbol{\alpha}_4$线性相关，故$\boldsymbol{\alpha}_4$可由$\boldsymbol{\alpha}_1$，$\boldsymbol{\alpha}_2$，$\boldsymbol{\alpha}_3$线性表出. 因此$\boldsymbol{\alpha}_5=\boldsymbol{\alpha}_4+(\boldsymbol{\alpha}_5-\boldsymbol{\alpha}_4)$也可由$\boldsymbol{\alpha}_1$，$\boldsymbol{\alpha}_2$，$\boldsymbol{\alpha}_3$线性表出，这与 $r$(Ⅲ)$=4$，即$\boldsymbol{\alpha}_1$，$\boldsymbol{\alpha}_2$，$\boldsymbol{\alpha}_3$，$\boldsymbol{\alpha}_5$线性无关矛盾，所以向量组(Ⅳ)线性无关，即 $r$(Ⅳ)$=4$.

**例 11**　设 $\boldsymbol{A}$，$\boldsymbol{B}$ 都是 $s\times n$ 矩阵，证明：$r(\boldsymbol{A}+\boldsymbol{B})\leqslant r(\boldsymbol{A})+r(\boldsymbol{B})$.

**证明**　设 $\boldsymbol{A}$，$\boldsymbol{B}$ 的列分块形式分别为 $\boldsymbol{A}=(\boldsymbol{\alpha}_1,\ \boldsymbol{\alpha}_2,\ \cdots,\ \boldsymbol{\alpha}_n)$，$\boldsymbol{B}=(\boldsymbol{\beta}_1,\ \boldsymbol{\beta}_2,\ \cdots,\ \boldsymbol{\beta}_n)$，$\boldsymbol{A}$ 的一个列极大无关组为$\boldsymbol{\alpha}_{i_1}$，$\boldsymbol{\alpha}_{i_2}$，$\cdots$，$\boldsymbol{\alpha}_{i_{r_A}}$，$\boldsymbol{B}$ 的一个列极大无关组为$\boldsymbol{\beta}_{j_1}$，$\boldsymbol{\beta}_{j_2}$，$\cdots$，$\boldsymbol{\beta}_{j_{r_B}}$. 因为$\boldsymbol{\alpha}_1$，$\boldsymbol{\alpha}_2$，$\cdots$，$\boldsymbol{\alpha}_n$可由$\boldsymbol{\alpha}_{i_1}$，$\boldsymbol{\alpha}_{i_2}$，$\cdots$，$\boldsymbol{\alpha}_{i_{r_A}}$线性表出，$\boldsymbol{\beta}_1$，$\boldsymbol{\beta}_2$，$\cdots$，$\boldsymbol{\beta}_n$可由$\boldsymbol{\beta}_{j_1}$，$\boldsymbol{\beta}_{j_2}$，$\cdots$，$\boldsymbol{\beta}_{j_{r_B}}$线性表出，所以向量组$\boldsymbol{\alpha}_1+\boldsymbol{\beta}_1$，$\boldsymbol{\alpha}_2+\boldsymbol{\beta}_2$，$\cdots$，$\boldsymbol{\alpha}_n+\boldsymbol{\beta}_n$可由向量组$\boldsymbol{\alpha}_{i_1}$，$\boldsymbol{\alpha}_{i_2}$，$\cdots$，$\boldsymbol{\alpha}_{i_{r_A}}$，$\boldsymbol{\beta}_{j_1}$，$\boldsymbol{\beta}_{j_2}$，$\cdots$，$\boldsymbol{\beta}_{j_{r_B}}$线性表出，故

$$\begin{aligned}r(\boldsymbol{A}+\boldsymbol{B})&=r(\boldsymbol{\alpha}_1+\boldsymbol{\beta}_1,\ \boldsymbol{\alpha}_2+\boldsymbol{\beta}_2,\ \cdots,\ \boldsymbol{\alpha}_n+\boldsymbol{\beta}_n)\\&\leqslant r(\boldsymbol{\alpha}_{i_1},\ \boldsymbol{\alpha}_{i_2},\ \cdots,\ \boldsymbol{\alpha}_{i_{r_A}},\ \boldsymbol{\beta}_{j_1},\ \boldsymbol{\beta}_{j_2},\ \cdots,\ \boldsymbol{\beta}_{j_{r_B}})\leqslant r(\boldsymbol{A})+r(\boldsymbol{B}).\end{aligned}$$

**例 12**　设 $\boldsymbol{A}$ 为 $m\times n$ 矩阵，证明 $r(\boldsymbol{A})=1$ 的充分必要条件是 $\boldsymbol{A}$ 可以表示为一个 $m$ 维非零列向量 $\boldsymbol{\alpha}$ 与一个 $n$ 维非零行向量$\boldsymbol{\beta}^{\mathrm{T}}$的乘积，即 $\boldsymbol{A}=\boldsymbol{\alpha}\boldsymbol{\beta}^{\mathrm{T}}$.

**证明**　充分性：设非零向量

$$\boldsymbol{\alpha}=\begin{bmatrix}a_1\\a_2\\\vdots\\a_m\end{bmatrix},\ \boldsymbol{\beta}^{\mathrm{T}}=(b_1,\ b_2,\ \cdots,\ b_n)$$

使得

$$A=\alpha\beta^{\mathrm{T}}=\begin{bmatrix} a_1b_1 & a_1b_2 & \cdots & a_1b_n \\ a_2b_1 & a_2b_2 & \cdots & a_2b_n \\ \vdots & \vdots & & \vdots \\ a_mb_1 & a_mb_2 & \cdots & a_mb_n \end{bmatrix}.$$

由于 $\boldsymbol{\alpha}$ 和$\boldsymbol{\beta}^{\mathrm{T}}$均为非零向量，故 $\boldsymbol{\alpha}$ 和$\boldsymbol{\beta}^{\mathrm{T}}$的分量不全为零，不妨设$a_1\neq 0$，$b_1\neq 0$，则$a_1b_1\neq 0$，即 $\boldsymbol{A}$ 为非零矩阵，有 $r(\boldsymbol{A})\geqslant 1$. 又 $r(\boldsymbol{A})\leqslant r(\boldsymbol{\alpha})=1$，所以 $r(\boldsymbol{A})=1$.

必要性：设 $r(\boldsymbol{A})=1$，则 $\boldsymbol{A}$ 的列向量组的极大线性无关组只含一个向量，不妨设为 $\boldsymbol{A}$ 的第一列 $\boldsymbol{\alpha}=(a_1, a_2, \cdots, a_m)^{\mathrm{T}}$，则 $\boldsymbol{\alpha}\neq\boldsymbol{0}$，且 $\boldsymbol{A}$ 的其他列都可由 $\boldsymbol{\alpha}$ 线性表出. 设 $\boldsymbol{A}$ 的第 $i$ 列为$\boldsymbol{\alpha}_i=k_i\boldsymbol{\alpha}\,(i=2, \cdots, n)$，则有

$$\boldsymbol{A}=(\boldsymbol{\alpha}, k_2\boldsymbol{\alpha}, \cdots, k_n\boldsymbol{\alpha})=\boldsymbol{\alpha}(1, k_1, \cdots, k_n)=\boldsymbol{\alpha\beta}^{\mathrm{T}},$$

其中 $\boldsymbol{\beta}=(1, k_1, \cdots, k_n)^{\mathrm{T}}\neq\boldsymbol{0}$. 即 $\boldsymbol{A}$ 可以表示为一个 $m$ 维非零列向量 $\boldsymbol{\alpha}$ 与一个 $n$ 维非零行向量$\boldsymbol{\beta}^{\mathrm{T}}$的乘积.

**例 13** 设 $n$ 阶矩阵 $\boldsymbol{A}$ 满足$\boldsymbol{A}^2=\boldsymbol{A}$，$\boldsymbol{I}$ 为 $n$ 阶单位矩阵，证明：$r(\boldsymbol{A})+r(\boldsymbol{A}-\boldsymbol{I})=n$.

**证明** 由$\boldsymbol{A}^2=\boldsymbol{A}$ 得 $\boldsymbol{A}(\boldsymbol{A}-\boldsymbol{I})=\boldsymbol{O}$，知 $r(\boldsymbol{A})+r(\boldsymbol{A}-\boldsymbol{I})\leqslant n$.
另一方面，

$$r(\boldsymbol{A})+r(\boldsymbol{A}-\boldsymbol{I})\geqslant r(\boldsymbol{A}-(\boldsymbol{A}-\boldsymbol{I}))=r(\boldsymbol{I})=n,$$

所以 $r(\boldsymbol{A})+r(\boldsymbol{A}-\boldsymbol{I})=n$.

**例 14** 矩阵$\boldsymbol{A}_{m\times n}$，线性方程组 $\boldsymbol{Ax}=\boldsymbol{b}$ 对任意 $m$ 维列向量 $\boldsymbol{b}$ 都有解，证明：$r(\boldsymbol{A})=m$.

**证明** 设 $m$ 阶单位矩阵的列分块形式为$\boldsymbol{I}_m=(\boldsymbol{e}_1, \boldsymbol{e}_2, \cdots, \boldsymbol{e}_m)$，取 $\boldsymbol{b}=\boldsymbol{e}_i$，由已知，存在向量$\boldsymbol{X}_i$满足 $\boldsymbol{AX}_i=\boldsymbol{e}_i\,(1\leqslant i\leqslant m)$. 令 $\boldsymbol{B}=(\boldsymbol{X}_1, \boldsymbol{X}_2, \cdots, \boldsymbol{X}_m)$，则有 $\boldsymbol{AB}=\boldsymbol{I}_m$，从而 $m\geqslant r(\boldsymbol{A})\geqslant r(\boldsymbol{AB})=r(\boldsymbol{I}_m)=m$，所以 $r(\boldsymbol{A})=m$.

**例 15** 设矩阵 $\boldsymbol{A}=\begin{bmatrix} 1 & 2 & 1 & 2 \\ 0 & 1 & a & a \\ 1 & a & 0 & 1 \end{bmatrix}$，已知齐次线性方程组 $\boldsymbol{Ax}=\boldsymbol{0}$ 的解空间的维数为 2，求 $a$ 的值，并求出方程组 $\boldsymbol{Ax}=\boldsymbol{0}$ 的通解.

**解** 由 4 元齐次线性方程组 $\boldsymbol{Ax}=\boldsymbol{0}$ 的解空间维数为 $n-r(\boldsymbol{A})=2$，得 $r(\boldsymbol{A})=2$.

对 $\boldsymbol{A}$ 做初等行变换，化为阶梯形矩阵

$$\boldsymbol{A}\to\begin{bmatrix} 1 & 2 & 1 & 2 \\ 0 & 1 & a & a \\ 0 & a-2 & -1 & -1 \end{bmatrix}\to\begin{bmatrix} 1 & 2 & 1 & 2 \\ 0 & 1 & a & a \\ 0 & 0 & (a-1)^2 & (a-1)^2 \end{bmatrix},$$

当且仅当 $a=1$ 时 $r(\boldsymbol{A})=2$，故 $a=1$.

当 $a=1$ 时，进一步化 $\boldsymbol{A}$ 为行最简形矩阵

$$\boldsymbol{A}\to\begin{bmatrix}1&2&1&2\\0&1&1&1\\0&0&0&0\end{bmatrix}\to\begin{bmatrix}1&0&-1&0\\0&1&1&1\\0&0&0&0\end{bmatrix},$$

故$\begin{cases}x_1=x_3\\x_2=-x_3-x_4\end{cases}$，其中$x_3$，$x_4$为自由未知量.

方法一：令$\begin{bmatrix}x_3\\x_4\end{bmatrix}=\begin{bmatrix}1\\0\end{bmatrix}$，$\begin{bmatrix}0\\1\end{bmatrix}$，可得所求方程组的基础解系为

$$\boldsymbol{\xi}_1=(1,\ -1,\ 1,\ 0)^{\mathrm{T}},\ \boldsymbol{\xi}_2=(0,\ -1,\ 0,\ 1)^{\mathrm{T}},$$

于是方程组的通解为$c_1\boldsymbol{\xi}_1+c_2\boldsymbol{\xi}_2(c_1,\ c_2\in\mathbf{R})$.

方法二：方程组的解为

$$\begin{bmatrix}x_1\\x_2\\x_3\\x_4\end{bmatrix}=\begin{bmatrix}x_3\\-x_3-x_4\\x_3\\x_4\end{bmatrix}=x_3\begin{bmatrix}1\\-1\\1\\0\end{bmatrix}+x_4\begin{bmatrix}0\\-1\\0\\1\end{bmatrix},$$

令$\boldsymbol{\xi}_1=(1,\ -1,\ 1,\ 0)^{\mathrm{T}}$，$\boldsymbol{\xi}_2=(0,\ -1,\ 0,\ 1)^{\mathrm{T}}$，方程组的通解为$c_1\boldsymbol{\xi}_1+c_2\boldsymbol{\xi}_2(c_1,\ c_2\in\mathbf{R})$.

**例 16**　已知$\boldsymbol{\alpha}_1$，$\boldsymbol{\alpha}_2$，$\boldsymbol{\alpha}_3$，$\boldsymbol{\alpha}_4$是齐次线性方程组$\boldsymbol{Ax}=\mathbf{0}$的一个基础解系，若

$$\boldsymbol{\beta}_1=\boldsymbol{\alpha}_1+t\boldsymbol{\alpha}_2,\ \boldsymbol{\beta}_2=\boldsymbol{\alpha}_2+t\boldsymbol{\alpha}_3,\ \boldsymbol{\beta}_3=\boldsymbol{\alpha}_3+t\boldsymbol{\alpha}_4,\ \boldsymbol{\beta}_4=\boldsymbol{\alpha}_4+t\boldsymbol{\alpha}_1,$$

问实数$t$满足什么条件时，$\boldsymbol{\beta}_1$，$\boldsymbol{\beta}_2$，$\boldsymbol{\beta}_3$，$\boldsymbol{\beta}_4$也是方程组$\boldsymbol{Ax}=\mathbf{0}$的一个基础解系.

**解**　根据齐次线性方程组解的线性组合仍是方程组的解，可知$\boldsymbol{\beta}_1$，$\boldsymbol{\beta}_2$，$\boldsymbol{\beta}_3$，$\boldsymbol{\beta}_4$也是方程组的解. 因为$\boldsymbol{Ax}=\mathbf{0}$的基础解系含有4个向量，因此$\boldsymbol{\beta}_1$，$\boldsymbol{\beta}_2$，$\boldsymbol{\beta}_3$，$\boldsymbol{\beta}_4$是方程组$\boldsymbol{Ax}=\mathbf{0}$的一个基础解系当且仅当$\boldsymbol{\beta}_1$，$\boldsymbol{\beta}_2$，$\boldsymbol{\beta}_3$，$\boldsymbol{\beta}_4$线性无关.

由已知条件，有

$$(\boldsymbol{\beta}_1,\ \boldsymbol{\beta}_2,\ \boldsymbol{\beta}_3,\ \boldsymbol{\beta}_4)=(\boldsymbol{\alpha}_1,\ \boldsymbol{\alpha}_2,\ \boldsymbol{\alpha}_3,\ \boldsymbol{\alpha}_4)\begin{bmatrix}1&0&0&t\\t&1&0&0\\0&t&1&0\\0&0&t&1\end{bmatrix},$$

记为$\boldsymbol{B}=\boldsymbol{AK}$. 因为$\boldsymbol{\alpha}_1$，$\boldsymbol{\alpha}_2$，$\boldsymbol{\alpha}_3$，$\boldsymbol{\alpha}_4$线性无关，故当且仅当$r(\boldsymbol{K})=4$时$\boldsymbol{\beta}_1$，$\boldsymbol{\beta}_2$，$\boldsymbol{\beta}_3$，$\boldsymbol{\beta}_4$线性无关. 而

$$r(\boldsymbol{K})=4\Leftrightarrow|\boldsymbol{K}|=1-t^4\neq 0,$$

所以，当$t\neq\pm 1$时，$\boldsymbol{\beta}_1$，$\boldsymbol{\beta}_2$，$\boldsymbol{\beta}_3$，$\boldsymbol{\beta}_4$也是方程组$\boldsymbol{Ax}=\mathbf{0}$的一个基础解系.

**例 17**　已知三阶矩阵$\boldsymbol{A}$的第一行是$(a,\ b,\ c)$，$a$，$b$，$c$不全为零，矩阵$\boldsymbol{B}=\begin{bmatrix}1&2&3\\2&4&6\\3&6&k\end{bmatrix}$($k$为常数)，且$\boldsymbol{AB}=\boldsymbol{O}$，求线性方程组$\boldsymbol{Ax}=\mathbf{0}$的通解.

**解** 由 $\boldsymbol{AB}=\boldsymbol{O}$，故 $r(\boldsymbol{A})+r(\boldsymbol{B})\leqslant 3$；又 $a$，$b$，$c$ 不全为零，可知 $r(\boldsymbol{A})\geqslant 1$.

当 $k\neq 9$ 时，$r(\boldsymbol{B})=2$，于是 $r(\boldsymbol{A})=1$. 此时，由 $\boldsymbol{AB}=\boldsymbol{O}$ 可得

$$\boldsymbol{A}\begin{bmatrix}1\\2\\3\end{bmatrix}=\boldsymbol{0},\ \boldsymbol{A}\begin{bmatrix}3\\6\\k\end{bmatrix}=\boldsymbol{0},$$

由于 $\boldsymbol{\eta}_1=(1,\ 2,\ 3)^{\mathrm{T}}$，$\boldsymbol{\eta}_2=(3,\ 6,\ k)^{\mathrm{T}}$ 线性无关，故 $\boldsymbol{\eta}_1$，$\boldsymbol{\eta}_2$ 为 $\boldsymbol{Ax}=\boldsymbol{0}$ 的一个基础解系，方程组 $\boldsymbol{Ax}=\boldsymbol{0}$ 的通解为 $\boldsymbol{x}=c_1\boldsymbol{\eta}_1+c_2\boldsymbol{\eta}_2(c_1,\ c_2\in\mathbf{R})$.

当 $k=9$ 时，$r(\boldsymbol{B})=1$，于是 $r(\boldsymbol{A})=1$ 或 $r(\boldsymbol{A})=2$.

当 $k=9$，$r(\boldsymbol{A})=2$ 时，$\boldsymbol{Ax}=\boldsymbol{0}$ 的基础解系由一个向量构成. 因为 $\boldsymbol{A}\begin{bmatrix}1\\2\\3\end{bmatrix}=\boldsymbol{0}$，所以 $\boldsymbol{Ax}=\boldsymbol{0}$ 的通解为 $\boldsymbol{x}=c_1(1,\ 2,\ 3)^{\mathrm{T}}(c_1\in\mathbf{R})$.

当 $k=9$，$r(\boldsymbol{A})=1$ 时，$\boldsymbol{Ax}=\boldsymbol{0}$ 的基础解系由两个向量构成. 因为 $\boldsymbol{A}$ 的第一行是 $(a,\ b,\ c)$，$a$，$b$，$c$ 不全为零，所以 $\boldsymbol{Ax}=\boldsymbol{0}$ 等价于 $ax_1+bx_2+cx_3=0$. 不妨设 $a\neq 0$，则 $\boldsymbol{\eta}_1=(-b,\ a,\ 0)^{\mathrm{T}}$，$\boldsymbol{\eta}_2=(-c,\ 0,\ a)^{\mathrm{T}}$ 是方程组的两个线性无关解，故 $\boldsymbol{Ax}=\boldsymbol{0}$ 的通解为 $\boldsymbol{x}=c_1\boldsymbol{\eta}_1+c_2\boldsymbol{\eta}_2(c_1,\ c_2\in\mathbf{R})$.

**例 18** $\lambda$ 满足什么条件时，下列方程组有唯一解、有无穷多解、无解？有解时求出全部解.

$$\begin{cases}\lambda x_1+x_2+x_3=1,\\ x_1+\lambda x_2+x_3=\lambda,\\ x_1+x_2+\lambda x_3=\lambda^2.\end{cases}$$

**解** 方法一：对方程组的增广矩阵作初等行变换

$$(\boldsymbol{A},\ \boldsymbol{b})=\begin{bmatrix}\lambda&1&1&1\\1&\lambda&1&\lambda\\1&1&\lambda&\lambda^2\end{bmatrix}\to\begin{bmatrix}1&\lambda&1&\lambda\\0&1-\lambda&\lambda-1&\lambda(\lambda-1)\\0&1-\lambda^2&1-\lambda&1-\lambda^2\end{bmatrix}.$$

当 $\lambda\neq 1$ 时，

$$(\boldsymbol{A},\ \boldsymbol{b})\to\begin{bmatrix}1&\lambda&1&\lambda\\0&1&-1&-\lambda\\0&1+\lambda&1&1+\lambda\end{bmatrix}\to\begin{bmatrix}1&\lambda&1&\lambda\\0&1&-1&-\lambda\\0&0&2+\lambda&(1+\lambda)^2\end{bmatrix},$$

当 $\lambda=-2$ 时，$r(\boldsymbol{A})=2<3=r(\boldsymbol{A},\ \boldsymbol{b})$，方程组无解；

当 $\lambda\neq 1$ 且 $\lambda\neq -2$ 时，$r(\boldsymbol{A})=3=r(\boldsymbol{A},\ \boldsymbol{b})$，方程组有唯一解 $\left(-\dfrac{1+\lambda}{2+\lambda},\ \dfrac{1}{2+\lambda},\ \dfrac{(1+\lambda)^2}{2+\lambda}\right)^{\mathrm{T}}$；

当 $\lambda=1$ 时，原方程组即 $x_1+x_2+x_3=1$. 取 $x_2$，$x_3$ 为自由未知量，令 $(x_2,\ x_3)^{\mathrm{T}}=$

$(0, 0)^{\mathrm{T}}$，得特解 $\boldsymbol{X}_0=(1, 0, 0)^{\mathrm{T}}$；其导出组为 $x_1+x_2+x_3=0$，令 $(x_2, x_3)^{\mathrm{T}}=(1, 0)^{\mathrm{T}}, (0, 1)^{\mathrm{T}}$，得导出组的基础解系 $\boldsymbol{X}_1=(-1, 1, 0)^{\mathrm{T}}$，$\boldsymbol{X}_2=(-1, 0, 1)^{\mathrm{T}}$．所以方程组的通解为 $k_1(-1, 1, 0)^{\mathrm{T}}+k_2(-1, 0, 1)^{\mathrm{T}}+(1, 0, 0)^{\mathrm{T}}$，$k_1, k_2\in\mathbf{R}$.

方法二：系数矩阵的行列式

$$D=\begin{vmatrix}\lambda & 1 & 1\\ 1 & \lambda & 1\\ 1 & 1 & \lambda\end{vmatrix}=\lambda^3-3\lambda+2=(\lambda-1)^2(\lambda+2).$$

当 $\lambda\neq1$ 且 $\lambda\neq-2$ 时，$D\neq0$，方程组有唯一解 $\left(-\dfrac{1+\lambda}{2+\lambda}, \dfrac{1}{2+\lambda}, \dfrac{(1+\lambda)^2}{2+\lambda}\right)^{\mathrm{T}}$；

当 $\lambda=-2$ 时，原方程组为 $\begin{cases}-2x_1+x_2+x_3=1\\ x_1-2x_2+x_3=-2\\ x_1+x_2-2x_3=4\end{cases}$，方程组无解；

当 $\lambda=1$ 时，原方程组为 $x_1+x_2+x_3=1$，此时方程组的通解为 $k_1(-1, 1, 0)^{\mathrm{T}}+k_2(-1, 0, 1)^{\mathrm{T}}+(1, 0, 0)^{\mathrm{T}}$，$k_1, k_2\in\mathbf{R}$.

**例 19**　设 $\boldsymbol{A}=\begin{bmatrix}\lambda & 1 & 1\\ 0 & \lambda-1 & 0\\ 1 & 1 & \lambda\end{bmatrix}$，$\boldsymbol{b}=\begin{bmatrix}a\\ 1\\ 1\end{bmatrix}$，已知线性方程组 $\boldsymbol{Ax}=\boldsymbol{b}$ 存在两个不同的解.

(1) 求 $\lambda$ 及 $a$；(2)求方程组 $\boldsymbol{Ax}=\boldsymbol{b}$ 的通解.

**解**　(1)方法一：由方程组存在两个不同的解，知方程组有无穷多解，故

$$|\boldsymbol{A}|=\begin{vmatrix}\lambda & 1 & 1\\ 0 & \lambda-1 & 0\\ 1 & 1 & \lambda\end{vmatrix}=(\lambda-1)^2(\lambda+1)=0,$$

于是 $\lambda=1$ 或 $\lambda=-1$.

当 $\lambda=1$ 时，$r(\boldsymbol{A})=2<3=r(\boldsymbol{A}, \boldsymbol{b})$，所以 $\boldsymbol{Ax}=\boldsymbol{b}$ 无解，舍去.

当 $\lambda=-1$ 时，

$$(\boldsymbol{A}, \boldsymbol{b})=\begin{bmatrix}-1 & 1 & 1 & a\\ 0 & -2 & 0 & 1\\ 1 & 1 & -1 & 1\end{bmatrix}\rightarrow\begin{bmatrix}1 & 0 & -1 & \frac{3}{2}\\ 0 & 1 & 0 & -\frac{1}{2}\\ 0 & 0 & 0 & a+2\end{bmatrix},$$

因为 $\boldsymbol{Ax}=\boldsymbol{b}$ 有解，所以 $a=-2$.

方法二：

$$(\boldsymbol{A}, \boldsymbol{b})=\begin{bmatrix}\lambda & 1 & 1 & a\\ 0 & \lambda-1 & 0 & 1\\ 1 & 1 & \lambda & 1\end{bmatrix}\rightarrow\begin{bmatrix}1 & 1 & \lambda & 1\\ 0 & \lambda-1 & 0 & 1\\ 0 & 1-\lambda & 1-\lambda^2 & a-\lambda\end{bmatrix},$$

$$\rightarrow\begin{bmatrix}1 & 1 & \lambda & 1\\ 0 & \lambda-1 & 0 & 1\\ 0 & 0 & 1-\lambda^2 & a-\lambda+1\end{bmatrix},$$

因为 $\boldsymbol{A}\boldsymbol{x}=\boldsymbol{b}$ 有无穷多解，所以 $r(\boldsymbol{A})=r(\boldsymbol{A},\ \boldsymbol{b})<3$，故 $\lambda=1$，$a=-2$.

（2）当 $\lambda=1$，$a=-2$ 时，有

$$(\boldsymbol{A},\ \boldsymbol{b})\rightarrow\begin{bmatrix}1 & 0 & -1 & \frac{3}{2}\\ 0 & 1 & 0 & -\frac{1}{2}\\ 0 & 0 & 0 & 0\end{bmatrix},$$

所以方程组的通解为 $c\ (1,\ 0,\ 1)^{\mathrm{T}}+\left(\frac{3}{2},\ -\frac{1}{2},\ 0\right)^{\mathrm{T}}(c\in\mathbf{R})$.

**例 20** 设 $\boldsymbol{\eta}_0$ 是非齐次线性方程组 $\boldsymbol{A}\boldsymbol{x}=\boldsymbol{b}$ 的一个解，$\boldsymbol{\xi}_1$，$\boldsymbol{\xi}_2$，…，$\boldsymbol{\xi}_{n-r}$ 是其导出组 $\boldsymbol{A}\boldsymbol{x}=\boldsymbol{0}$ 的基础解系，令 $\boldsymbol{\eta}_i=\boldsymbol{\eta}_0+\boldsymbol{\xi}_i$，$i=1,\ 2,\ \cdots,\ n-r$. 证明：

（1）$\boldsymbol{\eta}_0$，$\boldsymbol{\eta}_1$，…，$\boldsymbol{\eta}_{n-r}$ 线性无关，且都是 $\boldsymbol{A}\boldsymbol{x}=\boldsymbol{b}$ 的解；

（2）方程组 $\boldsymbol{A}\boldsymbol{x}=\boldsymbol{b}$ 的任一解可表示为

$$\boldsymbol{x}=\lambda_0\boldsymbol{\eta}_0+\lambda_1\boldsymbol{\eta}_1+\cdots+\lambda_{n-r}\boldsymbol{\eta}_{n-r},$$

其中常数 $\lambda_0$，$\lambda_1$，…，$\lambda_{n-r}$ 满足 $\lambda_0+\lambda_1+\cdots+\lambda_{n-r}=1$.

**证明** (1)设有一组数 $k$，$k_1$，…，$k_{n-r}$ 使 $k\boldsymbol{\eta}_0+k_1\boldsymbol{\eta}_1+\cdots+k_{n-r}\boldsymbol{\eta}_{n-r}=\boldsymbol{0}$，即

$$k\boldsymbol{\eta}_0+k_1(\boldsymbol{\eta}_0+\boldsymbol{\xi}_1)+\cdots+k_{n-r}(\boldsymbol{\eta}_0+\boldsymbol{\xi}_{n-r})=\boldsymbol{0},$$

$$(k+k_1+\cdots+k_{n-r})\boldsymbol{\eta}_0+k_1\boldsymbol{\xi}_1+\cdots+k_{n-r}\boldsymbol{\xi}_{n-r}=\boldsymbol{0},$$

则

$$\boldsymbol{A}[(k+k_1+\cdots+k_{n-r})\boldsymbol{\eta}_0+k_1\boldsymbol{\xi}_1+\cdots+k_{n-r}\boldsymbol{\xi}_{n-r}]=\boldsymbol{0},$$

由于 $\boldsymbol{\eta}_0$ 是 $\boldsymbol{A}\boldsymbol{x}=\boldsymbol{b}$ 的解，而 $\boldsymbol{\xi}_1$，$\boldsymbol{\xi}_2$，…，$\boldsymbol{\xi}_{n-r}$ 是 $\boldsymbol{A}\boldsymbol{x}=\boldsymbol{0}$ 的基础解系，故有

$$(k+k_1+\cdots+k_{n-r})\boldsymbol{b}=\boldsymbol{0}.$$

由于 $\boldsymbol{b}\neq\boldsymbol{0}$，所以 $k+k_1+\cdots+k_{n-r}=0$. 于是 $k_1\boldsymbol{\xi}_1+\cdots+k_{n-r}\boldsymbol{\xi}_{n-r}=\boldsymbol{0}$，由 $\boldsymbol{\xi}_1$，$\boldsymbol{\xi}_2$，…，$\boldsymbol{\xi}_{n-r}$ 线性无关知 $k_1=\cdots=k_{n-r}=0$. 从而 $k=0$，即有 $k=k_1=\cdots=k_{n-r}=0$，所以 $\boldsymbol{\eta}_0$，$\boldsymbol{\eta}_1$，…，$\boldsymbol{\eta}_{n-r}$ 线性无关.

（2）$\boldsymbol{A}\boldsymbol{x}=\boldsymbol{b}$ 的任意解可表示为

$$\begin{aligned}\boldsymbol{x}&=\boldsymbol{\eta}_0+l_1\boldsymbol{\xi}_1+\cdots+l_{n-r}\boldsymbol{\xi}_{n-r}\\&=(1-l_1-\cdots-l_{n-r})\boldsymbol{\eta}_0+l_1(\boldsymbol{\eta}_0+\boldsymbol{\xi}_1)+\cdots+l_{n-r}(\boldsymbol{\eta}_0+\boldsymbol{\xi}_{n-r}).\end{aligned}$$

令 $\lambda_0=1-l_1-\cdots-l_{n-r}$，$\lambda_1=k_1$，…，$\lambda_{n-r}=l_{n-r}$，则

$$\boldsymbol{x}=\lambda_0\boldsymbol{\eta}_0+\lambda_1\boldsymbol{\eta}_1+\cdots+\lambda_{n-r}\boldsymbol{\eta}_{n-r}.$$

其中常数 $\lambda_0$，$\lambda_1$，…，$\lambda_{n-r}$ 满足 $\lambda_0+\lambda_1+\cdots+\lambda_{n-r}=1$.

**例 21** 设 $\boldsymbol{\beta}_1$，$\boldsymbol{\beta}_2$，$\boldsymbol{\beta}_3$，$\boldsymbol{\beta}_4$ 为四元非齐次线性方程组 $\boldsymbol{A}\boldsymbol{x}=\boldsymbol{b}$ 的解，且 $r(\boldsymbol{A})=2$，$\boldsymbol{\beta}_1+$

$\boldsymbol{\beta}_2=(1,0,-1,3)^{\mathrm{T}}$，$\boldsymbol{\beta}_2+\boldsymbol{\beta}_3=(1,1,0,-1)^{\mathrm{T}}$，$2\boldsymbol{\beta}_3-\boldsymbol{\beta}_4=(1,1,-1,0)^{\mathrm{T}}$．求 $\boldsymbol{Ax}=\boldsymbol{b}$ 的通解．

**解**　由已知，$\boldsymbol{Ax}=\boldsymbol{b}$ 的导出组 $\boldsymbol{Ax}=\boldsymbol{0}$ 的基础解系中含有 $4-r(\boldsymbol{A})=2$ 个向量．由非齐次线性方程组解的性质，有

$$\boldsymbol{\alpha}_1=\frac{1}{2}\boldsymbol{\beta}_1+\frac{1}{2}\boldsymbol{\beta}_2=\left(\frac{1}{2},0,-\frac{1}{2},\frac{3}{2}\right)^{\mathrm{T}},$$

$$\boldsymbol{\alpha}_2=\frac{1}{2}\boldsymbol{\beta}_2+\frac{1}{2}\boldsymbol{\beta}_3=\left(\frac{1}{2},\frac{1}{2},0,-\frac{1}{2}\right)^{\mathrm{T}},$$

$$\boldsymbol{\alpha}_3=2\boldsymbol{\beta}_3-\boldsymbol{\beta}_4=(1,1,-1,0)^{\mathrm{T}},$$

为 $\boldsymbol{Ax}=\boldsymbol{b}$ 的解，故

$$\boldsymbol{\eta}_1=\boldsymbol{\alpha}_2-\boldsymbol{\alpha}_1=\left(0,\frac{1}{2},\frac{1}{2},-2\right)^{\mathrm{T}},\ \boldsymbol{\eta}_2=\boldsymbol{\alpha}_3-\boldsymbol{\alpha}_1=\left(\frac{1}{2},1,-\frac{1}{2},-\frac{3}{2}\right)^{\mathrm{T}}$$

为导出组 $\boldsymbol{Ax}=\boldsymbol{0}$ 的解．

因为$\boldsymbol{\eta}_1$，$\boldsymbol{\eta}_2$线性无关，所以$\boldsymbol{\eta}_1$，$\boldsymbol{\eta}_2$可作为 $\boldsymbol{Ax}=\boldsymbol{0}$ 的基础解系．故 $\boldsymbol{Ax}=\boldsymbol{b}$ 的通解为

$$\boldsymbol{x}=k_1\left(0,\frac{1}{2},\frac{1}{2},-2\right)^{\mathrm{T}}+k_2\left(\frac{1}{2},1,-\frac{1}{2},-\frac{3}{2}\right)^{\mathrm{T}}+(1,1,-1,0)^{\mathrm{T}},\ k_1,\ k_2\in\mathbf{R}.$$

**例 22**　已知四阶方阵 $\boldsymbol{A}=(\boldsymbol{\alpha}_1,\boldsymbol{\alpha}_2,\boldsymbol{\alpha}_3,\boldsymbol{\alpha}_4)$，$\boldsymbol{\alpha}_1$，$\boldsymbol{\alpha}_2$，$\boldsymbol{\alpha}_3$，$\boldsymbol{\alpha}_4$均为 4 维列向量，其中$\boldsymbol{\alpha}_2$，$\boldsymbol{\alpha}_3$，$\boldsymbol{\alpha}_4$线性无关，$\boldsymbol{\alpha}_1=2\boldsymbol{\alpha}_2-\boldsymbol{\alpha}_3$．如果 $\boldsymbol{\beta}=\boldsymbol{\alpha}_1+\boldsymbol{\alpha}_2+\boldsymbol{\alpha}_3+\boldsymbol{\alpha}_4$，求线性方程组 $\boldsymbol{Ax}=\boldsymbol{\beta}$ 的通解．

**解**　方法一：由$\boldsymbol{\alpha}_2$，$\boldsymbol{\alpha}_3$，$\boldsymbol{\alpha}_4$线性无关及$\boldsymbol{\alpha}_1=2\boldsymbol{\alpha}_2-\boldsymbol{\alpha}_3$知 $r(\boldsymbol{A})=3$，因此齐次线性方程组 $\boldsymbol{Ax}=\boldsymbol{0}$ 的基础解系只含 1 个向量．由$\boldsymbol{\alpha}_1=2\boldsymbol{\alpha}_2-\boldsymbol{\alpha}_3$ 知 $\boldsymbol{\alpha}_1-2\boldsymbol{\alpha}_2+\boldsymbol{\alpha}_3=0$，所以 $(1,-2,1,0)^{\mathrm{T}}$是 $\boldsymbol{Ax}=\boldsymbol{0}$ 的一个解，可作为 $\boldsymbol{Ax}=\boldsymbol{0}$ 的基础解系．另外，由 $\boldsymbol{\beta}=\boldsymbol{\alpha}_1+\boldsymbol{\alpha}_2+\boldsymbol{\alpha}_3+\boldsymbol{\alpha}_4$知$(1,1,1,1)^{\mathrm{T}}$是 $\boldsymbol{Ax}=\boldsymbol{\beta}$ 的一个特解．于是 $\boldsymbol{Ax}=\boldsymbol{\beta}$ 的通解为 $c(1,-2,1,0)^{\mathrm{T}}+(1,1,1,1)^{\mathrm{T}}(c\in\mathbf{R})$．

方法二：设 $\boldsymbol{x}=(x_1,x_2,x_3,x_4)^{\mathrm{T}}$，则 $\boldsymbol{Ax}=\boldsymbol{\beta}$ 可写成向量形式：

$$x_1\boldsymbol{\alpha}_1+x_2\boldsymbol{\alpha}_2+x_3\boldsymbol{\alpha}_3+x_4\boldsymbol{\alpha}_4=\boldsymbol{\beta}.$$

根据已知条件，有

$$x_1(2\boldsymbol{\alpha}_2-\boldsymbol{\alpha}_3)+x_2\boldsymbol{\alpha}_2+x_3\boldsymbol{\alpha}_3+x_4\boldsymbol{\alpha}_4=\boldsymbol{\alpha}_1+\boldsymbol{\alpha}_2+\boldsymbol{\alpha}_3+\boldsymbol{\alpha}_4=3\boldsymbol{\alpha}_2+\boldsymbol{\alpha}_4,$$

整理得

$$(2x_1+x_2-3)\boldsymbol{\alpha}_2+(-x_1+x_3)\boldsymbol{\alpha}_3+(x_4-1)\boldsymbol{\alpha}_4=\boldsymbol{0}.$$

由$\boldsymbol{\alpha}_2$，$\boldsymbol{\alpha}_3$，$\boldsymbol{\alpha}_4$线性无关，得非齐次线性方程组

$$\begin{cases}2x_1+x_2-3=0,\\-x_1+x_3=0,\\x_4-1=0.\end{cases}$$

该方程组通解为 $c(1,-2,1,0)^{\mathrm{T}}+(1,1,1,1)^{\mathrm{T}}(c\in\mathbf{R})$，即为 $\boldsymbol{Ax}=\boldsymbol{\beta}$ 的通解．

**例 23** 设有线性方程组

$$(\text{Ⅰ})\begin{cases}x_1+x_2=0,\\ x_2-x_4=0,\end{cases}\qquad (\text{Ⅱ})\begin{cases}x_1-x_2+x_3=0,\\ x_2-x_3+x_4=0.\end{cases}$$

(1) 分别求方程组(Ⅰ)和(Ⅱ)的基础解系；

(2) 求方程组(Ⅰ)和(Ⅱ)的公共解.

**解** (1)分别记方程组(Ⅰ)和(Ⅱ)的系数矩阵为

$$\boldsymbol{A}=\begin{bmatrix}1&1&0&0\\0&1&0&-1\end{bmatrix},\quad \boldsymbol{B}=\begin{bmatrix}1&-1&1&0\\0&1&-1&1\end{bmatrix}.$$

对 $\boldsymbol{A}$ 作初等行变换，可得方程组(Ⅰ)的基础解系为

$$\boldsymbol{\xi}_1=(0,\ 0,\ 1,\ 0)^{\mathrm{T}},\ \boldsymbol{\xi}_2=(-1,\ 1,\ 0,\ 1)^{\mathrm{T}};$$

对 $\boldsymbol{B}$ 作初等行变换，可得方程组(Ⅱ)的基础解系为

$$\boldsymbol{\eta}_1=(0,\ 1,\ 1,\ 0)^{\mathrm{T}},\ \boldsymbol{\eta}_2=(-1,\ -1,\ 0,\ 1)^{\mathrm{T}}.$$

(2) 方法一：联立(Ⅰ)(Ⅱ)得方程组 $\begin{bmatrix}\boldsymbol{A}\\\boldsymbol{B}\end{bmatrix}\boldsymbol{x}=\boldsymbol{0}$，对系数矩阵作初等行变换，

$$\begin{bmatrix}\boldsymbol{A}\\\boldsymbol{B}\end{bmatrix}=\begin{bmatrix}1&1&0&0\\0&1&0&-1\\1&-1&1&0\\0&1&-1&1\end{bmatrix}\to\cdots\to\begin{bmatrix}1&0&0&1\\0&1&0&-1\\0&0&1&-2\\0&0&0&0\end{bmatrix},$$

可得其通解，即方程组(Ⅰ)和(Ⅱ)的公共解为 $k(-1,\ 1,\ 2,\ 1)^{\mathrm{T}}$，$k\in\mathbf{R}$.

方法二：方程组(Ⅰ)的通解为 $k_1\boldsymbol{\xi}_1+k_2\boldsymbol{\xi}_2=(-k_2,\ k_2,\ k_1,\ k_2)^{\mathrm{T}}$，$k_1$，$k_2\in\mathbf{R}$，代入方程组(Ⅱ)，有

$$\begin{cases}-k_2-k_2+k_1=0,\\ k_2-k_1+k_2=0.\end{cases}$$

解得 $k_1=2k_2$，故方程组(Ⅰ)和(Ⅱ)的公共解为

$$2k_2\boldsymbol{\xi}_1+k_2\boldsymbol{\xi}_2=(-k_2,\ k_2,\ 2k_2,\ k_2)^{\mathrm{T}}=k(-1,\ 1,\ 2,\ 1)^{\mathrm{T}},\ k\in\mathbf{R}.$$

方法三：设方程组(Ⅰ)和(Ⅱ)的公共解为

$$\boldsymbol{x}=k_1\boldsymbol{\xi}_1+k_2\boldsymbol{\xi}_2=l_1\boldsymbol{\eta}_1+l_2\boldsymbol{\eta}_2,$$

即

$$(-k_2,\ k_2,\ k_1,\ k_2)^{\mathrm{T}}=(-l_2,\ l_1-l_2,\ l_1,\ l_2)^{\mathrm{T}},$$

则有 $-k_2=-l_2$，$k_2=l_1-l_2$，$k_1=l_1$，$k_2=l_2$，解得 $k_1=2k_2$，$l_1=2k_2$，$l_2=k_2$，故方程组(Ⅰ)和(Ⅱ)的公共解为

$$2k_2\boldsymbol{\xi}_1+k_2\boldsymbol{\xi}_2=(-k_2,\ k_2,\ 2k_2,\ k_2)^{\mathrm{T}}=k(-1,\ 1,\ 2,\ 1)^{\mathrm{T}},\ k\in\mathbf{R}.$$

**例 24** 求一个线性方程组，其通解为 $k_1\boldsymbol{\xi}_1+k_2\boldsymbol{\xi}_2+\boldsymbol{\eta}$ ($k_1$，$k_2\in\mathbf{R}$)，其中 $\boldsymbol{\xi}_1=(1,\ 2,\ 3,\ 4)^{\mathrm{T}}$，$\boldsymbol{\xi}_2=(4,\ 3,\ 2,\ 1)^{\mathrm{T}}$，$\boldsymbol{\eta}=(1,\ 2,\ -3,\ 4)^{\mathrm{T}}$.

**解**　方法一：设所求方程组对应的齐次线性方程组为 $\boldsymbol{Ax}=\boldsymbol{0}$. 由已知，$\boldsymbol{\xi}_1$，$\boldsymbol{\xi}_2$ 为其基础解系，所以 $\boldsymbol{A\xi}_1=\boldsymbol{A\xi}_2=\boldsymbol{0}$，则矩阵 $\boldsymbol{A}$ 的行向量 $\boldsymbol{\alpha}^{\mathrm{T}}$ 满足 $\boldsymbol{\alpha}^{\mathrm{T}}\boldsymbol{\xi}_1=\boldsymbol{\alpha}^{\mathrm{T}}\boldsymbol{\xi}_2=\boldsymbol{0}$，或 $\boldsymbol{\xi}_1^{\mathrm{T}}\boldsymbol{\alpha}=\boldsymbol{\xi}_2^{\mathrm{T}}\boldsymbol{\alpha}=\boldsymbol{0}$.

令 $\boldsymbol{B}=\begin{bmatrix}\boldsymbol{\xi}_1^{\mathrm{T}}\\ \boldsymbol{\xi}_2^{\mathrm{T}}\end{bmatrix}=\begin{bmatrix}1&2&3&4\\4&3&2&1\end{bmatrix}$，考虑方程组 $\boldsymbol{Bx}=\boldsymbol{0}$，即

$$\begin{cases}x_1+2x_2+3x_3+4x_4=0,\\4x_1+3x_2+2x_3+x_4=0.\end{cases}$$

对 $\boldsymbol{B}$ 作初等行变换，

$$\boldsymbol{B}=\begin{bmatrix}1&2&3&4\\4&3&2&1\end{bmatrix}\to\begin{bmatrix}1&0&-1&-2\\0&1&2&3\end{bmatrix},$$

得其基础解系为

$$\boldsymbol{\eta}_1=(1,\ -2,\ 1,\ 0)^{\mathrm{T}},\ \boldsymbol{\eta}_2=(2,\ -3,\ 0,\ 1)^{\mathrm{T}}.$$

由于 $R(\boldsymbol{A})=4-2=2$，故可取 $\boldsymbol{A}$ 的行向量为 $\boldsymbol{\eta}_1^{\mathrm{T}}$，$\boldsymbol{\eta}_2^{\mathrm{T}}$，即

$$\boldsymbol{A}=\begin{bmatrix}1&-2&1&0\\2&-3&0&1\end{bmatrix}.$$

于是所求方程组可写为 $\boldsymbol{Ax}=\boldsymbol{b}$.

由于方程组有特解 $(1,\ 2,\ -3,\ 4)^{\mathrm{T}}$，代入 $\boldsymbol{Ax}=\boldsymbol{b}$ 有

$$\boldsymbol{b}=\begin{bmatrix}1&-2&1&0\\2&-3&0&1\end{bmatrix}\begin{bmatrix}1\\2\\-3\\4\end{bmatrix}=\begin{bmatrix}-6\\0\end{bmatrix},$$

于是所求线性方程组为

$$\begin{cases}x_1-2x_2+x_3=-6,\\2x_1-3x_2+x_4=0.\end{cases}$$

方法二：所求方程组通解为 $\boldsymbol{x}=k_1(1,\ 2,\ 3,\ 4)^{\mathrm{T}}+k_2(4,\ 3,\ 2,\ 1)^{\mathrm{T}}+(1,\ 2,\ -3,\ 4)^{\mathrm{T}}$，设 $\boldsymbol{x}=(x_1,\ x_2,\ x_3,\ x_4)^{\mathrm{T}}$，则

$$\begin{cases}x_1=k_1+4k_2+1,\\x_2=2k_1+3k_2+2,\\x_3=3k_1+2k_2-3,\\x_4=4k_1+k_2+4.\end{cases}$$

消去 $k_1$，$k_2$，可得

$$\begin{cases}x_1-x_2=x_2-x_3-6,\\x_2-x_3=x_3-x_4+12,\end{cases}$$

或

$$\begin{cases} x_1-2x_2+x_3=-6, \\ x_2-2x_3+x_4=12, \end{cases}$$

即为所求线性方程组.

注：满足条件的线性方程组不唯一. 比如方法一中，齐次线性方程组 $\boldsymbol{B}\boldsymbol{x}=\boldsymbol{0}$ 的基础解系不唯一，而增加其基础解系的线性组合作为 $\boldsymbol{A}$ 的行向量仍满足要求.

**例 25** 下列集合是否构成向量空间？如果是向量空间，求出它的基及维数.

(1) $V_1=\{x=(x_1, x_2, \cdots, x_n)^{\mathrm{T}} \mid x_1+x_2+\cdots+x_n=0, x_1, x_2, \cdots, x_n\in\mathbf{R}\}$;

(2) $V_2=\{x=(x_1, x_2, \cdots, x_n)^{\mathrm{T}} \mid x_1+x_2+\cdots+x_n=1, x_1, x_2, \cdots, x_n\in\mathbf{R}\}$;

(3) $V_3=\{(x_1, 2x_2, -3x_1)^{\mathrm{T}} \mid x_1, x_2\in\mathbf{R}\}$.

**解** (1)方法一：利用定义. 显然 $\boldsymbol{0}\in V_1$，故 $V_1$ 非空. 对任意 $\boldsymbol{\alpha}=(c_1, c_2, \cdots, c_n)^{\mathrm{T}}\in V_1$，$\boldsymbol{\beta}=(d_1, d_2, \cdots, d_n)^{\mathrm{T}}\in V_1$，$k\in\mathbf{R}$，有

$$\boldsymbol{\alpha}+\boldsymbol{\beta}=(c_1+d_1, c_2+d_2, \cdots, c_n+d_n)^{\mathrm{T}}\in V_1,$$

$$k\boldsymbol{\alpha}=(kc_1, kc_2, \cdots, kc_n)^{\mathrm{T}}\in V_1,$$

即 $V_1$ 对加法和数乘运算封闭，所以 $V_1$ 是向量空间.

方法二：显然 $V_1$ 是齐次线性方程组 $x_1+x_2+\cdots+x_n=0$ 的解集，故 $V_1$ 是向量空间. 取齐次线性方程组的基础解系

$\boldsymbol{\xi}_1=(-1, 1, 0, \cdots, 0)^{\mathrm{T}}$，$\boldsymbol{\xi}_2=(-1, 0, 1, \cdots, 0)^{\mathrm{T}}$，$\cdots$，$\boldsymbol{\xi}_{n-1}=(-1, 0, 0, \cdots, 1)^{\mathrm{T}}$，

则 $\boldsymbol{\xi}_1, \boldsymbol{\xi}_2, \cdots, \boldsymbol{\xi}_{n-1}$ 为 $V_1$ 的基，且 $V_1$ 的维数为 $n-1$.

(2) 取 $\boldsymbol{\alpha}=(1, 0, \cdots, 0)^{\mathrm{T}}\in V_2$，有 $2\boldsymbol{\alpha}=(2, 0, \cdots, 0)^{\mathrm{T}}\notin V_2$，故 $V_2$ 对数乘运算不封闭，所以 $V_2$ 不是向量空间.

(3) $V_3$ 中任一向量可写成

$$\boldsymbol{x}=(x_1, 2x_2, -3x_1)^{\mathrm{T}}=x_1(1, 0, -3)^{\mathrm{T}}+x_2(0, 2, 0)^{\mathrm{T}},$$

故 $V_3=span\{\boldsymbol{\alpha}_1, \boldsymbol{\alpha}_2\}$，其中 $\boldsymbol{\alpha}_1=(1, 0, -3)^{\mathrm{T}}$，$\boldsymbol{\alpha}_2=(0, 2, 0)^{\mathrm{T}}$，所以 $V_3$ 是向量空间. 由于 $\boldsymbol{\alpha}_1, \boldsymbol{\alpha}_2$ 线性无关，故 $\boldsymbol{\alpha}_1, \boldsymbol{\alpha}_2$ 是 $V_3$ 的一个基，且 $V_3$ 的维数为 2.

**例 26** 已知 $\mathbf{R}^3$ 的两组基：

$$(\mathrm{I})\boldsymbol{\varepsilon}_1=\begin{bmatrix}1\\1\\1\end{bmatrix}, \boldsymbol{\varepsilon}_2=\begin{bmatrix}1\\0\\-1\end{bmatrix}, \boldsymbol{\varepsilon}_3=\begin{bmatrix}1\\0\\1\end{bmatrix}, (\mathrm{II})\boldsymbol{\eta}_1=\begin{bmatrix}1\\2\\1\end{bmatrix}, \boldsymbol{\eta}_2=\begin{bmatrix}2\\3\\4\end{bmatrix}, \boldsymbol{\eta}_3=\begin{bmatrix}3\\4\\3\end{bmatrix}.$$

(1) 求基(Ⅰ)到基(Ⅱ)的过渡矩阵 $\boldsymbol{P}$;

(2) 求向量 $\boldsymbol{\alpha}=(5, 1, 3)^{\mathrm{T}}$ 在基(Ⅰ)下的坐标；

(3) 利用(2)的结果和坐标变换公式求 $\boldsymbol{\alpha}$ 在基(Ⅱ)下的坐标.

**解** (1)令 $\boldsymbol{A}=(\boldsymbol{\varepsilon}_1, \boldsymbol{\varepsilon}_2, \boldsymbol{\varepsilon}_3)$，$\boldsymbol{B}=(\boldsymbol{\eta}_1, \boldsymbol{\eta}_2, \boldsymbol{\eta}_3)$，则 $\boldsymbol{B}=\boldsymbol{A}\boldsymbol{P}$.

$$(\boldsymbol{A},\boldsymbol{B})=\begin{bmatrix}1&1&1&1&2&3\\1&0&0&2&3&4\\1&-1&1&1&4&3\end{bmatrix}\to\begin{bmatrix}1&1&1&1&2&3\\0&-1&-1&1&1&1\\0&-2&0&0&2&0\end{bmatrix}$$

$$\to\begin{bmatrix}1&1&1&1&2&3\\0&1&1&-1&-1&-1\\0&0&1&-1&0&-1\end{bmatrix}\to\begin{bmatrix}1&0&0&2&3&4\\0&1&0&0&-1&0\\0&0&1&-1&0&-1\end{bmatrix}$$

所以 $\boldsymbol{P}=\boldsymbol{A}^{-1}\boldsymbol{B}=\begin{bmatrix}2&3&4\\0&-1&0\\-1&0&-1\end{bmatrix}$.

(2) 设向量 $\boldsymbol{\alpha}=(5,1,3)^{\mathrm{T}}$ 在基(Ⅰ)下的坐标为 $\boldsymbol{x}=(x_1,x_2,x_3)^{\mathrm{T}}$，则

$$\boldsymbol{\alpha}=(\boldsymbol{\varepsilon}_1,\boldsymbol{\varepsilon}_2,\boldsymbol{\varepsilon}_3)\boldsymbol{x}=\boldsymbol{A}\boldsymbol{x}.$$

$$(\boldsymbol{A},\boldsymbol{\alpha})=\begin{bmatrix}1&1&1&5\\1&0&0&1\\1&-1&1&3\end{bmatrix}\to\begin{bmatrix}1&0&0&1\\0&1&0&1\\0&0&1&3\end{bmatrix},$$

解得 $\boldsymbol{x}=(1,1,3)^{\mathrm{T}}$，即 $\boldsymbol{\alpha}$ 在基(Ⅰ)下的坐标为 $\boldsymbol{x}=(1,1,3)^{\mathrm{T}}$.

(3) 设 $\boldsymbol{\alpha}$ 在基(Ⅱ)下的坐标为 $\boldsymbol{y}=(y_1,y_2,y_3)^{\mathrm{T}}$，由坐标变换公式，有 $\boldsymbol{x}=\boldsymbol{P}\boldsymbol{y}$，即

$$\begin{bmatrix}2&3&4\\0&-1&0\\-1&0&-1\end{bmatrix}\begin{bmatrix}y_1\\y_2\\y_3\end{bmatrix}=\begin{bmatrix}1\\1\\3\end{bmatrix},$$

解得 $\boldsymbol{y}=(-8,-1,5)^{\mathrm{T}}$，即 $\boldsymbol{\alpha}$ 在基(Ⅱ)下的坐标为 $(-8,-1,5)^{\mathrm{T}}$.

## 五、练习题精选

1. 设 $\boldsymbol{\alpha}_i=(1,\lambda_i,\lambda_i^2,\cdots,\lambda_i^{n-1})^{\mathrm{T}}$，$i=1,2,\cdots,r$，其中 $\lambda_1,\lambda_2,\cdots,\lambda_r$ 是互不相同的 $r$ 个数，则向量组 $\boldsymbol{\alpha}_1,\boldsymbol{\alpha}_2,\cdots,\boldsymbol{\alpha}_r$ 当 $r>n$ 时，线性________；当 $r=n$ 时，线性________；当 $r<n$ 时，线性________.

2. 已知向量组 $\boldsymbol{\alpha}_1,\boldsymbol{\alpha}_2,\boldsymbol{\alpha}_3$ 的秩为 3，向量组 $\boldsymbol{\alpha}_1,\boldsymbol{\alpha}_2,\boldsymbol{\alpha}_3,\boldsymbol{\alpha}_4$ 的秩为 3，向量组 $\boldsymbol{\alpha}_1,\boldsymbol{\alpha}_2,\boldsymbol{\alpha}_3,\boldsymbol{\alpha}_5$ 的秩为 4，则向量组 $\boldsymbol{\alpha}_1,\boldsymbol{\alpha}_2,\boldsymbol{\alpha}_3,\boldsymbol{\alpha}_5-\boldsymbol{\alpha}_4$ 的秩为________.

3. 设 $\boldsymbol{\alpha}_1,\boldsymbol{\alpha}_2,\boldsymbol{\alpha}_3$ 是 $\mathbf{R}^3$ 的一组基，则由基 $\boldsymbol{\alpha}_1,\frac{1}{2}\boldsymbol{\alpha}_2,\frac{1}{3}\boldsymbol{\alpha}_3$ 到 $\boldsymbol{\alpha}_1+\boldsymbol{\alpha}_2,\boldsymbol{\alpha}_2+\boldsymbol{\alpha}_3,\boldsymbol{\alpha}_3+\boldsymbol{\alpha}_1$ 的过渡矩阵为________.

4. 设向量组 $\boldsymbol{\alpha}_1=(1,2,-1,0)^{\mathrm{T}}$，$\boldsymbol{\alpha}_2=(1,1,0,2)^{\mathrm{T}}$，$\boldsymbol{\alpha}_3=(2,1,1,k)^{\mathrm{T}}$，若由 $\boldsymbol{\alpha}_1,\boldsymbol{\alpha}_2,\boldsymbol{\alpha}_3$ 生成的向量空间的维数是 2，则 $k=$________.

5. 设矩阵 $\boldsymbol{A}=\begin{bmatrix}k&1&1\\1&k&1\\1&1&k\end{bmatrix}$ 与 $\boldsymbol{B}=\begin{bmatrix}1&1&0\\0&-1&1\\1&0&1\end{bmatrix}$ 相抵，则 $k=$________.

6. 设 $\boldsymbol{\alpha}$ 为 3 维列向量，$\boldsymbol{\alpha}^{\mathrm{T}}\boldsymbol{\alpha}=1$，$\boldsymbol{I}$ 为 3 阶单位矩阵，则矩阵 $I-\boldsymbol{\alpha}\boldsymbol{\alpha}^{\mathrm{T}}$ 的秩为________.

7. 设 $\boldsymbol{A}=\begin{bmatrix}1&0&-1\\1&1&-1\\0&1&a^2-1\end{bmatrix}$，$\boldsymbol{b}=\begin{bmatrix}0\\1\\a\end{bmatrix}$，$\boldsymbol{Ax}=\boldsymbol{b}$ 有无穷多解，则 $a=$________.

8. 设矩阵 $\boldsymbol{A}$ 按列分块为 $\boldsymbol{A}=[\boldsymbol{\alpha}_1,\boldsymbol{\alpha}_2,\boldsymbol{\alpha}_3,\boldsymbol{\alpha}_4]$，其中 $\boldsymbol{\alpha}_1$，$\boldsymbol{\alpha}_2$，$\boldsymbol{\alpha}_3$ 线性无关，$\boldsymbol{\alpha}_4=-\boldsymbol{\alpha}_1+2\boldsymbol{\alpha}_2$，又向量 $\boldsymbol{\beta}=\boldsymbol{\alpha}_1+2\boldsymbol{\alpha}_2+4\boldsymbol{\alpha}_3$，则方程组 $\boldsymbol{Ax}=\boldsymbol{\beta}$ 的通解为________.

9. 设 $n$ 维列向量组 $\boldsymbol{\alpha}_1$，$\boldsymbol{\alpha}_2$，…，$\boldsymbol{\alpha}_m(m<n)$ 线性无关，则 $n$ 维列向量组 $\boldsymbol{\beta}_1$，$\boldsymbol{\beta}_2$，…，$\boldsymbol{\beta}_m$ 线性无关的充分必要条件为（　　）.

A. 向量组 $\boldsymbol{\alpha}_1$，$\boldsymbol{\alpha}_2$，…，$\boldsymbol{\alpha}_m$ 可由向量组 $\boldsymbol{\beta}_1$，$\boldsymbol{\beta}_2$，…，$\boldsymbol{\beta}_m$ 线性表示

B. 向量组 $\boldsymbol{\beta}_1$，$\boldsymbol{\beta}_2$，…，$\boldsymbol{\beta}_m$ 可由向量组 $\boldsymbol{\alpha}_1$，$\boldsymbol{\alpha}_2$，…，$\boldsymbol{\alpha}_m$ 线性表示

C. 向量组 $\boldsymbol{\alpha}_1$，$\boldsymbol{\alpha}_2$，…，$\boldsymbol{\alpha}_m$ 与向量组 $\boldsymbol{\beta}_1$，$\boldsymbol{\beta}_2$，…，$\boldsymbol{\beta}_m$ 等价

D. 矩阵 $\boldsymbol{A}=(\boldsymbol{\alpha}_1,\boldsymbol{\alpha}_2,\cdots,\boldsymbol{\alpha}_m)$ 与矩阵 $\boldsymbol{B}=(\boldsymbol{\beta}_1,\boldsymbol{\beta}_2,\cdots,\boldsymbol{\beta}_m)$ 相抵

10. 设 $\boldsymbol{A}$ 为 $n$ 阶矩阵，$r(\boldsymbol{A})=n-3$，且 $\boldsymbol{\alpha}_1$，$\boldsymbol{\alpha}_2$，$\boldsymbol{\alpha}_3$ 是方程组 $\boldsymbol{Ax}=\boldsymbol{0}$ 的三个线性无关的解向量，则 $\boldsymbol{Ax}=\boldsymbol{0}$ 的基础解系为（　　）.

A. $\boldsymbol{\alpha}_2-\boldsymbol{\alpha}_1$，$\boldsymbol{\alpha}_3-\boldsymbol{\alpha}_2$，$\boldsymbol{\alpha}_1-\boldsymbol{\alpha}_3$

B. $\boldsymbol{\alpha}_1+\boldsymbol{\alpha}_2$，$\boldsymbol{\alpha}_2+\boldsymbol{\alpha}_3$，$\boldsymbol{\alpha}_3+\boldsymbol{\alpha}_1$

C. $2\boldsymbol{\alpha}_2-\boldsymbol{\alpha}_1$，$\dfrac{1}{2}\boldsymbol{\alpha}_3-\boldsymbol{\alpha}_2$，$\boldsymbol{\alpha}_1-\boldsymbol{\alpha}_3$

D. $\boldsymbol{\alpha}_1+\boldsymbol{\alpha}_2+\boldsymbol{\alpha}_3$，$\boldsymbol{\alpha}_3-\boldsymbol{\alpha}_2$，$-\boldsymbol{\alpha}_1-2\boldsymbol{\alpha}_3$

11. 设 $\boldsymbol{A}$ 为 $4\times3$ 矩阵，$\boldsymbol{\eta}_1$，$\boldsymbol{\eta}_2$，$\boldsymbol{\eta}_3$ 是非齐次线性方程组 $\boldsymbol{Ax}=\boldsymbol{b}$ 的 3 个线性无关的解，$k_1$，$k_2$，$k_3$ 是任意常数，则 $\boldsymbol{Ax}=\boldsymbol{\beta}$ 的通解为（　　）.

A. $k_1\boldsymbol{\eta}_1+k_2\boldsymbol{\eta}_2+k_3\boldsymbol{\eta}_3$

B. $k_1(\boldsymbol{\eta}_2-\boldsymbol{\eta}_1)+k_2(\boldsymbol{\eta}_3-\boldsymbol{\eta}_1)$

C. $\dfrac{\boldsymbol{\eta}_2+\boldsymbol{\eta}_3}{2}+k_1(\boldsymbol{\eta}_2-\boldsymbol{\eta}_1)+k_2(\boldsymbol{\eta}_3-\boldsymbol{\eta}_1)$

D. $\dfrac{\boldsymbol{\eta}_2-\boldsymbol{\eta}_3}{2}+k_1(\boldsymbol{\eta}_2-\boldsymbol{\eta}_1)+k_2(\boldsymbol{\eta}_3-\boldsymbol{\eta}_1)$

12. 已知直线 $L_1$：$\dfrac{x-a_2}{a_1}=\dfrac{y-b_2}{b_1}=\dfrac{2-c_2}{c_1}$ 与直线 $L_2$：$\dfrac{x-a_3}{a_2}=\dfrac{y-b_3}{b_2}=\dfrac{2-c_3}{c_2}$ 相交于一点，法向量 $\boldsymbol{\alpha}_i=\begin{bmatrix}a_i\\b_i\\c_i\end{bmatrix}$，$i=1,2,3$，则（　　）.

A. $\boldsymbol{\alpha}_1$可由$\boldsymbol{\alpha}_2$，$\boldsymbol{\alpha}_3$线性表示

B. $\boldsymbol{\alpha}_2$可由$\boldsymbol{\alpha}_1$，$\boldsymbol{\alpha}_3$线性表示

C. $\boldsymbol{\alpha}_3$可由$\boldsymbol{\alpha}_1$，$\boldsymbol{\alpha}_2$线性表示

D. $\boldsymbol{\alpha}_1$，$\boldsymbol{\alpha}_2$，$\boldsymbol{\alpha}_3$线性无关

13. 设有向量组$\boldsymbol{\alpha}_1=(a,2,10)^{\mathrm{T}}$，$\boldsymbol{\alpha}_2=(-2,1,5)^{\mathrm{T}}$，$\boldsymbol{\alpha}_3=(-1,1,4)^{\mathrm{T}}$；向量$\boldsymbol{\beta}=(1,b,-1)^{\mathrm{T}}$. 问$a$，$b$取何值时，

（1）向量$\boldsymbol{\beta}$不能由向量组$\boldsymbol{\alpha}_1$，$\boldsymbol{\alpha}_2$，$\boldsymbol{\alpha}_3$线性表出；

（2）$\boldsymbol{\beta}$能由向量组$\boldsymbol{\alpha}_1$，$\boldsymbol{\alpha}_2$，$\boldsymbol{\alpha}_3$线性表出，且表示式唯一，并写出线性表示式；

（3）$\boldsymbol{\beta}$能由向量组$\boldsymbol{\alpha}_1$，$\boldsymbol{\alpha}_2$，$\boldsymbol{\alpha}_3$线性表出，但表示式不唯一，并求出一般表示式.

14. 设$\boldsymbol{A}$为$n$阶方阵，$k$为正整数，$\boldsymbol{\alpha}$为齐次线性方程组$\boldsymbol{A}^k\boldsymbol{x}=\boldsymbol{0}$的解向量，但$\boldsymbol{A}^{k-1}\boldsymbol{x}\neq\boldsymbol{0}$，证明：向量组$\boldsymbol{\alpha}$，$\boldsymbol{A\alpha}$，$\boldsymbol{A}^2\boldsymbol{\alpha}$，…，$\boldsymbol{A}^{k-1}\boldsymbol{\alpha}$线性无关.

15. 设有向量组$\boldsymbol{\alpha}_1=(1,1,1,3)^{\mathrm{T}}$，$\boldsymbol{\alpha}_2=(-1,-3,5,1)^{\mathrm{T}}$，$\boldsymbol{\alpha}_3=(3,2,-1,p+2)^{\mathrm{T}}$，$\boldsymbol{\alpha}_4=(-2,-6,10,p)^{\mathrm{T}}$.

（1）$p$取何值时，向量组$\boldsymbol{\alpha}_1$，$\boldsymbol{\alpha}_2$，$\boldsymbol{\alpha}_3$，$\boldsymbol{\alpha}_4$线性无关？并在此时将$\boldsymbol{\beta}=(4,1,6,10)^{\mathrm{T}}$用$\boldsymbol{\alpha}_1$，$\boldsymbol{\alpha}_2$，$\boldsymbol{\alpha}_3$，$\boldsymbol{\alpha}_4$线性表出；

（2）$p$取何值时，向量组$\boldsymbol{\alpha}_1$，$\boldsymbol{\alpha}_2$，$\boldsymbol{\alpha}_3$，$\boldsymbol{\alpha}_4$线性相关？并在此时求$\boldsymbol{\alpha}_1$，$\boldsymbol{\alpha}_2$，$\boldsymbol{\alpha}_3$，$\boldsymbol{\alpha}_4$的秩及一个极大线性无关组.

16. 设有两个向量组

（Ⅰ）$\boldsymbol{\alpha}_1=(1,0,2)^{\mathrm{T}}$，$\boldsymbol{\alpha}_2=(1,1,3)^{\mathrm{T}}$，$\boldsymbol{\alpha}_3=(1,-1,a+2)^{\mathrm{T}}$；

（Ⅱ）$\boldsymbol{\beta}_1=(1,2,a+3)^{\mathrm{T}}$，$\boldsymbol{\beta}_2=(2,1,a+6)^{\mathrm{T}}$，$\boldsymbol{\beta}_3=(2,2,a+2)^{\mathrm{T}}$.

（1）当$a$为何值时，（Ⅰ）与（Ⅱ）等价？

（2）当$a$为何值时，（Ⅰ）能被（Ⅱ）线性表示，但（Ⅱ）不能被（Ⅰ）线性表示？

17. 设向量组$\boldsymbol{\alpha}_1$，$\boldsymbol{\alpha}_2$，$\boldsymbol{\alpha}_3$是$\mathbf{R}^3$的一个基，$\boldsymbol{\beta}_1=2\boldsymbol{\alpha}_1+2k\boldsymbol{\alpha}_3$，$\boldsymbol{\beta}_2=2\boldsymbol{\alpha}_2$，$\boldsymbol{\beta}_3=\boldsymbol{\alpha}_1+(k+1)\boldsymbol{\alpha}_3$.

（1）证明：向量组$\boldsymbol{\beta}_1$，$\boldsymbol{\beta}_2$，$\boldsymbol{\beta}_3$是$\mathbf{R}^3$的一个基；

（2）讨论当$k$为何值时，存在非零向量$\boldsymbol{\xi}$在基$\boldsymbol{\alpha}_1$，$\boldsymbol{\alpha}_2$，$\boldsymbol{\alpha}_3$与基$\boldsymbol{\beta}_1$，$\boldsymbol{\beta}_2$，$\boldsymbol{\beta}_3$下的坐标相同，并求出所有的$\boldsymbol{\xi}$.

18. 已知线性方程组

$$\begin{cases}ax_1+x_2-x_3+x_4=1,\\x_1+2x_2-x_3+x_4=2,\\x_1+3x_2-2x_3+2x_4=b.\end{cases}$$

讨论参数$a$，$b$取何值时，方程组有解、无解？有解时，求出其通解.

19. 已知方程组$\begin{cases}x_1+x_2+x_3+x_4=-1,\\4x_1+3x_2+5x_3-x_4=-1,\\ax_1+x_2+3x_3+bx_4=1\end{cases}$有3个线性无关的解，

（1）证明该方程组的系数矩阵的秩为 2；

（2）求 $a$，$b$ 的值及该方程组的通解.

20. 设线性方程组

$$\begin{cases} x_1+\lambda x_2+\mu x_3+x_4=0, \\ 2x_1+x_2+x_3+2x_4=0, \\ 3x_1+(2+\lambda)x_2+(4+\mu)x_3+4x_4=1. \end{cases}$$

已知$(1, -1, 1, -1)^T$是该方程组的一个解，试求：

（1）方程组的全部解；

（2）该方程组满足$x_2=x_3$的全部解.

21. 设四元非齐次线性方程组的系数矩阵的秩为 3，已知$\boldsymbol{\eta}_1$，$\boldsymbol{\eta}_2$，$\boldsymbol{\eta}_3$是它的 3 个解向量，且$\boldsymbol{\eta}_1=(2, 3, 4, 5)^T$，$\boldsymbol{\eta}_2+\boldsymbol{\eta}_3=(1, 2, 3, 4)^T$，求该方程组的通解.

22. 设$\boldsymbol{A}^2=\boldsymbol{A}$，且 $0<r(\boldsymbol{A})<n$. 设$\boldsymbol{\xi}_1$，$\boldsymbol{\xi}_2$，…，$\boldsymbol{\xi}_r$为齐次线性方程组 $\boldsymbol{Ax}=\boldsymbol{0}$ 的基础解系，$\boldsymbol{\eta}_1$，$\boldsymbol{\eta}_2$，…，$\boldsymbol{\eta}_s$为齐次线性方程组$(\boldsymbol{I}-\boldsymbol{A})\boldsymbol{x}=\boldsymbol{0}$ 的基础解系. 证明：(1)$r+s=n$；(2)向量组$\boldsymbol{\xi}_1$，$\boldsymbol{\xi}_2$，…，$\boldsymbol{\xi}_r$，$\boldsymbol{\eta}_1$，$\boldsymbol{\eta}_2$，…，$\boldsymbol{\eta}_s$线性无关.

23. 设$\boldsymbol{\alpha}_1$，$\boldsymbol{\alpha}_2$，$\boldsymbol{\alpha}_3$，$\boldsymbol{\alpha}_4$，$\boldsymbol{\beta}$ 都是 4 维列向量，矩阵 $\boldsymbol{A}=[\boldsymbol{\alpha}_1, \boldsymbol{\alpha}_2, \boldsymbol{\alpha}_3, \boldsymbol{\alpha}_4]$，并且方程组 $\boldsymbol{Ax}=\boldsymbol{\beta}$ 的通解为$(-1, 1, 0, 2)^T+k(1, -1, 2, 0)^T$.

（1）问向量 $\boldsymbol{\beta}$ 能否由向量组$\boldsymbol{\alpha}_1$，$\boldsymbol{\alpha}_2$，$\boldsymbol{\alpha}_3$线性表示？

（2）求向量组$\boldsymbol{\alpha}_1$，$\boldsymbol{\alpha}_2$，$\boldsymbol{\alpha}_3$，$\boldsymbol{\alpha}_4$，$\boldsymbol{\beta}$ 的一个极大线性无关组.

24. 已知以下两个齐次线性方程组同解，求 $a$，$b$，$c$ 的值.

（1）$\begin{cases} x_1+2x_2+3x_3=0, \\ 2x_1+3x_2+5x_3=0, \\ x_1+x_2+ax_3=0; \end{cases}$ （2）$\begin{cases} x_1+bx_2+cx_3=0, \\ 2x_1+b^2x_2+(c+1)x_3=0. \end{cases}$

25. 写出一个齐次线性方程组，其基础解系为 $\boldsymbol{\eta}_1=(1, 1, 1, 2)^T$，$\boldsymbol{\eta}_2=(0, 1, 2, -1)^T$.

26. 设 $\boldsymbol{A}=\begin{bmatrix} 1 & 1 & 1 \\ 0 & 1 & 2 \\ 1 & 2 & a \end{bmatrix}$，$\boldsymbol{B}=\begin{bmatrix} -1 & 1 \\ 2 & 0 \\ 1 & b \end{bmatrix}$，问 $a$，$b$ 为何值时，矩阵方程 $\boldsymbol{AX}=\boldsymbol{B}$ 有解，并求出所有的解.

**参考答案：**

1. 相关，无关，相关.

2. 4.

3. $\begin{bmatrix} 0 & 0 & 1 \\ 1 & 0 & 0 \\ 0 & 1 & 0 \end{bmatrix}$.

4. 6.

5. $-2$.

6. $n-1$.

7. 1.

8. $(1, 2, 4, 0)^{T}+k(-1, 2, 0, -1)^{T}$，$k\in\mathbf{R}$.

9. D.

10. B.

11. C.

12. C.

13. 当 $a=0$ 时，$\boldsymbol{\beta}$ 不能由 $\boldsymbol{\alpha}_1$，$\boldsymbol{\alpha}_2$，$\boldsymbol{\alpha}_3$ 线性表示；

当 $a\neq0$，$a\neq b$ 时，$\boldsymbol{\beta}$ 能由 $\boldsymbol{\alpha}_1$，$\boldsymbol{\alpha}_2$，$\boldsymbol{\alpha}_3$ 唯一线性表示，$\boldsymbol{\beta}=\left(1-\frac{1}{a}\right)\boldsymbol{\alpha}_1+\frac{1}{a}\boldsymbol{\alpha}_2$；

当 $a=b=0$ 时，$\boldsymbol{\beta}=\left(1-\frac{1}{a}\right)\boldsymbol{\alpha}_1+\left(\frac{1}{a}+k\right)\boldsymbol{\alpha}_2+k\boldsymbol{\alpha}_3$，$k\in\mathbf{R}$.

14. 略.

15. 当 $p\neq2$ 时，向量组线性无关，$\boldsymbol{\beta}=2\boldsymbol{\alpha}_1+\frac{3p-4}{p-2}\boldsymbol{\alpha}_2+\boldsymbol{\alpha}_3+\frac{1-p}{p-2}\boldsymbol{\alpha}_4$；

当 $p=2$ 时，向量组线性相关，秩为 3，$\boldsymbol{\alpha}_1$，$\boldsymbol{\alpha}_2$，$\boldsymbol{\alpha}_3$ 是一个极大线性无关组.

16. 当 $a\neq-1$ 且 $a\neq-12$ 时，向量组(Ⅰ)与(Ⅱ)等价；

当 $a=-1$ 时，向量组(Ⅰ)能被向量组(Ⅱ)线性表出，但向量组(Ⅱ)不能被向量组(Ⅰ)线性表出.

17. (1)略.

(2) $\boldsymbol{\xi}=c\boldsymbol{\alpha}_1-c\boldsymbol{\alpha}_3$，其中 $c$ 为非零实数.

18. 当 $a\neq0$ 时，方程组有无穷多解，方程组的通解为 $k(0, 0, 1, 1)^{T}+\left(\frac{3-b}{a}, \frac{b-ab+4a-3}{a}, \frac{(1-2a)(b-3)}{a}, 0\right)$，$k\in\mathbf{R}$.

当 $a=0$，$b\neq3$ 时，方程组无解.

当 $a=0$，$b=3$ 时，方程组有无穷多解. 方程组的通解为 $k_1(-1, 1, 1, 0)^{T}+k_2(1, -1, 0, 1)^{T}+(0, 1, 0, 0)^{T}$，$k_1$，$k_2\in\mathbf{R}$.

19. $a=2$，$b=-3$，通解为 $(2, -3, 0, 0)^{T}+k_1(-2, 1, 1, 0)^{T}+k_2(4, -5, 0, 1)^{T}$，$k_1$，$k_2\in\mathbf{R}$.

20. (1)$k(-2, 1, -1, 2)^{T}+\left(0, -\frac{1}{2}, \frac{1}{2}, 0\right)^{T}$，$k\in\mathbf{R}$；

(2)$(-1, 0, 0, 1)^{T}$.

21. $\boldsymbol{x}=\boldsymbol{\eta}_1+k(2\boldsymbol{\eta}_1-\boldsymbol{\eta}_2-\boldsymbol{\eta}_3)=k\begin{bmatrix}3\\4\\5\\6\end{bmatrix}+\begin{bmatrix}2\\3\\4\\5\end{bmatrix}$，$k\in\mathbf{R}$.

22. 略.

23. (1)不能；

(2)$\boldsymbol{\alpha}_1$，$\boldsymbol{\alpha}_2$，$\boldsymbol{\alpha}_4$.

24. $a=2$，$b=1$，$c=0$.

25. $\begin{cases}x_1-2x_2+x_3=0,\\3x_1-x_2-x_4=0.\end{cases}$

26. 当$a\neq3$时，有唯一解$\boldsymbol{B}=\begin{bmatrix}-3 & \dfrac{a+b-4}{a-3}\\ 2 & \dfrac{2-2b}{a-3}\\ 0 & \dfrac{b-1}{a-3}\end{bmatrix}$；

当$a=3$，$b=1$时，有无穷多解，$\boldsymbol{X}=\begin{bmatrix}-3 & 1\\2 & 0\\0 & 0\end{bmatrix}+\begin{bmatrix}1\\-2\\1\end{bmatrix}(k_1,\ k_2)$，$k_1$，$k_2\in\mathbf{R}$.

# 第五章 线性空间与线性变换

## 一、重点、难点及学习要求

### （一）重点

线性空间的定义，线性空间的基和维数，向量在基下的坐标，基变换和坐标变换公式；线性变换的定义和性质，线性变换在某组基下的矩阵，线性变换在不同基下的矩阵之间的关系.

### （二）难点

线性空间的定义，线性变换的定义，线性变换在某组基下的矩阵，线性变换在不同基下的矩阵之间的关系.

### （三）学习要求

1. 理解线性空间的概念，会验证某集合上引入加法和数乘运算后为线性空间.
2. 理解线性空间的基和维数的概念，会求线性空间的基和维数.
3. 会求线性空间中的元素在基下的坐标.
4. 理解基变换和坐标变换公式，会求过渡矩阵，能利用元素在一组基下的坐标以及两组基之间的过渡矩阵求出元素在另一组基的坐标.
5. 理解线性空间同构的概念和条件.
6. 理解线性变换的概念和性质，会验证线性空间上的映射是否为线性变换.
7. 会求线性空间上的线性变换在某组基下的矩阵，能利用元素在某组基下的坐标及线性变换在该基下的矩阵，求元素在线性变换下的像在该基下的坐标.
8. 会利用两组基之间的过渡矩阵以及线性变换在其中一组基下的矩阵，求出线性变换在另一组基下的矩阵.
9. 理解线性变换的运算，理解线性变换的值域与核的概念.

## 二、知识结构网络图

- 线性空间
  - 线性空间的定义
  - 线性空间的基和维数，基变换公式
  - 线性空间中元素的坐标，坐标变换公式
  - 子空间
  - 线性空间的同构
- 线性变换
  - 线性变换的概念和基本性质
  - 线性变换的运算
  - 线性变换的值域与核
  - 线性变换在基下的矩阵
  - 元素在线性变换下的像的坐标公式
  - 线性变换在两组基下的矩阵变换公式

## 三、基本内容与重要结论

1. 线性空间.

设 $V$ 是一个非空集合，$F$ 是一个数域，如果对于 $V$ 中任意两个元素 $\boldsymbol{\alpha}$，$\boldsymbol{\beta}$，都有 $V$ 中的唯一元素与之对应，则称其为 $\boldsymbol{\alpha}$ 与 $\boldsymbol{\beta}$ 的和，记为 $\boldsymbol{\alpha}+\boldsymbol{\beta}$；如果对于 $F$ 中每个数 $k$ 和 $V$ 中每个元素 $\boldsymbol{\alpha}$，都有 $V$ 中的唯一元素与之对应，则称其为 $k$ 与 $\boldsymbol{\alpha}$ 的数量乘积，记为 $k\boldsymbol{\alpha}$. 这两种运算满足以下八条运算规律（其中 $\boldsymbol{\alpha}$，$\boldsymbol{\beta}$，$\boldsymbol{\gamma}$ 是 $V$ 中任意元素，$k$，$l$ 是 $F$ 中任意数）：

(1) $\boldsymbol{\alpha}+\boldsymbol{\beta}=\boldsymbol{\beta}+\boldsymbol{\alpha}$；

(2) $(\boldsymbol{\alpha}+\boldsymbol{\beta})+\boldsymbol{\gamma}=\boldsymbol{\alpha}+(\boldsymbol{\beta}+\boldsymbol{\gamma})$；

(3) 在 $V$ 中存在零元素 $\mathbf{0}$，使得 $\forall\boldsymbol{\alpha}\in V$，都有 $\boldsymbol{\alpha}+\mathbf{0}=\boldsymbol{\alpha}$；

(4) 对每个 $\boldsymbol{\alpha}\in V$，都有一个负元素 $-\boldsymbol{\alpha}\in V$，使 $\boldsymbol{\alpha}+(-\boldsymbol{\alpha})=\mathbf{0}$；

(5) 数域 $F$ 中有单位元 1，使得 $1\boldsymbol{\alpha}=\boldsymbol{\alpha}$；

(6) $k(l\boldsymbol{\alpha})=(kl)\boldsymbol{\alpha}$；

(7) $k(\boldsymbol{\alpha}+\boldsymbol{\beta})=k\boldsymbol{\alpha}+k\boldsymbol{\beta}$；

(8) $(k+l)\boldsymbol{\alpha}=k\boldsymbol{\alpha}+l\boldsymbol{\alpha}$.

则称 $V$ 是数域 $F$ 上的线性空间（或向量空间）. 凡是满足上述八条规律的加法和数乘运算，就称为线性运算.

子空间：设 $V$ 是线性空间，$L$ 是 $V$ 的一个非空子集，如果 $L$ 对 $V$ 中所定义的加法和数乘这两种运算也构成一个线性空间，则称 $L$ 是 $V$ 的子空间.

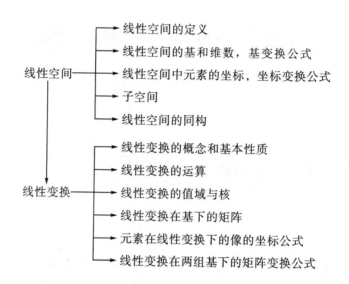

2. 维数、基、坐标.

在线性空间 $V$ 中，如果存在 $n$ 个元素$\boldsymbol{\alpha}_1$，$\boldsymbol{\alpha}_2$，…，$\boldsymbol{\alpha}_n$线性无关，而任意 $n+1$ 个元素线性相关，则称线性空间 $V$ 是 $n$ 维的，而$\boldsymbol{\alpha}_1$，$\boldsymbol{\alpha}_2$，…，$\boldsymbol{\alpha}_n$称为 $V$ 的一组基. 零子空间没有基，其维数为 0.

$\boldsymbol{\alpha}_1$，$\boldsymbol{\alpha}_2$，…，$\boldsymbol{\alpha}_n$是 $V$ 的一组基，当且仅当其满足：

(1) $\boldsymbol{\alpha}_1$，$\boldsymbol{\alpha}_2$，…，$\boldsymbol{\alpha}_n$线性无关；

(2) $V$ 中任一元素 $\boldsymbol{\alpha}$ 都可由$\boldsymbol{\alpha}_1$，$\boldsymbol{\alpha}_2$，…，$\boldsymbol{\alpha}_n$线性表示.

坐标：设$\boldsymbol{\alpha}_1$，$\boldsymbol{\alpha}_2$，…，$\boldsymbol{\alpha}_n$是 $V$ 的一组基，对于任一元素 $\boldsymbol{\alpha}\in V$，总有唯一一组数$x_1$，$x_2$，…，$x_n$使$\boldsymbol{\alpha}=x_1\boldsymbol{\alpha}_1+x_2\boldsymbol{\alpha}_2+\cdots+x_n\boldsymbol{\alpha}_n$，称这组数为 $\boldsymbol{\alpha}$ 在基$\boldsymbol{\alpha}_1$，$\boldsymbol{\alpha}_2$，…，$\boldsymbol{\alpha}_n$下的坐标，记为 $\boldsymbol{x}=(x_1, x_2, \cdots, x_n)^{\mathrm{T}}$.

3. 基变换与坐标变换.

若$\boldsymbol{\varepsilon}_1$，$\boldsymbol{\varepsilon}_2$，…，$\boldsymbol{\varepsilon}_n$及$\boldsymbol{\eta}_1$，$\boldsymbol{\eta}_2$，…，$\boldsymbol{\eta}_n$是线性空间 $V$ 的两组基，且满足

$$(\boldsymbol{\eta}_1,\boldsymbol{\eta}_2,\cdots,\boldsymbol{\eta}_n)=(\boldsymbol{\varepsilon}_1,\boldsymbol{\varepsilon}_2,\cdots,\boldsymbol{\varepsilon}_n)\begin{bmatrix} a_{11} & a_{12} & \cdots & a_{1n} \\ a_{21} & a_{22} & \cdots & a_{2n} \\ \vdots & \vdots & & \vdots \\ a_{n1} & a_{n2} & \cdots & a_{nn} \end{bmatrix}$$

或
$$(\boldsymbol{\eta}_1, \boldsymbol{\eta}_2, \cdots, \boldsymbol{\eta}_n)=(\boldsymbol{\varepsilon}_1, \boldsymbol{\varepsilon}_2, \cdots, \boldsymbol{\varepsilon}_n)\boldsymbol{A},$$
则称上式为基变换公式，矩阵 $\boldsymbol{A}$ 称为由基$\boldsymbol{\varepsilon}_1$，$\boldsymbol{\varepsilon}_2$，…，$\boldsymbol{\varepsilon}_n$到基$\boldsymbol{\eta}_1$，$\boldsymbol{\eta}_2$，…，$\boldsymbol{\eta}_n$的过渡矩阵.

坐标变换公式：设 $V$ 中元素 $\boldsymbol{\alpha}$ 在$\boldsymbol{\varepsilon}_1$，$\boldsymbol{\varepsilon}_2$，…，$\boldsymbol{\varepsilon}_n$下的坐标为 $\boldsymbol{x}=(x_1, x_2, \cdots, x_n)^{\mathrm{T}}$，在$\boldsymbol{\eta}_1$，$\boldsymbol{\eta}_2$，…，$\boldsymbol{\eta}_n$下的坐标为 $\boldsymbol{y}=(y_1, y_2, \cdots, y_n)^{\mathrm{T}}$，如果两组基满足$(\boldsymbol{\eta}_1, \boldsymbol{\eta}_2, \cdots, \boldsymbol{\eta}_n)=(\boldsymbol{\varepsilon}_1, \boldsymbol{\varepsilon}_2, \cdots, \boldsymbol{\varepsilon}_n)\boldsymbol{A}$，则有 $\boldsymbol{x}=\boldsymbol{A}\boldsymbol{y}$ 或 $\boldsymbol{y}=\boldsymbol{A}^{-1}\boldsymbol{x}$.

4. 线性变换.

设 $V$ 是数域 $F$ 上的线性空间，$T$ 是 $V$ 的一个变换. 如果满足条件：

(1) $\forall \boldsymbol{\alpha}, \boldsymbol{\beta}\in V$，$T(\boldsymbol{\alpha}+\boldsymbol{\beta})=T(\boldsymbol{\alpha})+T(\boldsymbol{\beta})$；

(2) $\forall k\in F$，$\boldsymbol{\alpha}\in V$，$T(k\boldsymbol{\alpha})=kT(\boldsymbol{\alpha})$，

则称 $T$ 是 $V$ 上的线性变换.

线性变换即为 $V$ 到 $V$ 的保持向量线性运算（加法和数乘运算）的一个映射.

线性变换的性质：

(1) $T(\boldsymbol{0})=\boldsymbol{0}$，$T(-\boldsymbol{\alpha})=-T(\boldsymbol{\alpha})$；

(2) $T(k_1\boldsymbol{\alpha}_1+k_2\boldsymbol{\alpha}_2+\cdots+k_n\boldsymbol{\alpha}_n)=k_1T(\boldsymbol{\alpha}_1)+k_2T(\boldsymbol{\alpha}_2)+\cdots+k_nT(\boldsymbol{\alpha}_n)$；

(3) 线性变换将线性相关的向量组映成线性相关的向量组；

(4) 线性变换 $T$ 的像集 $T(V)$ 是一个线性空间，称为线性变换的像空间；

(5) 使 $T\boldsymbol{\alpha}=\boldsymbol{0}$ 的全体 $\boldsymbol{\alpha}$ 形成一个线性空间，称为线性变换 $T$ 的核.

5. 线性变换的矩阵.

设 $T$ 是线性空间 $V$ 上的线性变换，在 $V$ 中取定一个基 $\boldsymbol{\alpha}_1$，$\boldsymbol{\alpha}_2$，…，$\boldsymbol{\alpha}_n$，如果这个基在变换 $T$ 下的像 $T(\boldsymbol{\alpha}_1)$，$T(\boldsymbol{\alpha}_2)$，…，$T(\boldsymbol{\alpha}_n)$用这组基线性表示为

$$\begin{cases} T(\boldsymbol{\alpha}_1)=a_{11}\boldsymbol{\alpha}_1+a_{21}\boldsymbol{\alpha}_2+\cdots+a_{n1}\boldsymbol{\alpha}_n, \\ T(\boldsymbol{\alpha}_2)=a_{12}\boldsymbol{\alpha}_1+a_{22}\boldsymbol{\alpha}_2+\cdots+a_{n2}\boldsymbol{\alpha}_n, \\ \qquad\vdots \\ T(\boldsymbol{\alpha}_n)=a_{1n}\boldsymbol{\alpha}_1+a_{2n}\boldsymbol{\alpha}_2+\cdots+a_{nn}\boldsymbol{\alpha}_n. \end{cases}$$

令 $\boldsymbol{A}=\begin{bmatrix} a_{11} & a_{12} & \cdots & a_{1n} \\ a_{21} & a_{22} & \cdots & a_{2n} \\ \vdots & \vdots & & \vdots \\ a_{n1} & a_{n2} & \cdots & a_{nn} \end{bmatrix}$，记 $T(\boldsymbol{\alpha}_1,\boldsymbol{\alpha}_2,\cdots,\boldsymbol{\alpha}_n)=(T(\boldsymbol{\alpha}_1),T(\boldsymbol{\alpha}_2),\cdots,T(\boldsymbol{\alpha}_n))$，

利用矩阵乘法，有形式表达式

$$T(\boldsymbol{\alpha}_1,\boldsymbol{\alpha}_2,\cdots,\boldsymbol{\alpha}_n)=(\boldsymbol{\alpha}_1,\boldsymbol{\alpha}_2,\cdots,\boldsymbol{\alpha}_n)\boldsymbol{A}.$$

则称 $n$ 阶矩阵 $\boldsymbol{A}$ 为线性变换 $T$ 在基 $\boldsymbol{\alpha}_1$，$\boldsymbol{\alpha}_2$，…，$\boldsymbol{\alpha}_n$ 下的矩阵.

设 $\boldsymbol{\alpha}$ 与 $T(\boldsymbol{\alpha})$ 在基 $\boldsymbol{\alpha}_1$，$\boldsymbol{\alpha}_2$，…，$\boldsymbol{\alpha}_n$ 下的坐标分别是 $\boldsymbol{x}=(x_1,x_2,\cdots,x_n)^{\mathrm{T}}$ 与 $\boldsymbol{y}=(y_1,y_2,\cdots,y_n)^{\mathrm{T}}$，则 $\boldsymbol{y}=\boldsymbol{A}\boldsymbol{x}$.

在 $n$ 维线性空间中取定一组基之后，线性变换的集合与 $n$ 阶矩阵的集合有着一一对应的关系，且线性变换的运算（加法、数乘、乘法、逆）对应着矩阵的相应运算.

6. 同一线性变换在两组基下的矩阵之间的关系.

设 $T$ 是 $n$ 维线性空间 $V$ 上的一个线性变换，$\boldsymbol{\varepsilon}_1$，$\boldsymbol{\varepsilon}_2$，…，$\boldsymbol{\varepsilon}_n$ 与 $\boldsymbol{\eta}_1$，$\boldsymbol{\eta}_2$，…，$\boldsymbol{\eta}_n$ 是 $V$ 的两组基，且有

$$(\boldsymbol{\eta}_1,\boldsymbol{\eta}_2,\cdots,\boldsymbol{\eta}_n)=(\boldsymbol{\varepsilon}_1,\boldsymbol{\varepsilon}_2,\cdots,\boldsymbol{\varepsilon}_n)\boldsymbol{P},$$
$$T(\boldsymbol{\varepsilon}_1,\boldsymbol{\varepsilon}_2,\cdots,\boldsymbol{\varepsilon}_n)=(\boldsymbol{\varepsilon}_1,\boldsymbol{\varepsilon}_2,\cdots,\boldsymbol{\varepsilon}_n)\boldsymbol{A},$$
$$T(\boldsymbol{\eta}_1,\boldsymbol{\eta}_2,\cdots,\boldsymbol{\eta}_n)=(\boldsymbol{\eta}_1,\boldsymbol{\eta}_2,\cdots,\boldsymbol{\eta}_n)\boldsymbol{B}.$$

则 $\boldsymbol{B}=\boldsymbol{P}^{-1}\boldsymbol{A}\boldsymbol{P}$.

## 四、疑难解答与典型例题

1. 如何理解线性空间?

线性空间是向量空间的推广，定义了满足封闭性和八条运算规律的线性运算的非空集合. 线性空间中“线性”二字源于其线性运算. 线性运算是构建线性空间的方法，它所构建的线性空间具有精致的线性结构；封闭性表明线性空间足够大，足以容纳线性运算所产生的一切元素；八条运算规律移植了向量的加法和数乘的运算规律，这是为了保证我们早

已习惯的“合并同类项”“移项”等操作在一般的线性运算中依然有效.

2. 如何理解线性变换?

线性变换是研究线性空间的工具，线性变换的本质是保持线性运算，而线性运算又是线性空间的灵魂，因此，不能保持线性运算的变换就无法充分利用和反映线性空间的关键信息.

如果给定了 $n$ 维线性空间的一个基，则 $V$ 上的线性变换 $T$ 和 $n$ 阶矩阵 $\mathbf{A}$ 是一一对应的. 这样就可以方便地利用具体的矩阵来研究抽象的线性变换.

线性变换 $T$ 在 $V$ 的基 $\boldsymbol{\alpha}_1$，$\boldsymbol{\alpha}_2$，…，$\boldsymbol{\alpha}_n$ 下的矩阵 $\mathbf{A}$ 的第 $j$ 列就是 $T(\boldsymbol{\alpha}_j)$ 在基 $\boldsymbol{\alpha}_1$，$\boldsymbol{\alpha}_2$，…，$\boldsymbol{\alpha}_n$ 下的坐标（$j=1, 2, \cdots, n$），所以只要弄清楚 $T(\boldsymbol{\alpha}_1)$，$T(\boldsymbol{\alpha}_2)$，…，$T(\boldsymbol{\alpha}_n)$ 就知道了 $T$ 的全部信息，或者说，线性变换的所有信息显现于它对基的作用过程中.

**例 1**　验证下列集合，对于所给定的线性运算，是否构成实数域 $\mathbf{R}$ 上的线性空间.

(1) 集合 $V=\left\{f(x) \mid \int_0^1 f(x)\mathrm{d}x=0\right\}$，按照通常函数的加法和数乘运算.

(2) 设 $\boldsymbol{\alpha}\in\mathbf{R}^2$，$\mathbf{R}^2$ 上不平行于 $\boldsymbol{\alpha}$ 的所有向量的集合，按通常的向量加法和数乘.

(3) 在 $\mathbf{R}^2$ 上定义加法 $\oplus$ 和数乘 $\circ$ 如下：

$$(a_1, b_1)^{\mathrm{T}}\oplus(a_2, b_2)^{\mathrm{T}}=(a_1+a_2, b_1+b_2+a_1a_2)^{\mathrm{T}},$$

$$k\circ(a, b)^{\mathrm{T}}=\left(ka, kb+\frac{k(k-1)}{2}a^2\right)^{\mathrm{T}}.$$

**分析**　判别集合是否构成线性空间的主要依据：①是否对加法和数乘封闭；②是否满足八条运算规律. 而对于证明不构成线性空间的只要举出反例即可.

**解**　(1) 对任何 $f(x)$，$g(x)\in V$ 及 $k\in\mathbf{R}$，有

$$\int_0^1[f(x)+g(x)]\mathrm{d}x=\int_0^1 f(x)\mathrm{d}x+\int_0^1 g(x)\mathrm{d}x=0,$$

$$\int_0^1 kf(x)\mathrm{d}x=k\int_0^1 f(x)\mathrm{d}x=0.$$

并且容易验证 $V$ 满足八条运算规律，因此它构成实线性空间.

(2) 该集合不构成线性空间，例如 $(3, 1)^{\mathrm{T}}$，$(-3, 1)^{\mathrm{T}}$ 不平行于 $(0, 1)^{\mathrm{T}}$，但它们之和平行于 $(0, 1)^{\mathrm{T}}$.

(3) 显然，$\mathbf{R}^2$ 对于加法和数乘是封闭的，并且关于加法 $\oplus$ 满足交换律和结合律. 下面验证：对任何 $(x_1, x_2)^{\mathrm{T}}$，$(y_1, y_2)^{\mathrm{T}}\in\mathbf{R}^2$，$k$，$l\in\mathbf{R}$，满足线性空间的其余六条运算规律.

零元素为 $(0, 0)^{\mathrm{T}}$；

$(x_1, x_2)^{\mathrm{T}}$ 的负元素为 $(-1)\circ(x_1, x_2)^{\mathrm{T}}=(-x_1, -x_2+x_1^2)^{\mathrm{T}}$；

$1\circ(x_1, x_2)^{\mathrm{T}}=(x_1, x_2)^{\mathrm{T}}$；

$$k\circ(l\circ(x_1,\ x_2)^{\mathrm{T}})=k\circ\left(lx_1,\ lx_2+\frac{l(l-1)}{2}x_1^2\right)^{\mathrm{T}}$$

$$=\left(klx_1,\ klx_2+k\frac{l(l-1)}{2}x_1^2+\frac{k(k-1)}{2}l^2x_1^2\right)^{\mathrm{T}}$$

$$=\left(klx_1,\ klx_2+\frac{kl(kl-1)}{2}x_1^2\right)^{\mathrm{T}}=(kl)\circ(x_1,\ x_2)^{\mathrm{T}};$$

$$k\circ(x_1,\ x_2)^{\mathrm{T}}\oplus l\circ(x_1,\ x_2)^{\mathrm{T}}=\left(kx_1,\ kx_2+\frac{k(k-1)}{2}x_1^2\right)^{\mathrm{T}}\oplus\left(lx_1,\ lx_2+\frac{l(l-1)}{2}x_1^2\right)^{\mathrm{T}}$$

$$=\left((k+l)x_1,\ (k+l)x_2+\frac{(k+l)(k+l-1)}{2}x_1^2\right)^{\mathrm{T}}$$

$$=(k+l)\circ(x_1,\ x_2)^{\mathrm{T}};$$

$$k\circ((x_1,\ x_2)^{\mathrm{T}}\oplus(y_1,\ y_2)^{\mathrm{T}})=k\circ(x_1+y_1,\ x_2+y_2+x_1y_1)^{\mathrm{T}}$$

$$=\left(k(x_1+y_1),\ k(x_2+y_2+x_1y_1)+\frac{k(k-1)}{2}(x_1+y_1)^2\right)^{\mathrm{T}}$$

$$=\left(kx_1+ky_1,\ kx_2+ky_2+\frac{k(k-1)}{2}(x_1^2+y_1^2)+k^2x_1y_1\right)^{\mathrm{T}}$$

$$=\left(kx_1,\ kx_2+\frac{k(k-1)}{2}x_1^2\right)^{\mathrm{T}}\oplus\left(ky_1,\ ky_2+\frac{k(k-1)}{2}y_1^2\right)^{\mathrm{T}}$$

$$=k\circ(x_1,\ x_2)^{\mathrm{T}}\oplus k\circ(x_2,\ y_2)^{\mathrm{T}}.$$

因此，$\mathbf{R}^2$按照加法$\oplus$和数乘$\circ$构成实线性空间.

**例 2** 证明：所有对角线元素之和为零的 2 阶实矩阵的集合 $S$ 关于矩阵的加法和数乘运算构成 $\mathbf{R}$ 上的线性空间，并求其一组基.

**证明** 由于 $S$ 是线性空间$\mathbf{R}^{2\times2}$的子集，故只需验证 $S$ 对于矩阵的加法和数乘运算封闭. 任取$\boldsymbol{A}=\begin{bmatrix}a_{11}&a_{12}\\a_{21}&a_{22}\end{bmatrix}\in S$，$\boldsymbol{B}=\begin{bmatrix}b_{11}&b_{12}\\b_{21}&b_{22}\end{bmatrix}\in S$，有$a_{11}+a_{22}=0$，$b_{11}+b_{22}=0$，故 $(a_{11}+b_{11})+(a_{22}+b_{22})=0$，即$\boldsymbol{A}+\boldsymbol{B}\in S$. 任取$\lambda\in\mathbf{R}$，$\lambda a_{11}+\lambda a_{22}=0$，即$\lambda\boldsymbol{A}\in S$. 这说明集合 $S$ 对于矩阵的加法和数乘运算封闭. 因此，对于矩阵的加法和数乘运算，集合 $S$ 构成线性空间.

在 $S$ 中取向量组

$$\boldsymbol{F}_1=\begin{bmatrix}1&0\\0&-1\end{bmatrix},\ \boldsymbol{F}_2=\begin{bmatrix}0&1\\0&0\end{bmatrix},\ \boldsymbol{F}_3=\begin{bmatrix}0&0\\1&0\end{bmatrix},$$

由$k_1\boldsymbol{F}_1+k_2\boldsymbol{F}_2+k_3\boldsymbol{F}_3=\begin{bmatrix}k_1&k_2\\k_3&k_1\end{bmatrix}=\boldsymbol{0}$，可知$k_1=k_2=k_3=0$，故$\boldsymbol{F}_1$，$\boldsymbol{F}_2$，$\boldsymbol{F}_3$线性无关. 又对任意$\boldsymbol{A}=\begin{bmatrix}a_{11}&a_{12}\\a_{21}&a_{22}\end{bmatrix}\in S$，由$a_{11}+a_{22}=0$，知$a_{22}=-a_{11}$，有$\boldsymbol{A}=a_{11}\boldsymbol{F}_1+a_{12}\boldsymbol{F}_2+a_{21}\boldsymbol{F}_3$，即 $S$ 中任意向量都可用$\boldsymbol{F}_1$，$\boldsymbol{F}_2$，$\boldsymbol{F}_3$线性表示，故$\boldsymbol{F}_1$，$\boldsymbol{F}_2$，$\boldsymbol{F}_3$是 $S$ 的一个基，$S$ 的维数是 3.

**例 3**　判别下列变换中哪些是线性变换.

(1) 在$\mathbf{R}^3$中，$T(a, b, c)=(a^2, a+b, c)^{\mathrm{T}}$.

(2) 在由全体 $n$ 阶矩阵构成的线性空间$\mathbf{R}^{m\times n}$中，$T(\boldsymbol{X})=\boldsymbol{BXC}$，这里 $\boldsymbol{B}$，$\boldsymbol{C}$ 是给定矩阵.

(3) 在由闭区间 $[a, b]$ 上全体连续函数构成的实线性空间中，$T(f(x))=\int_a^x f(t)\mathrm{d}t$.

**分析**　判别变换是否为线性变换的主要依据有两点：是否满足可加性，是否满足齐次性.

**解**　(1) 设 $\boldsymbol{\alpha}=(a, b, c)^{\mathrm{T}}$，$\boldsymbol{\beta}=(x, y, z)^{\mathrm{T}}$，$\boldsymbol{\alpha}+\boldsymbol{\beta}=(a+x, b+y, c+z)^{\mathrm{T}}$，按照定义，有

$$T(\boldsymbol{\alpha}+\boldsymbol{\beta})=T(a+x, b+y, c+z)^{\mathrm{T}}=((a+x)^2, (a+b+x+y), (c+z))^{\mathrm{T}},$$

而

$$T\boldsymbol{\alpha}+T\boldsymbol{\beta}=(a^2+x^2, a+b+x+y, c+z)^{\mathrm{T}},$$

注意到$a^2+x^2\neq(a+x)^2$，故 $T(\boldsymbol{\alpha}+\boldsymbol{\beta})\neq T\boldsymbol{\alpha}+T\boldsymbol{\beta}$. 因此 $T$ 不是线性变换.

(2) 因为 $T(\boldsymbol{X}+\boldsymbol{Y})=\boldsymbol{B}(\boldsymbol{X}+\boldsymbol{Y})\boldsymbol{C}=\boldsymbol{BXC}+\boldsymbol{BYC}=T(\boldsymbol{X})+T(\boldsymbol{Y})$，$T(k\boldsymbol{X})=\boldsymbol{B}(k\boldsymbol{X})\boldsymbol{C}=k(\boldsymbol{BXC})=kT(\boldsymbol{X})$，所以 $T$ 是线性变换.

(3) 因为

$$\begin{aligned}T[f(x)+g(x)]&=\int_a^x[f(t)+g(t)]\mathrm{d}t\\&=\int_a^x f(t)\mathrm{d}t+\int_a^x g(t)\mathrm{d}t\\&=T[f(x)]+T[g(x)],\end{aligned}$$

$$T[kf(x)]=\int_a^x kf(t)\mathrm{d}t=k\int_a^x f(t)\mathrm{d}t=kT[f(x)],$$

所以 $T$ 是线性变换.

**例 4**　设$T_1$，$T_2$是 $V$ 中的线性变换，证明：线性变换之和$T_1+T_2$，线性变换之积$T_1T_2$也是线性变换.

**证明**　(1) 因为

$$\begin{aligned}(T_1+T_2)(\boldsymbol{\alpha}+\boldsymbol{\beta})&=T_1(\boldsymbol{\alpha}+\boldsymbol{\beta})+T_2(\boldsymbol{\alpha}+\boldsymbol{\beta})=T_1\boldsymbol{\alpha}+T_1\boldsymbol{\beta}+T_2\boldsymbol{\alpha}+T_2\boldsymbol{\beta}\\&=(T_1\boldsymbol{\alpha}+T_2\boldsymbol{\alpha})+(T_1\boldsymbol{\beta}+T_2\boldsymbol{\beta})=(T_1+T_2)\boldsymbol{\alpha}+(T_1+T_2)\boldsymbol{\beta},\end{aligned}$$

$$(T_1+T_2)(k\boldsymbol{\alpha})=T_1(k\boldsymbol{\alpha})+T_2(k\boldsymbol{\alpha})=kT_1\boldsymbol{\alpha}+kT_2\boldsymbol{\alpha}=k(T_1+T_2)\boldsymbol{\alpha},$$

所以$T_1+T_2$是线性变换.

(2) 因为

$$T_1T_2(\boldsymbol{\alpha}+\boldsymbol{\beta})=T_1[T_2(\boldsymbol{\alpha}+\boldsymbol{\beta})]=T_1(T_2\boldsymbol{\alpha}+T_2\boldsymbol{\beta})=T_1T_2(\boldsymbol{\alpha})+T_1T_2(\boldsymbol{\beta}),$$

$$T_1T_2(k\boldsymbol{\alpha})=T_1[(T_2(k\boldsymbol{\alpha}))]=T_1(kT_2\boldsymbol{\alpha})=kT_1T_2(\boldsymbol{\alpha}),$$

所以$T_1T_2$也是线性变换.

**例 5** 设$\mathbf{R}^3$中两个基$\boldsymbol{\alpha}_1$，$\boldsymbol{\alpha}_2$，$\boldsymbol{\alpha}_3$与$\boldsymbol{\beta}_1$，$\boldsymbol{\beta}_2$，$\boldsymbol{\beta}_3$的关系为$\boldsymbol{\beta}_1=\boldsymbol{\alpha}_1+\boldsymbol{\alpha}_2$，$\boldsymbol{\beta}_2=\boldsymbol{\alpha}_2+\boldsymbol{\alpha}_3$，$\boldsymbol{\beta}_3=\boldsymbol{\alpha}_3+\boldsymbol{\alpha}_1$.

(1) 求从基$\boldsymbol{\alpha}_1$，$\boldsymbol{\alpha}_2$，$\boldsymbol{\alpha}_3$到基$\boldsymbol{\beta}_1$，$\boldsymbol{\beta}_2$，$\boldsymbol{\beta}_3$的过渡矩阵；

(2) 求从基$\boldsymbol{\beta}_1$，$\boldsymbol{\beta}_2$，$\boldsymbol{\beta}_3$到基$\boldsymbol{\alpha}_1$，$\boldsymbol{\alpha}_2$，$\boldsymbol{\alpha}_3$的过渡矩阵.

**分析** 本题给出了两组基之间的关系，所以可以使用过渡矩阵的定义来求.

**解** 由已知，有

$$[\boldsymbol{\beta}_1,\boldsymbol{\beta}_2,\boldsymbol{\beta}_3]=[\boldsymbol{\alpha}_1,\boldsymbol{\alpha}_2,\boldsymbol{\alpha}_3]\begin{bmatrix}1&0&1\\1&1&0\\0&1&1\end{bmatrix},$$

所以，从基$\boldsymbol{\alpha}_1$，$\boldsymbol{\alpha}_2$，$\boldsymbol{\alpha}_3$到基$\boldsymbol{\beta}_1$，$\boldsymbol{\beta}_2$，$\boldsymbol{\beta}_3$的过渡矩阵为$\boldsymbol{A}=\begin{bmatrix}1&0&1\\1&1&0\\0&1&1\end{bmatrix}$，

而从基$\boldsymbol{\beta}_1$，$\boldsymbol{\beta}_2$，$\boldsymbol{\beta}_3$到基$\boldsymbol{\alpha}_1$，$\boldsymbol{\alpha}_2$，$\boldsymbol{\alpha}_3$的过渡矩阵为

$$\boldsymbol{B}=\boldsymbol{A}^{-1}=\frac{1}{2}\begin{bmatrix}1&1&-1\\-1&1&1\\1&-1&1\end{bmatrix}.$$

**例 6** 设$\boldsymbol{\alpha}_1$，$\boldsymbol{\alpha}_2$，$\boldsymbol{\alpha}_3$与$\boldsymbol{\beta}_1$，$\boldsymbol{\beta}_2$，$\boldsymbol{\beta}_3$是线性空间$\mathbf{R}^3$的两个基，试求从基$\boldsymbol{\alpha}_1$，$\boldsymbol{\alpha}_2$，$\boldsymbol{\alpha}_3$到基$\boldsymbol{\beta}_1$，$\boldsymbol{\beta}_2$，$\boldsymbol{\beta}_3$的过渡矩阵.

**分析** 在两组基的关系不明确时，在线性空间中选取一组常用基（如标准基）作为中介，对求过渡矩阵是十分方便的.

**解** 取标准基$\boldsymbol{e}_1=(1,0,0)^{\mathrm{T}}$，$\boldsymbol{e}_2=(0,1,0)^{\mathrm{T}}$，$\boldsymbol{e}_3=(0,0,1)^{\mathrm{T}}$.

令$\boldsymbol{A}=[\boldsymbol{\alpha}_1,\boldsymbol{\alpha}_2,\boldsymbol{\alpha}_3]$，$\boldsymbol{B}=[\boldsymbol{\beta}_1,\boldsymbol{\beta}_2,\boldsymbol{\beta}_3]$，则$\boldsymbol{A}$，$\boldsymbol{B}$可逆，且

$$[\boldsymbol{\alpha}_1,\boldsymbol{\alpha}_2,\boldsymbol{\alpha}_3]=[\boldsymbol{e}_1,\boldsymbol{e}_2,\boldsymbol{e}_3]\boldsymbol{A},\ [\boldsymbol{\beta}_1,\boldsymbol{\beta}_2,\boldsymbol{\beta}_3]=[\boldsymbol{e}_1,\boldsymbol{e}_2,\boldsymbol{e}_3]\boldsymbol{B},$$

于是有

$$[\boldsymbol{\beta}_1,\boldsymbol{\beta}_2,\boldsymbol{\beta}_3]=([\boldsymbol{\alpha}_1,\boldsymbol{\alpha}_2,\boldsymbol{\alpha}_3]\boldsymbol{A}^{-1})\boldsymbol{B}=[\boldsymbol{\alpha}_1,\boldsymbol{\alpha}_2,\boldsymbol{\alpha}_3]\boldsymbol{A}^{-1}\boldsymbol{B},$$

即过渡矩阵为$\boldsymbol{A}^{-1}\boldsymbol{B}$.

**例 7** 设$\mathbf{R}^3$中的线性变换$T(x,y,z)^{\mathrm{T}}=(2x-y,y+z,x)$，求$T$在基$\boldsymbol{e}_1=(1,0,0)^{\mathrm{T}}$，$\boldsymbol{e}_2=(0,1,0)^{\mathrm{T}}$，$\boldsymbol{e}_3=(0,0,1)^{\mathrm{T}}$下的矩阵.

**分析** 本题适合直接用定义求. 在已知线性空间的基和线性变换时，可先求基$\boldsymbol{\alpha}_i$的像$T(\boldsymbol{\alpha}_i)$（$i=1,2,\cdots,n$），再将像$T(\boldsymbol{\alpha}_i)$用基$\boldsymbol{\alpha}_i$线性表示，则表示式系数矩阵的转置即为所求的在基$\boldsymbol{\alpha}_i$（$i=1,2,\cdots,n$）下的矩阵$\boldsymbol{A}$.

**解** 因为

$$Te_1=(2,\ 0,\ 1)^T=2e_1+0\cdot e_2+e_3,$$
$$Te_2=(-1,\ 1,\ 0)^T=-e_1+e_2+0\cdot e_3,$$
$$Te_3=(0,\ 1,\ 0)^T=0\cdot e_1+e_2+0\cdot e_3,$$

故 $T$ 在基 $e_1$，$e_2$，$e_3$ 下的矩阵为 $A=\begin{bmatrix}2&-1&0\\0&1&1\\1&0&0\end{bmatrix}$.

**例 8**　设 $T$ 是 $\mathbf{R}^3$ 的一个线性变换，$T$ 在基 $\alpha_1$，$\alpha_2$，$\alpha_3$ 下的矩阵为 $A=\begin{bmatrix}1&1&0\\0&2&0\\0&0&1\end{bmatrix}$，求 $T$ 在基 $\begin{cases}\beta_1=\alpha_1\\ \beta_2=2\alpha_1+\alpha_2\\ \beta_3=\alpha_1+2\alpha_3\end{cases}$ 下的矩阵.

**解**　方法一：直接用定义求线性变换的矩阵.

已知 $T$ 在基 $\alpha_1$，$\alpha_2$，$\alpha_3$ 下的矩阵为 $A=\begin{bmatrix}1&1&0\\0&2&0\\0&0&1\end{bmatrix}$，即像 $T\alpha_1$，$T\alpha_2$，$T\alpha_3$ 的线性表示为 $T\alpha_1=\alpha_1$，$T\alpha_2=\alpha_1+2\alpha_2$，$T\alpha_3=\alpha_3$．为了求 $T$ 在基 $\beta_1$，$\beta_2$，$\beta_3$ 下的矩阵，先求像 $T\beta_1$，$T\beta_2$，$T\beta_3$ 的线性表示式：

$$\begin{aligned}T\beta_1&=T\alpha_1=\alpha_1=\beta_1,\\ T\beta_2&=T(2\alpha_1+\alpha_2)=2T\alpha_1+T\alpha_2\\ &=2\alpha_1+(\alpha_1+2\alpha_2)=3\alpha_1+2\alpha_2=-\beta_1+2\beta_2,\\ T\beta_3&=T(\alpha_1+2\alpha_3)=T\alpha_1+2T\alpha_3=\alpha_1+2\alpha_3=\beta_3,\end{aligned}$$

故 $T$ 在基 $\beta_1$，$\beta_2$，$\beta_3$ 下的矩阵为 $B=\begin{bmatrix}1&-1&0\\0&2&0\\0&0&1\end{bmatrix}$.

方法二：用相似关系求线性变换的矩阵.

由两组基之间的线性变换关系知 $[\beta_1,\ \beta_2,\ \beta_3]=[\alpha_1,\ \alpha_2,\ \alpha_3]\begin{bmatrix}1&2&1\\0&1&0\\0&0&2\end{bmatrix}$，其中 $P=\begin{bmatrix}1&2&1\\0&1&0\\0&0&2\end{bmatrix}$ 为过渡矩阵．故 $T$ 在基 $\beta_1$，$\beta_2$，$\beta_3$ 下的矩阵为

$$B=P^{-1}AP=\begin{bmatrix}1&-3&-\frac{1}{2}\\0&2&0\\0&0&\frac{1}{2}\end{bmatrix}\begin{bmatrix}1&1&0\\0&2&0\\0&0&1\end{bmatrix}\begin{bmatrix}1&2&1\\0&1&0\\0&0&2\end{bmatrix}=\begin{bmatrix}0&2&0\\0&0&1\\0&0&2\end{bmatrix}.$$

**例 9** 在多项式空间$P_3[x]$中，规定线性变换 $T$ 为 $\forall f(x)\in P_3[x]$，$T(f(x))=\frac{\mathrm{d}f(x)}{\mathrm{d}x}+f(x)$. 试求：

（1）$T$ 在基 1，$x$，$x^2$下的矩阵；

（2）$T$ 在基 1，$1+x$，$x+x^2$下的矩阵.

**解** （1）

$$T(1)=\frac{\mathrm{d}(1)}{\mathrm{d}x}+1=1=1+0\cdot x+0\cdot x^2,$$

$$T(x)=\frac{\mathrm{d}(x)}{\mathrm{d}x}+x=1+x=1+x+0\cdot x^2,$$

$$T(x^2)=\frac{\mathrm{d}(x^2)}{\mathrm{d}x}+x^2=2x+x^2=0+2x+x^2,$$

由定义知，$T$ 在基 1，$x$，$x^2$下的矩阵为 $A=\begin{bmatrix}1&1&0\\0&1&2\\0&0&1\end{bmatrix}$.

（2）方法一：

$$T(1)=\frac{\mathrm{d}(1)}{\mathrm{d}x}+1=1=1+0\cdot(1+x)+0\cdot(x+x^2),$$

$$T(1+x)=\frac{\mathrm{d}(1+x)}{\mathrm{d}x}+1+x=2+x=1+1\cdot(1+x)+0\cdot(x+x^2),$$

$$T(x+x^2)=\frac{\mathrm{d}(x+x^2)}{\mathrm{d}x}+x+x^2=1+3x+x^2=-1+2\cdot(1+x)+(x+x^2),$$

故 $T$ 在基 1，$1+x$，$x+x^2$下的矩阵为 $B=\begin{bmatrix}1&1&-1\\0&1&2\\0&0&1\end{bmatrix}$.

方法二：因为$[1,1+x,x+x^2]=[1,x,x^2]\begin{bmatrix}1&1&0\\0&1&1\\0&0&1\end{bmatrix}$，所以，从基 1，$x$，$x^2$到基 1，$1+x$，$x+x^2$的过渡矩阵为 $P=\begin{bmatrix}1&1&0\\0&1&1\\0&0&1\end{bmatrix}$. 故 $T$ 在基 1，$1+x$，$x+x^2$下的矩阵为

$$B=P^{-1}AP=\begin{bmatrix}1&-1&1\\0&1&-1\\0&0&1\end{bmatrix}\begin{bmatrix}1&1&0\\0&1&2\\0&0&1\end{bmatrix}\begin{bmatrix}1&1&0\\0&1&1\\0&0&1\end{bmatrix}=\begin{bmatrix}1&1&-1\\0&1&2\\0&0&1\end{bmatrix}.$$

**例 10**　设线性变换$T_1$对基$\boldsymbol{\alpha}_1=(1,2)^{\mathrm{T}}$，$\boldsymbol{\alpha}_2=(2,3)^{\mathrm{T}}$的矩阵是$\begin{bmatrix}3&5\\4&3\end{bmatrix}$，线性变换$T_2$对基$\boldsymbol{\beta}_1=(3,1)^{\mathrm{T}}$，$\boldsymbol{\beta}_2=(4,2)^{\mathrm{T}}$的矩阵是$\begin{bmatrix}4&6\\6&9\end{bmatrix}$，求：

(1) 线性变换$T_1+T_2$对基$\boldsymbol{\beta}_1$，$\boldsymbol{\beta}_2$的矩阵；

(2) 线性变换$T_1\cdot T_2$对基$\boldsymbol{\alpha}_1$，$\boldsymbol{\alpha}_2$的矩阵.

**分析**　要求线性变换之和、乘积及逆变换在一组基下的矩阵，可以分别求出所给线性变换在该基下的矩阵，然后再求矩阵之和、乘积及逆矩阵即可.

**解**　取标准基$\boldsymbol{e}_1=(1,0)^{\mathrm{T}}$，$\boldsymbol{e}_2=(0,1)^{\mathrm{T}}$，有$[\boldsymbol{\alpha}_1,\boldsymbol{\alpha}_2]=[\boldsymbol{e}_1,\boldsymbol{e}_2]\begin{bmatrix}1&2\\2&3\end{bmatrix}$，$[\boldsymbol{\beta}_1,\boldsymbol{\beta}_2]=[\boldsymbol{e}_1,\boldsymbol{e}_2]\begin{bmatrix}3&4\\1&2\end{bmatrix}$，故

$$[\boldsymbol{\alpha}_1,\boldsymbol{\alpha}_2]=[\boldsymbol{\beta}_1,\boldsymbol{\beta}_2]\begin{bmatrix}3&4\\1&2\end{bmatrix}^{-1}\begin{bmatrix}1&2\\2&3\end{bmatrix}=[\boldsymbol{\beta}_1,\boldsymbol{\beta}_2]\begin{bmatrix}-3&-4\\\frac{5}{2}&\frac{7}{2}\end{bmatrix},$$

这里$\boldsymbol{P}_2=\begin{bmatrix}-3&-4\\\frac{5}{2}&\frac{7}{2}\end{bmatrix}$是从$\boldsymbol{\beta}_1$，$\boldsymbol{\beta}_2$到$\boldsymbol{\alpha}_1$，$\boldsymbol{\alpha}_2$的过渡矩阵. 另一方面，有

$$[\boldsymbol{\beta}_1,\boldsymbol{\beta}_2]=[\boldsymbol{\alpha}_1,\boldsymbol{\alpha}_2]\boldsymbol{P}_2^{-1}=[\boldsymbol{\alpha}_1,\boldsymbol{\alpha}_2]\begin{bmatrix}-7&-8\\5&6\end{bmatrix},$$

这里$\boldsymbol{P}_1=\begin{bmatrix}-7&-8\\5&6\end{bmatrix}$是从$\boldsymbol{\alpha}_1$，$\boldsymbol{\alpha}_2$到$\boldsymbol{\beta}_1$，$\boldsymbol{\beta}_2$的过渡矩阵.

(1) $T_2$对基$\boldsymbol{\beta}_1$，$\boldsymbol{\beta}_2$的矩阵是$\boldsymbol{B}_2=\begin{bmatrix}4&6\\6&9\end{bmatrix}$，$T_1$对基$\boldsymbol{\alpha}_1$，$\boldsymbol{\alpha}_2$的矩阵为$\boldsymbol{A}_1=\begin{bmatrix}3&5\\4&3\end{bmatrix}$，则$T_1$对基$\boldsymbol{\beta}_1$，$\boldsymbol{\beta}_2$的矩阵为

$$\boldsymbol{B}_1=\boldsymbol{P}_1^{-1}\boldsymbol{A}_1\boldsymbol{P}_1=\begin{bmatrix}-3&-4\\\frac{5}{2}&\frac{7}{2}\end{bmatrix}\begin{bmatrix}3&5\\4&3\end{bmatrix}\begin{bmatrix}-7&-8\\5&6\end{bmatrix}=\begin{bmatrix}40&38\\-\frac{71}{2}&-25\end{bmatrix}.$$

所以$T_1+T_2$对基$\boldsymbol{\beta}_1$，$\boldsymbol{\beta}_2$的矩阵为

$$\boldsymbol{B}_1+\boldsymbol{B}_2=\begin{bmatrix}44&44\\-\frac{59}{2}&-25\end{bmatrix}.$$

（2）$T_2$对基$\boldsymbol{\alpha}_1$，$\boldsymbol{\alpha}_2$的矩阵为

$$\boldsymbol{A}_2=\boldsymbol{P}_2^{-1}\boldsymbol{B}_2\boldsymbol{P}_2=\begin{bmatrix}-7&-8\\5&6\end{bmatrix}\begin{bmatrix}4&6\\6&9\end{bmatrix}\begin{bmatrix}-3&-4\\\frac{5}{2}&\frac{7}{2}\end{bmatrix}=\begin{bmatrix}-57&-95\\42&70\end{bmatrix}.$$

所以$T_1\cdot T_2$对基$\boldsymbol{\alpha}_1$，$\boldsymbol{\alpha}_2$的矩阵为

$$\boldsymbol{A}_1\boldsymbol{A}_2=\begin{bmatrix}3&5\\4&3\end{bmatrix}\begin{bmatrix}-57&-95\\42&70\end{bmatrix}=\begin{bmatrix}39&65\\-102&-170\end{bmatrix}.$$

## 五、练习题精选

1. 填空题.

（1）若$\mathbf{R}_2[x]$中的向量组$f_1=x^2-2x+3$，$f_2=2x^2+x+a$，$f_3=x^2+8x+7$线性相关，则常数$a=$________；

（2）$\mathbf{R}^4$的子空间$W=\{(a+b, a-b+2c, b, c)^{\mathrm{T}}\mid a, b, c\in\mathbf{R}\}$的基是________；

（3）已知由$\boldsymbol{\alpha}_1=(1, 2, -1, 0)^{\mathrm{T}}$，$\boldsymbol{\alpha}_2=(1, 1, 0, 2)^{\mathrm{T}}$，$\boldsymbol{\alpha}_3=(2, 1, 1, a)^{\mathrm{T}}$生成的向量空间的维数是2，则$a=$________；

（4）已知3维向量空间的一组基为$\boldsymbol{\alpha}_1=(1, 1, 0)^{\mathrm{T}}$，$\boldsymbol{\alpha}_2=(1, 0, 1)^{\mathrm{T}}$，$\boldsymbol{\alpha}_3=(0, 1, 1)^{\mathrm{T}}$，则向量$\boldsymbol{\beta}=(2, 0, 0)^{\mathrm{T}}$在上述基下的坐标是________；

（5）设$\boldsymbol{\alpha}_1$，$\boldsymbol{\alpha}_2$，$\boldsymbol{\alpha}_3$是$\mathbf{R}^3$的基，则从基$\boldsymbol{\alpha}_1$，$\frac{1}{2}\boldsymbol{\alpha}_2$，$\frac{1}{3}\boldsymbol{\alpha}_3$到$\boldsymbol{\alpha}_1+\boldsymbol{\alpha}_2$，$\boldsymbol{\alpha}_2+\boldsymbol{\alpha}_3$，$\boldsymbol{\alpha}_3+\boldsymbol{\alpha}_1$的过渡矩阵为________.

2. 判别下列集合对于给定的运算是否构成实数域$\mathbf{R}$上的线性空间. 如果是线性空间，则找出其一组基，并求出维数.

（1）次数等于$n(n\geqslant 1)$的实系数多项式的集合，对于多项式的加法和数乘；

（2）全体$n$阶实矩阵集合$\mathbf{R}^{n\times n}$，加法为$\forall \boldsymbol{A}, \boldsymbol{B}\in\mathbf{R}^{n\times n}$，$\boldsymbol{A}\oplus\boldsymbol{B}=\boldsymbol{AB}-\boldsymbol{BA}$，数乘按通常定义的数乘；

（3）$S=\left\{\begin{bmatrix}0&b\\-b&a\end{bmatrix}\mid a, b\in\mathbf{R}\right\}$，对于通常矩阵的加法和数乘.

3. 在4维线性空间$\mathbf{R}^{2\times 2}$中，证明$\begin{bmatrix}1&1\\1&1\end{bmatrix}$，$\begin{bmatrix}1&1\\-1&-1\end{bmatrix}$，$\begin{bmatrix}1&-1\\1&-1\end{bmatrix}$，$\begin{bmatrix}-1&1\\1&-1\end{bmatrix}$是$\mathbf{R}^{2\times 2}$的一组基，并求矩阵$\boldsymbol{A}=\begin{bmatrix}1&2\\3&4\end{bmatrix}$在这个基下的坐标.

4. 设$\boldsymbol{A}=\begin{bmatrix}1&2\\3&4\end{bmatrix}$，定义$\mathbf{R}^{2\times 2}$上的变换$T(\boldsymbol{X})=\boldsymbol{AX}$，$\forall \boldsymbol{X}\in\mathbf{R}^{2\times 2}$. 证明$T$是$\mathbf{R}^{2\times 2}$上的

线性变换，并求 $T$ 关于基$\begin{bmatrix}1&1\\1&1\end{bmatrix}$，$\begin{bmatrix}1&1\\-1&-1\end{bmatrix}$，$\begin{bmatrix}1&-1\\1&-1\end{bmatrix}$，$\begin{bmatrix}-1&1\\1&-1\end{bmatrix}$的坐标.

5. 已知 $T\in L(\mathbf{R}^3)$，$T$ 在基 $\boldsymbol{B}$：$\boldsymbol{\alpha}_1=(-1, 1, 1)^{\mathrm{T}}$，$\boldsymbol{\alpha}_2=(1, 0, -1)^{\mathrm{T}}$，$\boldsymbol{\alpha}_3=(0, 1, 1)^{\mathrm{T}}$下的矩阵为$\boldsymbol{A}=\begin{bmatrix}1&0&1\\1&1&0\\-1&2&1\end{bmatrix}$.

(1) 求 $T$ 在基$\boldsymbol{B}'$：$\boldsymbol{\varepsilon}_1=(0, 1, 0)^{\mathrm{T}}$，$\boldsymbol{\varepsilon}_2=(0, 1, 0)^{\mathrm{T}}$，$\boldsymbol{\varepsilon}_3=(0, 0, 1)^{\mathrm{T}}$下的矩阵；

(2) 求 $T(1, 2, -5)^{\mathrm{T}}$.

6. 设 $\mathbf{R}^{2\times 2}$的两个线性变换：

$$T\begin{bmatrix}a_1&a_2\\b_1&b_2\end{bmatrix}=\begin{bmatrix}a_1&a_2\\b_1&b_2\end{bmatrix}\begin{bmatrix}1&1\\1&-1\end{bmatrix},$$

$$S\begin{bmatrix}a_1&a_2\\b_1&b_2\end{bmatrix}=\begin{bmatrix}r_1a_1&0\\0&r_2b_2\end{bmatrix},$$

求 $T+S$，$TS$ 在基$\begin{bmatrix}1&0\\0&0\end{bmatrix}$，$\begin{bmatrix}0&1\\0&0\end{bmatrix}$，$\begin{bmatrix}0&0\\1&0\end{bmatrix}$，$\begin{bmatrix}0&0\\0&1\end{bmatrix}$下的矩阵.

**参考答案：**

1. 填空题.

(1) 8；

(2) $(1, 1, 0, 0)^{\mathrm{T}}$；

(3) 6；

(4) $(1, 1, -1)^{\mathrm{T}}$；

(5) $\begin{bmatrix}1&0&1\\2&2&0\\0&3&3\end{bmatrix}$.

2. (1) 不构成线性空间，因为加法不封闭；

(2) 不构成线性空间，因为加法不满足交换律；

(3) 构成线性空间，$\boldsymbol{E}_1=\begin{bmatrix}0&1\\-1&0\end{bmatrix}$，$\boldsymbol{E}_2=\begin{bmatrix}0&0\\0&1\end{bmatrix}$是一组基，维数为 2.

3. $\left(\frac{5}{2}, -1, 0, \frac{1}{2}\right)^{\mathrm{T}}$.

4. $\begin{bmatrix}5&-1&0&0\\-2&0&0&0\\0&0&5&1\\0&0&2&0\end{bmatrix}$.

5. (1) $\begin{bmatrix} -1 & 1 & -2 \\ 2 & 2 & 0 \\ 3 & 0 & 2 \end{bmatrix}$；

(2) $(11, 6, -7)^{\mathrm{T}}$.

6. $T+S$ 的矩阵为 $\begin{bmatrix} 1+r_1 & 1 & 0 & 0 \\ 1 & -1 & 0 & 0 \\ 0 & 0 & 1 & 1 \\ 0 & 0 & 1 & r_2-1 \end{bmatrix}$，$TS$ 的矩阵为 $\begin{bmatrix} r_1 & 0 & 0 & 0 \\ r_1 & 0 & 0 & 0 \\ 0 & 0 & 0 & r_2 \\ 0 & 0 & 0 & -r_2 \end{bmatrix}$.

# 第六章　特征值与特征向量

## 一、重点、难点及学习要求

### （一）重点

矩阵的特征值与特征向量的定义及性质、方阵的相似、矩阵的相似对角化、实对称矩阵的正交相似对角化.

### （二）难点

求矩阵的特征值与特征向量、判断方阵是否相似、实对称阵的正交相似对角化.

### （三）学习要求

1. 理解矩阵的特征值与特征向量的定义，并熟练掌握其计算方法.
2. 理解矩阵特征值和特征向量的相关性质，尤其是迹定理.
3. 了解相似矩阵的概念、矩阵相似对角化的概念.
4. 理解矩阵相似对角化的充要条件，能熟练地化矩阵为相似对角阵.
5. 了解内积的概念、正交矩阵的概念.
6. 理解实对称矩阵的性质及实对称矩阵正交相似对角化的概念.
7. 掌握施密特正交规范化方法，并能以此方法化实对称矩阵为对角阵.

## 二、知识结构网络图

- 矩阵的特征值与特征向量
  - 定义
  - 性质
  - 迹定理
- 矩阵的相似对角化
  - 相似矩阵的定义
  - 矩阵相似对角化的充要条件
  - 矩阵相似对角化的充分条件
- 实对称矩阵的正交相似对角化
  - 内积的性质
  - 正交矩阵
  - 实对称矩阵的性质
  - 施密特正交规范化方法

## 三、基本内容与重要结论

1. 矩阵特征值和特征向量的定义.

设$\boldsymbol{A}$为$n$阶方阵，若存在数$\lambda$和非零向量$\boldsymbol{\alpha}$，使得

$$\boldsymbol{A\alpha}=\lambda\boldsymbol{\alpha},$$

则称$\lambda$为$\boldsymbol{A}$的一个特征值，$\boldsymbol{\alpha}$为$\boldsymbol{A}$的属于特征值$\lambda$的特征向量. 由定义知，特征值$\lambda$是一个数，这个数可能是实数，亦可能是复数；特征向量$\boldsymbol{\alpha}$不能是零向量，但特征值$\lambda$可以是数零.

2. 特征值和特征向量的计算方法.

设$\boldsymbol{A}=(a_{ij})_{n\times n}$，则$\boldsymbol{A}$的特征值和特征向量的计算步骤如下：

(1) 展开$\boldsymbol{A}$的特征多项式$f(\lambda)=|\lambda\boldsymbol{I}-\boldsymbol{A}|$.

(2) 求出$f(\lambda)$的全部零点，即$\boldsymbol{A}$的全部特征值.

(3) 分别对每一个特征值$\lambda$，求齐次方程组

$$(\lambda\boldsymbol{I}-\boldsymbol{A})\boldsymbol{\alpha}=\boldsymbol{0}$$

的一组基础解系$\boldsymbol{\beta}_1$，$\boldsymbol{\beta}_2$，…，$\boldsymbol{\beta}_t$，则

$$k_1\boldsymbol{\beta}_1+k_2\boldsymbol{\beta}_2+\cdots+k_t\boldsymbol{\beta}_t\ (k_1,\ k_2,\ \cdots,\ k_t\text{ 不全为零})$$

是$\boldsymbol{A}$的属于特征值$\lambda$的全部特征向量.

3. 特征值的性质.

(1) 设$\boldsymbol{\beta}_1$，$\boldsymbol{\beta}_2$，…，$\boldsymbol{\beta}_t$是$\boldsymbol{A}$的属于特征值$\lambda_1$的特征向量，则其非零组合$\sum\limits_{i=1}^{t}k_i\beta_i\neq 0$

是 $\boldsymbol{A}$ 的属于 $\lambda_1$ 的特征向量.

(2) 设 $\lambda$ 是 $\boldsymbol{A}$ 的特征值，$\varphi(x)=\sum_{i=0}^{m}k_i\cdot x^i$ 是任意 $m$ 次多项式，则数 $\varphi(\lambda)$ 是矩阵 $\varphi(\boldsymbol{A})$ 的特征值.

(3) 设 $\boldsymbol{A}=(a_{ij})_{n\times n}$ 的特征多项式为

$$f(\lambda)=|\lambda\boldsymbol{I}-\boldsymbol{A}|=(\lambda-\lambda_1)(\lambda-\lambda_2)\cdots(\lambda-\lambda_n),$$

则

$$\mathrm{tr}\boldsymbol{A}=\sum_{i=1}^{n}a_{ii}=\sum_{i=1}^{n}\lambda_i,$$

$$|\boldsymbol{A}|=\prod_{i=1}^{n}\lambda_i.$$

4. 相似矩阵.

设 $\boldsymbol{A}$，$\boldsymbol{B}$ 均是 $n$ 阶矩阵，若存在可逆阵 $\boldsymbol{P}$，使得

$$\boldsymbol{P}^{-1}\boldsymbol{A}\boldsymbol{P}=\boldsymbol{\Lambda},$$

则称 $\boldsymbol{A}$ 相似于 $\boldsymbol{B}$，记为 $\boldsymbol{A}\backsim\boldsymbol{B}$. 若 $\boldsymbol{A}$ 相似于对角阵，称 $\boldsymbol{A}$ 可相似对角化.

(1) 相似矩阵有相同的特征多项式，相同的特征值，相同的迹，相同的秩.

(2) 相似矩阵是等价的.

(3) $n$ 阶矩阵 $\boldsymbol{A}$ 可对角化的充要条件是 $\boldsymbol{A}$ 有 $n$ 个线性无关的特征向量.

(4) $\boldsymbol{A}$ 的不同特征值对应的特征向量线性无关.

(5) $n$ 阶矩阵 $\boldsymbol{A}$ 有 $n$ 个不同的特征值时，$\boldsymbol{A}$ 一定可对角化.

5. 实对称矩阵的正交相似对角化.

(1) $n$ 阶实矩阵 $\boldsymbol{Q}$ 满足 $\boldsymbol{Q}\cdot\boldsymbol{Q}^{\mathrm{T}}=\boldsymbol{I}$，则称 $\boldsymbol{Q}$ 为正交矩阵.

(2) $n$ 阶实矩阵 $\boldsymbol{A}$ 为正交矩阵的充要条件是 $\boldsymbol{A}$ 的列向量组是规范正交组.

(3) 实对称矩阵的特征值都是实数.

(4) 实对称矩阵不同特征值所对应的特征向量不仅线性无关，而且正交.

(5) 实对称矩阵可正交相似对角化. 即：

$\forall$ 实对称矩阵 $\boldsymbol{A}$，可通过施密特正交规范化方法构造出 $n$ 个两两正交且单位长度的特征向量 $\boldsymbol{\gamma}_1$，$\boldsymbol{\gamma}_2$，…，$\boldsymbol{\gamma}_n$，则可构造正交阵 $\boldsymbol{Q}=(\boldsymbol{\gamma}_1, \boldsymbol{\gamma}_2, \cdots, \boldsymbol{\gamma}_n)$，使得

$$\boldsymbol{Q}^{\mathrm{T}}\boldsymbol{A}\boldsymbol{Q}=\boldsymbol{\Lambda}=\mathrm{diag}(\lambda_1, \lambda_2, \cdots, \lambda_n),$$

其中，$\lambda_i(i=1, 2, \cdots, n)$ 是与 $\boldsymbol{\gamma}_i(i=1, 2, \cdots, n)$ 对应的特征值.

## 四、疑难解答与典型例题

1. 方阵 $\boldsymbol{A}$ 的特征值 $\lambda$ 和特征向量 $\boldsymbol{\alpha}$ 是成对出现的，满足 $\boldsymbol{A\alpha}=\lambda\boldsymbol{\alpha}$，其中向量 $\boldsymbol{\alpha}$ 不能是零向量，数 $\lambda$ 可以为零.

注意，数 $\lambda$ 可能是复数，向量 $\boldsymbol{\alpha}$ 亦可能是复向量（见例 1）.

2. 方阵 $\boldsymbol{A}$ 的任一特征向量只能属于一个特征值，但一个特征值可对应多个不同特征向量.

3. 相似关系是矩阵之间的重要关系，由于相似矩阵有相同的特征值、相同的秩、相同的迹、相同的行列式，所以我们在研究一个矩阵的性质时，经常把该矩阵相似对角化之后进行研究.

4. $n$ 阶矩阵 $\boldsymbol{A}$ 的 $n$ 个特征值的乘积等于 $\boldsymbol{A}$ 的行列式，$n$ 个特征值之和等于 $\boldsymbol{A}$ 的迹，这一性质构建了特征值与行列式之间的一条重要关系，进而建立起了特征值与矩阵可逆与否的关系.

5. 将实对称矩阵 $\boldsymbol{A}$ 正交相似对角化的时候，相似变换阵 $\boldsymbol{Q}$ 是由 $\boldsymbol{A}$ 的 $n$ 个特征向量构造的，要求这 $n$ 个特征向量两两正交且长度为 1，才能保证 $\boldsymbol{Q}$ 是正交矩阵.

而我们利用实对称矩阵 $\boldsymbol{A}$ 计算出的特征向量通常只能保证线性无关，无法保证正交性和规范性，所以必须通过施密特正交规范化方法将同一特征值所属的特征向量组转化为与之等价的正交单位向量组. 特别注意，此过程中一定是先正交化再单位化（规范化），而不是相反. 此外，实对称矩阵不同特征值所对应的特征向量一定是正交的，所以不必再正交化.

那么，一个能够相似对角化的非实对称矩阵能否通过施密特正交规范化方法正交相似对角化呢？答案是不一定. 除非该矩阵与实对称矩阵一样具有性质：不同特征值对应的特征向量不仅线性无关，而且正交.

6. $n$ 阶矩阵 $\boldsymbol{A}$ 对角化的步骤如下：

(1) 求出 $\boldsymbol{A}$ 的全部互异特征值 $\lambda_1$，$\lambda_2$，…，$\lambda_s$，其相应的重数为 $k_1$，$k_2$，…，$k_s$ $(k_1+k_2+\cdots+k_s=n)$.

(2) 对每一个 $k_i$ 重特征值 $\lambda_i$，解齐次方程组 $(\lambda_i\boldsymbol{I}-\boldsymbol{A})\boldsymbol{\alpha}=\boldsymbol{0}$，可得 $\lambda_i$ 对应的线性无关的特征向量.

若对于每一个 $i$ 均有无关特征向量的个数与 $\lambda_i$ 的重数相等，则 $\boldsymbol{A}$ 可对角化，否则 $\boldsymbol{A}$ 不可对角化.

(3) 假设 $\boldsymbol{A}$ 可对角化，特征值 $\lambda_i(i=1, 2, \cdots, s)$ 对应的线性无关的特征向量为 $\boldsymbol{\alpha}_{i1}$，$\boldsymbol{\alpha}_{i2}$，…，$\boldsymbol{\alpha}_{ik_i}$.

令 $\boldsymbol{P}=(\alpha_{11}, \cdots, \alpha_{1k_1}; \alpha_{21}, \cdots, \alpha_{2k_2}; \cdots; \alpha_{s1}, \cdots, \alpha_{sk_s})$，则 $\boldsymbol{P}^{-1}\boldsymbol{AP}=\mathrm{diag}(\lambda_1, \cdots, \lambda_1; \lambda_2, \cdots, \lambda_2; \cdots; \lambda_s, \cdots, \lambda_s)$.

**例 1** 求下列矩阵的特征值与特征向量.

(1) $\begin{bmatrix} 2 & -1 & -1 \\ -1 & 2 & 1 \\ -1 & 1 & 2 \end{bmatrix}$；　　(2) $\begin{bmatrix} -3 & 2 & 3 \\ -1 & 1 & 1 \\ -4 & 1 & 4 \end{bmatrix}$.

**解**　(1) 令 $f(\lambda)=|\lambda\boldsymbol{I}-\boldsymbol{A}|$，即

$$f(\lambda)=\begin{vmatrix}\lambda-2 & 1 & 1\\ 1 & \lambda-2 & -1\\ 1 & -1 & \lambda-2\end{vmatrix}=(\lambda-1)^2(\lambda-4),$$

得 $\boldsymbol{A}$ 的特征值 $\lambda_1=\lambda_2=1$，$\lambda_3=4$.

$\lambda_1=\lambda_2=1$ 时，解方程组

$$(\boldsymbol{I}-\boldsymbol{A})\boldsymbol{\alpha}=\boldsymbol{0},$$

将系数矩阵通过初等行变换化为行阶梯矩阵

$$\boldsymbol{I}-\boldsymbol{A}=\begin{bmatrix}-1 & 1 & 1\\ 1 & -1 & -1\\ 1 & -1 & -1\end{bmatrix}\rightarrow\begin{bmatrix}-1 & 1 & 1\\ 0 & 0 & 0\\ 0 & 0 & 0\end{bmatrix}.$$

$\boldsymbol{I}-\boldsymbol{A}$ 的秩为 1，故 $(\boldsymbol{I}-\boldsymbol{A})\boldsymbol{\alpha}=\boldsymbol{0}$ 的基础解系含两个解向量，解之得

$$\boldsymbol{\xi}_1=\begin{bmatrix}1\\0\\1\end{bmatrix},\ \boldsymbol{\xi}_2=\begin{bmatrix}0\\1\\1\end{bmatrix},$$

故 $k_1\boldsymbol{\xi}_1+k_2\boldsymbol{\xi}_2$（$k_1$，$k_2$ 不全为零）是 $\boldsymbol{A}$ 的属于特征值 $\lambda=1$ 的全部特征向量.

$\lambda_3=4$ 时，解方程组

$$(4\boldsymbol{I}-\boldsymbol{A})\boldsymbol{\alpha}=\boldsymbol{0},$$

将系数矩阵通过初等行变换化为行阶梯矩阵

$$4\boldsymbol{I}-\boldsymbol{A}=\begin{bmatrix}2 & 1 & 1\\ 1 & 2 & -1\\ 1 & -1 & 2\end{bmatrix}\rightarrow\begin{bmatrix}2 & 1 & 1\\ 0 & 1 & -1\\ 0 & 0 & 0\end{bmatrix}.$$

$4\boldsymbol{I}-\boldsymbol{A}$ 的秩为 2，故 $(4\boldsymbol{I}-\boldsymbol{A})\boldsymbol{\alpha}=\boldsymbol{0}$ 的基础解系含一个解向量，解之得

$$\boldsymbol{\xi}_3=\begin{bmatrix}-1\\1\\1\end{bmatrix},$$

故 $k_3\boldsymbol{\xi}_3$（$k_3\neq0$）是 $\boldsymbol{A}$ 的属于特征值 $\lambda=4$ 的全部特征向量.

(2) 令 $f(\lambda)=|\lambda\boldsymbol{I}-\boldsymbol{A}|$，即

$$f(\lambda)=\begin{vmatrix}\lambda+3 & -2 & -3\\ 1 & \lambda-1 & -1\\ 4 & -1 & \lambda-4\end{vmatrix}$$

$$=\lambda(\lambda^2-2\lambda+2)$$

$$=\lambda(\lambda-1+\mathrm{i})(\lambda-1-\mathrm{i}),\text{（注：}\mathrm{i}^2=-1\text{）}$$

得 $\boldsymbol{A}$ 的特征值 $\lambda_1=0$，$\lambda_2=1-\mathrm{i}$，$\lambda_3=1+\mathrm{i}$.

$\lambda_1=0$ 时，解方程组

$$(0\cdot \boldsymbol{I}-\boldsymbol{A})\boldsymbol{\alpha}=\boldsymbol{0},$$

将系数矩阵通过初等行变换化为行阶梯矩阵

$$0\cdot \boldsymbol{I}-\boldsymbol{A}=\begin{bmatrix}3&-2&-3\\1&-1&-1\\4&-1&-4\end{bmatrix}\to\begin{bmatrix}1&-1&-1\\0&1&0\\0&0&0\end{bmatrix}.$$

$0\cdot \boldsymbol{I}-\boldsymbol{A}$ 的秩为 2，故$(0\cdot \boldsymbol{I}-\boldsymbol{A})\boldsymbol{\alpha}=0$ 的基础解系含一个解向量，解之得

$$\boldsymbol{\xi}_1=\begin{bmatrix}1\\0\\1\end{bmatrix},$$

故 $k_1\cdot\boldsymbol{\xi}_1(k_1\neq 0)$是 $\boldsymbol{A}$ 的属于特征值$\lambda_1=0$ 的全部特征向量.

$\lambda_2=1-\mathrm{i}$ 时，解方程组

$$[(1-\mathrm{i})\boldsymbol{I}-\boldsymbol{A}]\boldsymbol{\alpha}=0,$$

将系数矩阵通过初等行变换化为行阶梯矩阵

$$(1-\mathrm{i})\boldsymbol{I}-\boldsymbol{A}=\begin{bmatrix}4-\mathrm{i}&-2&-3\\1&-\mathrm{i}&-1\\4&-1&-3-\mathrm{i}\end{bmatrix}\to\begin{bmatrix}1&-\mathrm{i}&-1\\0&-1+4\mathrm{i}&1-\mathrm{i}\\0&0&0\end{bmatrix}.$$

$(1-\mathrm{i})\boldsymbol{I}-\boldsymbol{A}$ 的秩为 2，$[(1-\mathrm{i})\boldsymbol{I}-\boldsymbol{A}]\boldsymbol{\alpha}=0$ 的基础解系含一个解向量，解之得

$$\boldsymbol{\xi}_2=\begin{bmatrix}5-\mathrm{i}\\2\\5-3\mathrm{i}\end{bmatrix},$$

故 $k_2\cdot\boldsymbol{\xi}_2(k_2\neq 0)$是 $\boldsymbol{A}$ 的属于特征值$\lambda_2=1-\mathrm{i}$ 的全部特征向量.

$\lambda_3=1+\mathrm{i}$ 时，解方程组

$$[(1+\mathrm{i})\boldsymbol{I}-\boldsymbol{A}]\boldsymbol{\alpha}=0,$$

将系数矩阵通过初等行变换化为行阶梯矩阵

$$(1+\mathrm{i})\boldsymbol{I}-\boldsymbol{A}=\begin{bmatrix}4+\mathrm{i}&-2&-3\\1&\mathrm{i}&-1\\4&-1&-3+\mathrm{i}\end{bmatrix}\to\begin{bmatrix}1&\mathrm{i}&-1\\0&-1-4\mathrm{i}&1+\mathrm{i}\\0&0&0\end{bmatrix}.$$

$(1+\mathrm{i})\boldsymbol{I}-\boldsymbol{A}$ 的秩为 2，$[(1+\mathrm{i})\boldsymbol{I}-\boldsymbol{A}]\boldsymbol{\alpha}=\boldsymbol{0}$ 的基础解系含一个解向量，解之得

$$\boldsymbol{\xi}_3=\begin{bmatrix}5+\mathrm{i}\\2\\5+3\mathrm{i}\end{bmatrix},$$

故 $k_3\cdot\boldsymbol{\xi}_3(k_3\neq 0)$是 $\boldsymbol{A}$ 的属于特征值$\lambda_3=1+\mathrm{i}$ 的全部特征向量.

**例 2** 设 $\lambda=2$ 是矩阵 $\boldsymbol{A}$ 的一个特征值且$|\boldsymbol{A}|=1$，$\boldsymbol{A}^*$ 是 $\boldsymbol{A}$ 的伴随矩阵，求 $2\boldsymbol{A}^2+$

$\boldsymbol{A}^*+3\boldsymbol{I}$的一个特征值.

**解**　因为$|\boldsymbol{A}|\neq 0$，所以$\boldsymbol{A}$可逆且$\boldsymbol{A}^*=|\boldsymbol{A}|\cdot\boldsymbol{A}^{-1}=\boldsymbol{A}^{-1}$.

令

$$\boldsymbol{B}=2\boldsymbol{A}^2+\boldsymbol{A}^*+3\boldsymbol{I}.$$

$\boldsymbol{\alpha}\neq 0$是矩阵$\boldsymbol{A}$的属于特征值$\lambda=2$的特征向量．则

$$\boldsymbol{A\alpha}=2\boldsymbol{\alpha},$$

两边同乘以$\frac{1}{2}\boldsymbol{A}^{-1}$，有

$$\boldsymbol{A}^{-1}\boldsymbol{\alpha}=\frac{1}{2}\boldsymbol{\alpha},$$

所以

$$\begin{aligned}\boldsymbol{B\alpha}&=(2\boldsymbol{A}^2+\boldsymbol{A}^*+3\boldsymbol{I})\boldsymbol{\alpha}\\&=2\boldsymbol{A}^2\boldsymbol{\alpha}+\boldsymbol{A}^{-1}\boldsymbol{\alpha}+3\boldsymbol{\alpha}\\&=8\boldsymbol{\alpha}+\frac{1}{2}\boldsymbol{\alpha}+3\boldsymbol{\alpha}\\&=11.5\boldsymbol{\alpha},\end{aligned}$$

故$\lambda=11.5$是矩阵$2\boldsymbol{A}^2+\boldsymbol{A}^*+3\boldsymbol{I}$的一个特征值.

**例 3**　若$\boldsymbol{A}^2-3\boldsymbol{A}=18\boldsymbol{I}$，则$\boldsymbol{A}$的特征值只能是 6 或$-3$.

**证明**　设$\lambda$是$\boldsymbol{A}$的特征值，$\boldsymbol{\alpha}$是相应的特征向量.

$\boldsymbol{B}=\boldsymbol{A}^2-3\boldsymbol{A}-18\boldsymbol{I}=\boldsymbol{O}$是$\boldsymbol{A}$的矩阵多项式.

构造多项式$\varphi(x)=x^2-3x-18$，则$\varphi(\lambda)$是$\varphi(\boldsymbol{A})$的特征值，而$\boldsymbol{B}=\varphi(\boldsymbol{A})=\boldsymbol{O}$显然仅有零特征值，故$\varphi(\lambda)=0$．即

$$\lambda^2-3\lambda-18=0.$$

所以$\lambda=6$或$-3$.

**例 4**　三阶矩阵$\boldsymbol{A}$有三个不同的特征值$-1$，1，2，$\boldsymbol{A}^*$是$\boldsymbol{A}$的伴随矩阵，求$|\boldsymbol{A}^2+\boldsymbol{A}^*+2\boldsymbol{I}|$.

**解**　令$\boldsymbol{B}=\boldsymbol{A}^2+\boldsymbol{A}^*+2\boldsymbol{I}$，则

$$|\boldsymbol{A}|=-1\times1\times2=-2,$$

$$\begin{aligned}\boldsymbol{A}\cdot\boldsymbol{B}&=\boldsymbol{A}^3+\boldsymbol{AA}^*+2\boldsymbol{A}\\&=\boldsymbol{A}^3+2\boldsymbol{A}+|\boldsymbol{A}|\boldsymbol{I}\\&=\boldsymbol{A}^3+2\boldsymbol{A}-2\boldsymbol{I}.\end{aligned}$$

令$\varphi(x)=x^3+2x-2$，$\boldsymbol{A}\cdot\boldsymbol{B}=\varphi(\boldsymbol{A})$，所以$\varphi(-1)$，$\varphi(1)$，$\varphi(2)$是$\boldsymbol{A}\cdot\boldsymbol{B}$的三个特征值.

$|\boldsymbol{A}\cdot\boldsymbol{B}|=\varphi(-1)\varphi(1)\varphi(2)=-5\times1\times10=-50,$

$|\boldsymbol{A}^2+\boldsymbol{A}^*+2\boldsymbol{I}|=|\boldsymbol{B}|=\dfrac{-50}{|\boldsymbol{A}|}=25.$

**例 5** 设矩阵 $\boldsymbol{A}$ 与 $\boldsymbol{B}$ 相似，其中

$$\boldsymbol{A}=\begin{bmatrix}-2&0&0\\1&1&1\\1&2&x\end{bmatrix},$$

$$\boldsymbol{B}=\begin{bmatrix}-1&0&0\\1&2&0\\1&1&y\end{bmatrix}.$$

（1）求 $x$ 与 $y$ 的值.

（2）求可逆阵 $\boldsymbol{P}$，使得 $\boldsymbol{P}^{-1}\boldsymbol{AP}=\boldsymbol{B}$.

**解** （1）相似矩阵有相同的特征多项式，故

$$|\lambda\boldsymbol{I}-\boldsymbol{A}|=|\lambda\boldsymbol{I}-\boldsymbol{B}|,$$

即

$$(\lambda+2)[\lambda^2-(1+x)\cdot\lambda+x-2]=(\lambda+1)(\lambda-2)(\lambda-y).$$

所以 $y=-2$（注：上式左端有因子 $\lambda+2$）.

由迹定理有

$$-2+1+x=\lambda_1+\lambda_2+\lambda_3=-1+2+y.$$

所以 $x=0$.

（2）由 $x=0$，$y=-2$ 得

$$\boldsymbol{A}=\begin{bmatrix}-2&0&0\\1&1&1\\1&2&0\end{bmatrix},$$

$$\boldsymbol{B}=\begin{bmatrix}-1&0&0\\1&2&0\\1&1&-2\end{bmatrix}.$$

$\boldsymbol{A}$ 和 $\boldsymbol{B}$ 相同的特征值为 $\lambda_1=-1$，$\lambda_2=2$，$\lambda_3=-2$.

将 $\lambda$ 代入 $(\lambda\boldsymbol{I}-\boldsymbol{A})\boldsymbol{\alpha}=\boldsymbol{0}$，可计算得相应的特征向量

$$\boldsymbol{\alpha}_1=\begin{bmatrix}0\\1\\-2\end{bmatrix},\ \boldsymbol{\alpha}_2=\begin{bmatrix}0\\1\\1\end{bmatrix},\ \boldsymbol{\alpha}_3=\begin{bmatrix}-4\\1\\1\end{bmatrix}.$$

再将 $\lambda$ 代入 $(\lambda\boldsymbol{I}-\boldsymbol{B})\boldsymbol{\beta}=\boldsymbol{0}$，可得相应的特征向量

$$\boldsymbol{\beta}_1=\begin{bmatrix}3\\-1\\2\end{bmatrix},\ \boldsymbol{\beta}_2=\begin{bmatrix}0\\4\\1\end{bmatrix},\ \boldsymbol{\beta}_3=\begin{bmatrix}0\\0\\1\end{bmatrix}.$$

构造可逆阵

$$\boldsymbol{P}_1=(\boldsymbol{\alpha}_1,\ \boldsymbol{\alpha}_2,\ \boldsymbol{\alpha}_3)=\begin{bmatrix}0&0&-4\\1&1&1\\-2&1&1\end{bmatrix},$$

$$\boldsymbol{P}_2=(\boldsymbol{\beta}_1,\ \boldsymbol{\beta}_2,\ \boldsymbol{\beta}_3)=\begin{bmatrix}3&0&0\\-1&4&0\\2&1&1\end{bmatrix},$$

则
$$\boldsymbol{P}_1^{-1}\boldsymbol{A}\boldsymbol{P}_1=\mathrm{diag}(-1,\ 2,\ -2),$$
$$\boldsymbol{P}_2^{-1}\boldsymbol{B}\boldsymbol{P}_2=\mathrm{diag}(-1,\ 2,\ -2),$$

所以
$$\boldsymbol{P}_1^{-1}\boldsymbol{A}\boldsymbol{P}_1=\boldsymbol{P}_2^{-1}\boldsymbol{B}\boldsymbol{P}_2,$$
$$\boldsymbol{P}_2\boldsymbol{P}_1^{-1}\boldsymbol{A}\boldsymbol{P}_1\boldsymbol{P}_2^{-1}=\boldsymbol{B},$$

即
$$(\boldsymbol{P}_1\boldsymbol{P}_2^{-1})^{-1}\boldsymbol{A}(\boldsymbol{P}_1\boldsymbol{P}_2^{-1})=\boldsymbol{B}.$$

令 $\boldsymbol{P}=\boldsymbol{P}_1\boldsymbol{P}_2^{-1}$，必有 $\boldsymbol{P}^{-1}\boldsymbol{A}\boldsymbol{P}=\boldsymbol{B}$，其中

$$\boldsymbol{P}=\boldsymbol{P}_1\boldsymbol{P}_2^{-1}=\boldsymbol{P}_1\begin{bmatrix}\frac{1}{3}&0&0\\\frac{1}{12}&\frac{1}{4}&0\\-\frac{3}{4}&-\frac{1}{4}&1\end{bmatrix}=\begin{bmatrix}3&1&-4\\-\frac{1}{3}&0&1\\-\frac{4}{3}&0&1\end{bmatrix}.$$

**例 6**　已知 $\boldsymbol{A}=\begin{bmatrix}2&2&-1\\0&1&0\\3&6&-2\end{bmatrix}$，求 $\boldsymbol{A}^{2020}$ 和 $\boldsymbol{A}^{1993}$.

**解**　令 $|\lambda\boldsymbol{I}-\boldsymbol{A}|=0$，即

$$\begin{vmatrix}\lambda-2&-2&1\\0&\lambda-1&0\\-3&-6&\lambda+2\end{vmatrix}=(\lambda-1)^2(\lambda+1).$$

$\boldsymbol{A}$ 有特征值 $\lambda_1=\lambda_2=1$，$\lambda_3=-1$.

$\lambda_1=\lambda_2=1$ 时，解 $(\boldsymbol{I}-\boldsymbol{A})\boldsymbol{\alpha}=\boldsymbol{0}$，得特征向量

$$\boldsymbol{\alpha}_1=\begin{bmatrix}1\\0\\1\end{bmatrix},\quad \boldsymbol{\alpha}_2=\begin{bmatrix}0\\1\\2\end{bmatrix}.$$

$\lambda_3=-1$ 时，解 $(-\boldsymbol{I}-\boldsymbol{A})\boldsymbol{\alpha}=\boldsymbol{0}$，得特征向量

$$\boldsymbol{\alpha}_3=\begin{bmatrix}1\\0\\3\end{bmatrix}.$$

令 $\boldsymbol{P}=(\boldsymbol{\alpha}_1\quad \boldsymbol{\alpha}_2\quad \boldsymbol{\alpha}_3)=\begin{bmatrix}1&0&1\\0&1&0\\1&2&3\end{bmatrix}$，则

$$\boldsymbol{P}^{-1}\boldsymbol{AP}=\text{diag}(1,\ 1,\ -1)=\boldsymbol{\Lambda},$$

即

$$\boldsymbol{A}=\boldsymbol{P\Lambda P}^{-1},$$

$$\boldsymbol{A}^{2020}=(\boldsymbol{P\Lambda P}^{-1})^{2020}=\boldsymbol{P\Lambda}^{2020}\boldsymbol{P}^{-1}=\boldsymbol{PIP}^{-1}=\boldsymbol{PP}^{-1}=\boldsymbol{E},$$

$$\boldsymbol{A}^{1993}=(\boldsymbol{P\Lambda P}^{-1})^{1993}=\boldsymbol{P\Lambda}^{1993}\boldsymbol{P}^{-1}=\boldsymbol{P\Lambda P}^{-1}$$

$$=\begin{bmatrix}\frac{3}{2}&1&-\frac{1}{2}\\0&1&0\\\frac{5}{2}&5&-\frac{3}{2}\end{bmatrix}.$$

**例 7** 设 $\boldsymbol{A}$ 与 $\boldsymbol{B}$ 均为 $n$ 阶方阵，证明 $\boldsymbol{AB}$ 与 $\boldsymbol{BA}$ 有相同的特征值.

**证明** 设 $\lambda$ 是 $\boldsymbol{AB}$ 的特征值，$\boldsymbol{\alpha}$ 是相应的特征向量，则

$$\boldsymbol{AB\alpha}=\lambda\boldsymbol{\alpha}.$$

下面证明 $\lambda$ 亦是 $\boldsymbol{BA}$ 的特征值.

(1) $\lambda=0$ 时，$\boldsymbol{AB}$ 的 $n$ 个特征值 $\lambda_1$，$\lambda_2$，…，$\lambda_n$ 至少有一个为零.

$|\boldsymbol{BA}|=|\boldsymbol{AB}|=\lambda_1\lambda_2\cdots\lambda_n=0$，说明 0 是 $\boldsymbol{BA}$ 的特征值.

(2) $\lambda\neq0$ 时，$\boldsymbol{AB\alpha}=\lambda\boldsymbol{\alpha}$ 两端左乘 $\boldsymbol{B}$，得

$$\boldsymbol{BAB\alpha}=\lambda\boldsymbol{B\alpha},$$

即

$$\boldsymbol{BA}(\boldsymbol{B\alpha})=\lambda(\boldsymbol{B\alpha}).$$

若 $\boldsymbol{B\alpha}\neq\boldsymbol{0}$，说明 $\lambda$ 是 $\boldsymbol{BA}$ 的特征值.

事实上，若 $\boldsymbol{B\alpha}=\boldsymbol{0}$，则 $\lambda\boldsymbol{\alpha}=\boldsymbol{AB\alpha}=\boldsymbol{A}\cdot\boldsymbol{0}=\boldsymbol{0}$，而 $\boldsymbol{\alpha}\neq0$，得 $\lambda=0$，矛盾.

以上证明了 $\boldsymbol{AB}$ 的特征值 $\lambda$ 必是 $\boldsymbol{BA}$ 的特征值，同理可证 $\boldsymbol{BA}$ 的特征值 $\lambda$ 必是 $\boldsymbol{AB}$ 的特征值.

所以 $\boldsymbol{AB}$ 和 $\boldsymbol{BA}$ 有相同的特征值.

**例 8** 设 $\boldsymbol{A}=\begin{bmatrix}2&1&1\\1&2&1\\1&1&2\end{bmatrix}$，求正交矩阵 $\boldsymbol{Q}$，使得 $\boldsymbol{Q}^{\mathrm{T}}\boldsymbol{AQ}=\boldsymbol{\Lambda}$（$\boldsymbol{\Lambda}$ 为对角阵).

**解** 由

$$|\lambda\boldsymbol{I}-\boldsymbol{A}|=\begin{vmatrix}\lambda-2&-1&-1\\-1&\lambda-2&-1\\-1&-1&\lambda-2\end{vmatrix}=(\lambda-4)(\lambda-1)^2,$$

得 $\boldsymbol{A}$ 的特征值 $\lambda_1=\lambda_2=1$，$\lambda_3=4$.

$\lambda_1=\lambda_2=1$ 时，解 $(\boldsymbol{I}-\boldsymbol{A})\boldsymbol{\alpha}=\boldsymbol{0}$，得特征向量

$$\boldsymbol{\alpha}_1=\begin{bmatrix}1\\0\\-1\end{bmatrix},\ \boldsymbol{\alpha}_2=\begin{bmatrix}0\\1\\-1\end{bmatrix}.$$

将其正交化得

$$\boldsymbol{\eta}_1=\boldsymbol{\alpha}_1=[1,\ 0,\ -1]^{\mathrm{T}},$$

$$\boldsymbol{\eta}_2=\boldsymbol{\alpha}_2-\frac{(\boldsymbol{\alpha}_1,\ \boldsymbol{\alpha}_2)}{(\boldsymbol{\alpha}_1,\ \boldsymbol{\alpha}_1)}\cdot\boldsymbol{\alpha}_1=\left[-\frac{1}{2},\ 1,\ -\frac{1}{2}\right]^{\mathrm{T}}.$$

再单位化得

$$\boldsymbol{\beta}_1=\frac{1}{\|\boldsymbol{\eta}_1\|}\cdot\boldsymbol{\eta}_1=\left[\frac{\sqrt{2}}{2},\ 0,\ -\frac{\sqrt{2}}{2}\right]^{\mathrm{T}},$$

$$\boldsymbol{\beta}_2=\frac{1}{\|\boldsymbol{\eta}_2\|}\cdot\boldsymbol{\eta}_2=\left[-\frac{1}{\sqrt{6}},\ \sqrt{\frac{2}{3}},\ -\frac{1}{\sqrt{6}}\right]^{\mathrm{T}}.$$

$\lambda=4$ 时，解 $(4\boldsymbol{I}-\boldsymbol{A})\boldsymbol{\alpha}=\boldsymbol{0}$，得特征向量

$$\boldsymbol{\alpha}_3=[1,\ 1,\ 1]^{\mathrm{T}}.$$

将其单位化得

$$\boldsymbol{\beta}_3=\frac{1}{\|\boldsymbol{\alpha}_3\|}\cdot\boldsymbol{\alpha}_3=\left[\frac{1}{\sqrt{3}},\ \frac{1}{\sqrt{3}},\ \frac{1}{\sqrt{3}}\right]^{\mathrm{T}}.$$

令

$$\boldsymbol{Q}=(\boldsymbol{\beta}_1,\ \boldsymbol{\beta}_2,\ \boldsymbol{\beta}_3)=\begin{bmatrix}\frac{\sqrt{2}}{2} & -\frac{\sqrt{6}}{6} & \frac{\sqrt{3}}{3}\\ 0 & \frac{\sqrt{6}}{3} & \frac{\sqrt{3}}{3}\\ \frac{\sqrt{2}}{2} & -\frac{\sqrt{6}}{6} & \frac{\sqrt{3}}{3}\end{bmatrix},$$

则

$$\boldsymbol{Q}^{\mathrm{T}}\boldsymbol{A}\boldsymbol{Q}=\boldsymbol{Q}^{-1}\boldsymbol{A}\boldsymbol{Q}=\boldsymbol{\Lambda}=\mathrm{diag}(1,\ 1,\ 4).$$

**例 9**　三阶实对称矩阵 $\boldsymbol{A}$ 的三个特征值为 $\lambda_1=2$，$\lambda_2=\lambda_3=1$ 且 $\lambda_1=2$ 所对应的特征向量 $\boldsymbol{\alpha}_1=[1\ \ 0\ \ 1]^{\mathrm{T}}$，求矩阵 $\boldsymbol{A}$.

**解**　分析：本题主要考察两个知识点，首先是实对称矩阵一定相似于对角阵，意味着 $\lambda_2=\lambda_3=1$ 对应有两个线性无关的特征向量；其次是实对称矩阵不同特征值所对应的特征向量正交.

设 $\boldsymbol{\alpha}=[x_1,\ x_1,\ x_3]^{\mathrm{T}}$ 是 $\lambda_2=\lambda_3=1$ 所对应的特征向量，则

$$(\boldsymbol{\alpha}_1,\ \boldsymbol{\alpha})=0,$$

即

$$x_1+x_3=0.$$

解之得基础解系 $\boldsymbol{\alpha}_2=[1,\ 0,\ -1]^{\mathrm{T}}$，$\boldsymbol{\alpha}_3=[0,\ 1,\ 0]^{\mathrm{T}}$，则 $\boldsymbol{\alpha}_2$，$\boldsymbol{\alpha}_3$ 便是 $\boldsymbol{A}$ 的属于特征值 $\lambda_2=\lambda_3=1$ 所对应的特征向量.

令 $\boldsymbol{P}=(\boldsymbol{\alpha}_1,\ \boldsymbol{\alpha}_2,\ \boldsymbol{\alpha}_3)=\begin{bmatrix}1 & 1 & 0\\ 0 & 0 & 1\\ 1 & -1 & 0\end{bmatrix}$，有

$$\boldsymbol{P}^{-1}\boldsymbol{A}\boldsymbol{P}=\boldsymbol{\Lambda}=\mathrm{diag}(2,\ 1,\ 1),$$

$$\boldsymbol{A}=\boldsymbol{P}\boldsymbol{\Lambda}\boldsymbol{P}^{-1}=\begin{bmatrix}1 & 1 & 0\\ 0 & 0 & 1\\ 1 & -1 & 0\end{bmatrix}\begin{bmatrix}2 & 0 & 0\\ 0 & 1 & 0\\ 0 & 0 & 1\end{bmatrix}\begin{bmatrix}\frac{1}{2} & 0 & \frac{1}{2}\\ -\frac{1}{2} & 0 & -\frac{1}{2}\\ 0 & 1 & 0\end{bmatrix}$$

$$=\begin{bmatrix}\frac{1}{2} & 0 & \frac{1}{2}\\ 0 & 1 & 0\\ \frac{3}{2} & 0 & \frac{3}{2}\end{bmatrix}.$$

**例 10** 设 $\boldsymbol{\alpha}=[1\ \ a_2\ \ a_3\ \ \cdots\ \ a_n]^{\mathrm{T}}$，$\boldsymbol{\beta}=[1\ \ b_2\ \ b_3\ \ \cdots\ \ b_n]^{\mathrm{T}}$，且 $(\boldsymbol{\alpha},\ \boldsymbol{\beta})=0$，$\boldsymbol{A}=\boldsymbol{\alpha}\cdot\boldsymbol{\beta}^{\mathrm{T}}$.

(1) 求 $\boldsymbol{A}^2$；

(2) 求 $\boldsymbol{A}$ 的特征值和特征向量.

**解** (1) 因为

$$\boldsymbol{\alpha}^{\mathrm{T}}\cdot\boldsymbol{\beta}=(\boldsymbol{\alpha},\ \boldsymbol{\beta})=0,$$

故

$$\begin{aligned}\boldsymbol{A}^2&=\boldsymbol{\alpha}\cdot\boldsymbol{\beta}^{\mathrm{T}}\cdot\boldsymbol{\alpha}\cdot\boldsymbol{\beta}^{\mathrm{T}}=\boldsymbol{\alpha}\cdot(\boldsymbol{\beta}^{\mathrm{T}}\cdot\boldsymbol{\alpha})\cdot\boldsymbol{\beta}^{\mathrm{T}}\\&=\boldsymbol{\alpha}\cdot(\boldsymbol{\alpha}^{\mathrm{T}}\cdot\boldsymbol{\beta})\cdot\boldsymbol{\beta}^{\mathrm{T}}=(\boldsymbol{\alpha}^{\mathrm{T}}\cdot\boldsymbol{\beta})\cdot\boldsymbol{\alpha}\cdot\boldsymbol{\beta}^{\mathrm{T}}\\&=0\cdot\boldsymbol{\alpha}\cdot\boldsymbol{\beta}^{\mathrm{T}}=\boldsymbol{0}.\end{aligned}$$

(2) 设 $\lambda$ 是 $\boldsymbol{A}$ 的特征值，$\boldsymbol{\eta}\neq\boldsymbol{0}$ 是相应的特征向量. 则

$$\boldsymbol{A}\boldsymbol{\eta}=\lambda\cdot\boldsymbol{\eta},$$

$$\boldsymbol{A}^2\cdot\boldsymbol{\eta}=\lambda\cdot\boldsymbol{A}\boldsymbol{\eta}=\lambda^2\cdot\boldsymbol{\eta}.$$

由 $\boldsymbol{A}^2=\boldsymbol{0}$，得 $\lambda^2\boldsymbol{\eta}=\boldsymbol{0}$，又 $\boldsymbol{\eta}\neq\boldsymbol{0}$，则 $\lambda=0$. 解齐次方程组 $(0\boldsymbol{I}-\boldsymbol{A})\boldsymbol{\xi}=\boldsymbol{0}$，即 $\boldsymbol{A}\boldsymbol{\xi}=\boldsymbol{0}$. 对系数矩阵 $\boldsymbol{A}$ 作初等行变换：

$$\boldsymbol{A}=\boldsymbol{\alpha}\cdot\boldsymbol{\beta}^{\mathrm{T}}=\begin{bmatrix}1\\ a_2\\ a_3\\ \vdots\\ a_n\end{bmatrix}[1\ \ b_2\ \ b_3\ \ \cdots\ \ b_n]$$

$$=\begin{bmatrix}1 & b_2 & b_3 & \cdots & b_n \\ a_2 & a_2b_2 & a_2b_3 & \cdots & a_2b_n \\ a_3 & a_3b_2 & a_3b_3 & \cdots & a_3b_n \\ a_n & a_nb_2 & a_nb_3 & \cdots & a_nb_n\end{bmatrix}$$

$$\xrightarrow{\text{(初等行变换)}}\begin{bmatrix}1 & b_2 & b_3 & \cdots & b_n \\ 0 & 0 & 0 & \cdots & 0 \\ 0 & 0 & 0 & \cdots & 0 \\ 0 & 0 & 0 & \cdots & 0\end{bmatrix},$$

解之得基础解系：

$$\boldsymbol{\xi}_1=\begin{bmatrix}b_2 \\ -1 \\ 0 \\ \vdots \\ 0\end{bmatrix},\ \boldsymbol{\xi}_2=\begin{bmatrix}b_3 \\ 0 \\ -1 \\ \vdots \\ 0\end{bmatrix},\ \cdots,\ \boldsymbol{\xi}_{n-1}=\begin{bmatrix}b_n \\ 0 \\ 0 \\ \vdots \\ -1\end{bmatrix}.$$

所以 $\boldsymbol{A}$ 的特征值为 $\lambda=0$，相应的特征向量为 $\boldsymbol{\xi}_1$，$\boldsymbol{\xi}_2$，…，$\boldsymbol{\xi}_{n-1}$.

**例 11**　求如下微分方程组的解：

$$\begin{cases}\dfrac{\mathrm{d}x}{\mathrm{d}t}=2x-2y, \\ \dfrac{\mathrm{d}y}{\mathrm{d}t}=-2x-y.\end{cases}$$

**解**　令 $\boldsymbol{\theta}=\begin{bmatrix}x \\ y\end{bmatrix}$，$\boldsymbol{A}=\begin{bmatrix}2 & -2 \\ -2 & -1\end{bmatrix}$，则

$$\frac{\mathrm{d}\boldsymbol{\theta}}{\mathrm{d}t}=\begin{bmatrix}\dfrac{\mathrm{d}x}{\mathrm{d}t} \\ \dfrac{\mathrm{d}y}{\mathrm{d}t}\end{bmatrix}=\boldsymbol{A\theta}.$$

$\boldsymbol{A}$ 是实对称矩阵，可以将其对角化.

令 $\boldsymbol{P}=\begin{bmatrix}2 & 1 \\ -1 & 2\end{bmatrix}$，$\boldsymbol{\Lambda}=\begin{bmatrix}3 & 0 \\ 0 & -2\end{bmatrix}$，则

$$\boldsymbol{P}^{-1}\boldsymbol{AP}=\boldsymbol{\Lambda}.$$

令 $\boldsymbol{\theta}_1=\begin{bmatrix}x_1 \\ y_1\end{bmatrix}$，且满足 $\boldsymbol{\theta}=\boldsymbol{P\theta}_1$，则

$$\boldsymbol{AP\theta}_1=\boldsymbol{A\theta}=\frac{\mathrm{d}\boldsymbol{\theta}}{\mathrm{d}t}=\frac{\mathrm{d}(\boldsymbol{P\theta}_1)}{\mathrm{d}t}=\boldsymbol{P}\frac{\mathrm{d}\boldsymbol{\theta}_1}{\mathrm{d}t},$$

故
$$\frac{\mathrm{d}\boldsymbol{\theta}_1}{\mathrm{d}t}=\boldsymbol{P}^{-1}\boldsymbol{AP\theta}_1=\boldsymbol{\Lambda\theta}_1,$$

即
$$\begin{bmatrix}\dfrac{\mathrm{d}x_1}{\mathrm{d}t}\\ \dfrac{\mathrm{d}y_1}{\mathrm{d}t}\end{bmatrix}=\begin{bmatrix}3&0\\0&-2\end{bmatrix}\begin{bmatrix}x_1\\y_1\end{bmatrix},$$

$$\begin{cases}\dfrac{\mathrm{d}x_1}{\mathrm{d}t}=3x_1,\\ \dfrac{\mathrm{d}y_1}{\mathrm{d}t}=-2y_1,\end{cases}$$

得
$$\begin{cases}x_1=c_1\mathrm{e}^{3t},\\ y_1=c_2\mathrm{e}^{-2t},\end{cases}\quad (c_1\in\mathbf{R},\ c_2\in\mathbf{R})$$

所以
$$\boldsymbol{\theta}=\boldsymbol{P}\boldsymbol{\theta}_1=\begin{bmatrix}2&1\\-1&2\end{bmatrix}\begin{bmatrix}c_1\mathrm{e}^{3t}\\c_2\mathrm{e}^{-2t}\end{bmatrix}$$
$$=\begin{bmatrix}2c_1\mathrm{e}^{3t}+c_2\mathrm{e}^{-2t}\\-c_1\mathrm{e}^{3t}+2c_2\mathrm{e}^{-2t}\end{bmatrix}.$$

## 五、练习题精选

1. 求下列矩阵的特征值与特征向量.

(1) $\begin{bmatrix}2&1\\1&2\end{bmatrix}$；　　(2) $\begin{bmatrix}1&2&3\\2&1&3\\3&3&6\end{bmatrix}$；

(3) $\begin{bmatrix}2&-1&2\\5&-3&3\\-1&0&-2\end{bmatrix}$；　　(4) $\begin{bmatrix}1&1&1&1\\1&1&-1&-1\\1&-1&1&-1\\1&-1&-1&1\end{bmatrix}$.

2. 已知三阶矩阵 $\boldsymbol{A}$ 的特征值为 1，−2，3，求：

(1) $2\boldsymbol{A}$ 的特征值；

(2) $\boldsymbol{A}^{-1}$的特征值；

(3) $|\boldsymbol{A}^2-2\boldsymbol{A}+3\boldsymbol{I}|$.

3. 设 $\boldsymbol{A}^2-3\boldsymbol{A}+2\boldsymbol{I}=\boldsymbol{0}$，证明：$\boldsymbol{A}$ 的特征值只可能为 1 或 2.

4. 已知 0 是矩阵 $\boldsymbol{A}=\begin{bmatrix}1&0&1\\0&2&0\\1&0&a\end{bmatrix}$的特征值，求 $\boldsymbol{A}$ 的特征值和特征向量.

5. 已知三阶方阵 $\boldsymbol{A}$ 的特征值分别为 1，2，−1，证明：$\boldsymbol{A}^2+2\boldsymbol{A}+5\boldsymbol{I}$ 可逆.

6. 设 $\boldsymbol{\alpha}$ 是 $\boldsymbol{A}$ 的对应于特征值 $\lambda_0$ 的特征向量，证明：

(1) $\boldsymbol{\alpha}$ 是 $\boldsymbol{A}^m$ 的对应于特征值 $\lambda_0{}^m$ 的特征向量；

(2) 对任意多项式 $f(x)$，$\boldsymbol{\alpha}$ 是 $f(\boldsymbol{A})$ 的对应于特征值 $f(\lambda_0)$ 的特征向量.

7. 设 $\boldsymbol{A}=\begin{bmatrix}1 & -3 & 3\\ 3 & a & 3\\ 6 & -6 & b\end{bmatrix}$ 有特征值 $\lambda_1=-2$，$\lambda_2=4$，求参数 $a$，$b$ 的值.

8. 设 $\boldsymbol{A}$，$\boldsymbol{B}$ 都是 $n$ 阶方阵，且 $|\boldsymbol{A}|\neq 0$，证明：$\boldsymbol{AB}$ 与 $\boldsymbol{BA}$ 相似.

9. 设方阵 $\boldsymbol{A}=\begin{bmatrix}1 & -2 & -4\\ -2 & x & -2\\ -4 & -2 & 1\end{bmatrix}$ 与 $\boldsymbol{B}=\begin{bmatrix}5 & 0 & 0\\ 0 & y & 0\\ 0 & 0 & -4\end{bmatrix}$ 相似，求 $x$，$y$.

10. 对下列矩阵，求可逆矩阵 $\boldsymbol{P}$，使 $\boldsymbol{P}^{-1}\boldsymbol{AP}$ 为角矩阵.

(1) $\boldsymbol{A}=\begin{bmatrix}-1 & -2 & 2\\ 0 & 1 & 0\\ 0 & 0 & 1\end{bmatrix}$；

(2) $\boldsymbol{A}=\begin{bmatrix}4 & 6 & 0\\ -3 & -5 & 0\\ -3 & -6 & 1\end{bmatrix}$.

11. 已知 $\boldsymbol{\alpha}=\begin{bmatrix}1\\ 1\\ -1\end{bmatrix}$ 为矩阵 $\boldsymbol{A}=\begin{bmatrix}2 & -1 & 2\\ 5 & a & 3\\ -1 & b & -2\end{bmatrix}$ 的一个特征向量.

(1) 求参数 $a$，$b$ 的值及特征向量 $\boldsymbol{\alpha}$ 对应的特征值；

(2) 判别 $\boldsymbol{A}$ 能否对角化，并说明理由.

12. 设矩阵 $\boldsymbol{A}=\begin{bmatrix}2 & 0 & 1\\ 3 & 1 & x\\ 4 & 0 & 5\end{bmatrix}$ 可相似对角化，求 $x$.

13. 设 $\boldsymbol{A}=\begin{bmatrix}1 & 4 & 2\\ 0 & -3 & 4\\ 0 & 4 & 3\end{bmatrix}$，求 $\boldsymbol{A}^{99}$.

14. 已知三阶方阵 $\boldsymbol{A}$ 的特征值分别为 $\lambda_1=2$，$\lambda_2=-2$，$\lambda_3=1$，对应的特征向量分别为

$$\boldsymbol{\alpha}_1=\begin{bmatrix}0\\ 1\\ 1\end{bmatrix},\ \boldsymbol{\alpha}_2=\begin{bmatrix}1\\ 1\\ 1\end{bmatrix},\ \boldsymbol{\alpha}_3=\begin{bmatrix}1\\ 1\\ 0\end{bmatrix},$$

求矩阵 $\boldsymbol{A}$.

15. 设矩阵 $\boldsymbol{A}=\begin{bmatrix}1 & -1 & 1\\ x & 4 & y\\ -3 & -3 & 5\end{bmatrix}$，已知 $\boldsymbol{A}$ 有 3 个线性无关的特征向量，$\lambda=2$ 是 $\boldsymbol{A}$ 的二重特征值，试求可逆阵 $\boldsymbol{P}$，使得 $\boldsymbol{P}^{-1}\boldsymbol{AP}$ 为对角阵.

16. 试判断下列矩阵 $\boldsymbol{A}$，$\boldsymbol{B}$ 是否相似，若相似，求出可逆矩阵 $\boldsymbol{P}$，使得 $\boldsymbol{B}=\boldsymbol{P}^{-1}\boldsymbol{AP}$.

$$\boldsymbol{A}=\begin{bmatrix}2 & 0 & 1\\ 0 & 2 & 0\\ 0 & 0 & 3\end{bmatrix},\ \boldsymbol{B}=\begin{bmatrix}2 & 0 & 0\\ 0 & 2 & 0\\ 0 & 0 & 3\end{bmatrix},$$

17. 求一个向量 $\boldsymbol{\beta}$，使其与向量 $\boldsymbol{\alpha}_1=\begin{bmatrix}1\\1\\0\end{bmatrix}$，$\boldsymbol{\alpha}_2=\begin{bmatrix}0\\1\\1\end{bmatrix}$ 都正交.

18. 将下列向量组化为正交规范向量组.

(1) $\boldsymbol{\alpha}_1=\begin{bmatrix}1\\-2\\2\end{bmatrix}$，$\boldsymbol{\alpha}_2=\begin{bmatrix}-1\\0\\-1\end{bmatrix}$，$\boldsymbol{\alpha}_3=\begin{bmatrix}5\\-3\\7\end{bmatrix}$；

(2) $\boldsymbol{\alpha}_1=\begin{bmatrix}1\\2\\2\\1\end{bmatrix}$，$\boldsymbol{\alpha}_2=\begin{bmatrix}1\\1\\-5\\3\end{bmatrix}$，$\boldsymbol{\alpha}_3=\begin{bmatrix}3\\2\\8\\-7\end{bmatrix}$.

19. 设 $\boldsymbol{\alpha}_1$，$\boldsymbol{\alpha}_2$，$\boldsymbol{\alpha}_3$ 是一个正交规范向量组，求 $\|4\boldsymbol{\alpha}_1-7\boldsymbol{\alpha}_2+4\boldsymbol{\alpha}_3\|$.

20. 判断下列矩阵是否为正交矩阵.

(1) $\begin{bmatrix}\frac{\sqrt{3}}{2} & -\frac{1}{2}\\ \frac{1}{2} & \frac{\sqrt{3}}{2}\end{bmatrix}$；　　(2) $\begin{bmatrix}3 & -3 & 1\\ -3 & 1 & 3\\ 1 & 3 & -3\end{bmatrix}$.

21. 设 $\boldsymbol{A}$，$\boldsymbol{B}$ 都是正交矩阵，证明：$\boldsymbol{AB}$ 也是正交矩阵.

22. 设 $\boldsymbol{\alpha}_1$，$\boldsymbol{\alpha}_2$ 为 $n$ 维列向量，$\boldsymbol{A}$ 为 $n$ 阶正交矩阵. 证明：

(1) $(\boldsymbol{A\alpha}_1,\ \boldsymbol{A\alpha}_2)=(\boldsymbol{\alpha}_1,\ \boldsymbol{\alpha}_2)$；

(2) $\|\boldsymbol{A\alpha}_1\|=\|\boldsymbol{\alpha}_1\|$.

23. 对下列矩阵，求一个正交矩阵 $\boldsymbol{Q}$，使得 $\boldsymbol{Q}^{-1}\boldsymbol{AQ}$ 为对角阵.

(1) $\begin{bmatrix}1 & 1 & 1\\ 1 & 1 & 1\\ 1 & 1 & 1\end{bmatrix}$；　　(2) $\begin{bmatrix}2 & -2 & 0\\ -2 & 1 & -2\\ 0 & -2 & 0\end{bmatrix}$.

24. 设 $\boldsymbol{A}$ 是三阶实对称矩阵，$\boldsymbol{A}$ 的特征值为 1，$-1$，0，其中对应于 1，0 的特征向

量依次为$\begin{bmatrix}1\\a\\1\end{bmatrix}$，$\begin{bmatrix}a\\a+1\\1\end{bmatrix}$，求矩阵$\boldsymbol{A}$.

25. 设矩阵$\boldsymbol{A}=\begin{bmatrix}1&1&a\\1&a&1\\a&1&1\end{bmatrix}$，$\boldsymbol{\beta}=\begin{bmatrix}1\\1\\-2\end{bmatrix}$，已知线性方程组$\boldsymbol{Ax}=\boldsymbol{\beta}$有解但不唯一，试求：

(1) $a$ 的值；

(2) 正交阵$\boldsymbol{Q}$，使$\boldsymbol{Q}^{\mathrm{T}}\boldsymbol{AQ}$为对角阵.

26. 设三阶对称矩阵$\boldsymbol{A}$的特征值为 6，3，3，特征值 6 对应的特征向量为$\boldsymbol{\alpha}_1=\begin{bmatrix}1\\1\\1\end{bmatrix}$，求$\boldsymbol{A}$.

27. 设$\boldsymbol{\alpha}=(a_1,\ a_2,\ \cdots,\ a_n)^{\mathrm{T}}$，$a_1\neq 0$，$\boldsymbol{A}=\boldsymbol{\alpha\alpha}^{\mathrm{T}}$.

(1) 证明：$\lambda=0$ 是$\boldsymbol{A}$的$n-1$重特征值；

(2) 求$\boldsymbol{A}$的非零特征值及全部特征向量.

28. 设$\boldsymbol{A}=\begin{bmatrix}2&1&2\\1&2&2\\2&2&1\end{bmatrix}$，求$f(\boldsymbol{A})=\boldsymbol{A}^3-5\boldsymbol{A}^2-\boldsymbol{A}+5\boldsymbol{I}$.

29. 设$n$阶方阵$\boldsymbol{A}$的每行元素之和均为常数$a$，试证：

(1) $a$ 是$\boldsymbol{A}$的一个特征值；

(2) 当$\boldsymbol{A}$可逆时，$\boldsymbol{A}^{-1}$的每行元素之和均为$\dfrac{1}{a}$.

30. 证明：若$\boldsymbol{A}$为正交矩阵，则$-\boldsymbol{A}$，$\boldsymbol{A}^{\mathrm{T}}$，$\boldsymbol{A}^{-1}$也是正交矩阵.

**参考答案：**

1. (1) $\lambda_1=1$，$\boldsymbol{\xi}_1=[1,\ -1]^{\mathrm{T}}$；$\lambda_2=3$，$\boldsymbol{\xi}_2=[1,\ 1]^{\mathrm{T}}$.

(2) $\lambda_1=0$，$\boldsymbol{\xi}_1=[1,\ 1,\ -1]^{\mathrm{T}}$；$\lambda_2=-1$，$\boldsymbol{\xi}_2=[1,\ -1,\ 0]^{\mathrm{T}}$；

$\lambda_3=9$，$\boldsymbol{\xi}_3=[1,\ 1,\ 2]^{\mathrm{T}}$.

(3) $\lambda_1=\lambda_2=\lambda_3=-1$，$\boldsymbol{\xi}=[1,\ 1,\ -1]^{\mathrm{T}}$.

(4) $\lambda_1=\lambda_2=\lambda_3=\lambda_4=2$，$\boldsymbol{\xi}_1=[1,\ 1,\ 0,\ 0]^{\mathrm{T}}$，$\boldsymbol{\xi}_2=[1,\ 0,\ 1,\ 0]^{\mathrm{T}}$，

$\boldsymbol{\xi}_3=[1,\ 0,\ 0,\ 1]^{\mathrm{T}}$.

2. (1) 2，−4，6；

(2) 1，$-\dfrac{1}{2}$，$\dfrac{1}{3}$；

(3) 132.

3. 提示：设 $\lambda$ 是 $\boldsymbol{A}$ 的特征值，则 $\lambda^2-3\lambda+2$ 是 $\boldsymbol{A}^3-3\boldsymbol{A}+2\boldsymbol{I}$ 的特征值. 而零矩阵 $\boldsymbol{A}^2-3\boldsymbol{A}+2\boldsymbol{I}$ 只有零特征值，故 $\lambda^2-3\lambda+2=0$，$\lambda=1$ 或 2.

4. 提示：$|\boldsymbol{A}|=0\Rightarrow a=1$，$\lambda_1=0$，$\boldsymbol{\xi}_1=[1,\ 0,\ -1]^{\mathrm{T}}$，$\lambda_2=\lambda_3=2$，$\boldsymbol{\xi}_2=[0,\ 1,\ 0]^{\mathrm{T}}$，$\boldsymbol{\xi}_3=[1,\ 0,\ 1]^{\mathrm{T}}$.

5. 提示：$\boldsymbol{A}^2+2\boldsymbol{A}+5\boldsymbol{I}$ 的特征值为 8，9，4.

6. 略.

7. 提示：$|\lambda_1\boldsymbol{I}-\boldsymbol{A}|=3(5+a)(4-b)=0$，$|\lambda_2\boldsymbol{I}-\boldsymbol{A}|=3[(a-7)(2+b)+72]=0$，联立方程组解得 $a=-5$，$b=4$，$\lambda_3=-2$.

8. 提示：$\boldsymbol{A}^{-1}(\boldsymbol{AB})\boldsymbol{A}=\boldsymbol{BA}$.

9. 提示：$\boldsymbol{A}$，$\boldsymbol{B}$ 有相同的特征值. $x=4$，$y=5$.

10. 略.

11. 提示：(1) 由 $\boldsymbol{A\alpha}=\lambda\boldsymbol{\alpha}$ 可得 $\lambda=-1$，$a=-3$，$b=0$；(2) 不可对角化.

12. 提示：$|\lambda\boldsymbol{I}-\boldsymbol{A}|=(\lambda-1)^2(\lambda-6)$，则特征值 1 对应两个线性无关的特征向量，$\mathrm{rank}(\boldsymbol{I}-\boldsymbol{A})=1$，$x=3$.

13. $\boldsymbol{A}^{99}=\begin{bmatrix}1&2&1\\0&1&-2\\0&2&1\end{bmatrix}\begin{bmatrix}1&0&0\\0&5^{99}&0\\0&0&-5^{99}\end{bmatrix}\begin{bmatrix}1&2&1\\0&1&-2\\0&2&1\end{bmatrix}^{-1}$.

14. 令 $\boldsymbol{P}=\begin{bmatrix}0&1&1\\1&1&1\\1&1&0\end{bmatrix}$，$\boldsymbol{\Lambda}=\begin{bmatrix}2&0&0\\0&-2&0\\0&0&1\end{bmatrix}$，则 $\boldsymbol{A}=\boldsymbol{P\Lambda P}^{-1}$.

15. 提示：$(2\boldsymbol{I}-\boldsymbol{A})\boldsymbol{X}=0$ 有两个线性无关的解，$\mathrm{rank}(2\boldsymbol{I}-\boldsymbol{A})=1$，可得 $x=2$，$y=-1$.

16. 相似.

17. 略.

18. 略.

19. 略.

20. (1) 是；(2) 不是.

21. 略.

22. 略.

23. 略.

24. 提示：设 $\boldsymbol{\alpha}_1=[1,\ a,\ 1]^{\mathrm{T}}$，$\boldsymbol{\alpha}_2=[a,\ a+1,\ 1]^{\mathrm{T}}$，$\boldsymbol{\alpha}_3=[x_1,\ x_2,\ x_3]^{\mathrm{T}}$，$(\boldsymbol{\alpha}_1,\ \boldsymbol{\alpha}_2)=0\Rightarrow a=-1$，$\begin{cases}(\boldsymbol{\alpha}_3,\ \boldsymbol{\alpha}_1)=0\\(\boldsymbol{\alpha}_3,\ \boldsymbol{\alpha}_2)=0\end{cases}\Rightarrow\boldsymbol{\alpha}_3=[1,\ 2,\ 1]^{\mathrm{T}}$.

令 $\boldsymbol{P}=(\boldsymbol{\alpha}_1, \boldsymbol{\alpha}_2, \boldsymbol{\alpha}_3)$，则 $\boldsymbol{P}^{-1}=\frac{1}{6}\begin{bmatrix}2 & -2 & 2\\ -3 & 0 & 3\\ 1 & 2 & 1\end{bmatrix}$，

$$\boldsymbol{A}=\boldsymbol{P}\text{diag}(1, 0, 1)\boldsymbol{P}^{-1}=\frac{1}{6}\begin{bmatrix}1 & -4 & 1\\ -4 & -2 & -4\\ 1 & -4 & 1\end{bmatrix}.$$

25. 提 示：$\widetilde{\boldsymbol{A}}=\begin{bmatrix}1 & 1 & a & 1\\ 1 & a & 1 & 1\\ a & 1 & 1 & -2\end{bmatrix}\xrightarrow{\text{行变换}}\begin{bmatrix}1 & 1 & a & 1\\ 0 & a-1 & 1-a & 0\\ 0 & 0 & 2-a-a^2 & -2-a\end{bmatrix}$，则

$$\begin{cases}2-a-a^2=0\\ -2-a=0\end{cases}\Rightarrow a=-2.$$

26. 提示：设 3 对应的特征向量为 $\boldsymbol{\alpha}=[x_1, x_2, x_3]^{\mathrm{T}}$，则 $(\boldsymbol{\alpha}, \boldsymbol{\alpha}_1)=0$，即：$x_1+x_2+x_3=0\Rightarrow\boldsymbol{\alpha}=[1, -1, 0]^{\mathrm{T}}$或$\boldsymbol{\alpha}=[0, 1, -1]^{\mathrm{T}}$.

令 $\boldsymbol{P}=\begin{bmatrix}1 & 1 & 0\\ 1 & -1 & 1\\ 1 & 0 & -1\end{bmatrix}$，则 $\boldsymbol{P}^{-1}=\frac{1}{3}\begin{bmatrix}1 & 1 & 1\\ 2 & -1 & -1\\ 1 & 1 & -2\end{bmatrix}$，$\boldsymbol{A}=\boldsymbol{P}\text{diag}(6, 3, 3)\boldsymbol{P}^{-1}$

$$=\begin{bmatrix}4 & 1 & 1\\ 1 & 2 & 1\\ 1 & 1 & 4\end{bmatrix}.$$

27. 提示：(1) 先证 $\text{rank}(\boldsymbol{A})=1$，则 $\boldsymbol{Ax}=\boldsymbol{0}$ 的基础解系含 $n-1$ 个解向量，故 $\lambda=0$ 是 $\boldsymbol{A}$ 的至少 $n-1$ 重特征值，又 $\boldsymbol{A}\neq 0$，故 $\lambda=0$ 不会是 $\boldsymbol{A}$ 的 $n$ 重特征值.

(2) $\boldsymbol{A}=\boldsymbol{\alpha\alpha}^{\mathrm{T}}=\begin{bmatrix}a_1^2 & a_1a_2 & \cdots & a_1a_n\\ a_2a_1 & a_2^2 & \cdots & a_2a_n\\ \vdots & \vdots & & \vdots\\ a_na_1 & a_na_2 & \cdots & a_n^2\end{bmatrix}$，设 $\boldsymbol{A}$ 的特征值为 $\lambda_1=\lambda_2=\cdots=\lambda_{n-1}=0$，

$\lambda_n\neq 0$，$\sum\limits_{i=1}^{n}\lambda_i=\sum\limits_{i=1}^{n}a_i^2$，故 $\lambda_n=\sum\limits_{i=1}^{n}a_i^2=\boldsymbol{\alpha}^{\mathrm{T}}\boldsymbol{\alpha}$.

设 $\lambda_n$ 所属特征向量为 $\boldsymbol{\beta}$，则 $\boldsymbol{A\beta}=\lambda_n\boldsymbol{\beta}$，即 $\boldsymbol{\alpha\alpha}^{\mathrm{T}}\boldsymbol{\beta}=\boldsymbol{\alpha}^{\mathrm{T}}\boldsymbol{\alpha\beta}$，得 $\boldsymbol{\beta}=k\boldsymbol{\alpha}(k\neq 0)$，又解 $\boldsymbol{Ax}=\boldsymbol{0}$ 可得特征值 0 所属的特征向量.

$$\boldsymbol{A}=\begin{bmatrix}a_1^2 & a_1a_2 & \cdots & a_1a_n\\ a_2a_1 & a_2^2 & \cdots & a_2a_n\\ \vdots & \vdots & & \vdots\\ a_na_1 & a_na_2 & \cdots & a_n^2\end{bmatrix}\xrightarrow{\text{行变换}}\begin{bmatrix}a_1^2 & a_1a_2 & \cdots & a_1a_n\\ 0 & 0 & \cdots & 0\\ \vdots & \vdots & & \vdots\\ 0 & 0 & \cdots & 0\end{bmatrix}\xrightarrow{\text{行变换}}\begin{bmatrix}a_1 & a_2 & \cdots & a_n\\ 0 & 0 & \cdots & 0\\ \vdots & \vdots & & \vdots\\ 0 & 0 & \cdots & 0\end{bmatrix},$$

得 0 所属的 $n-1$ 个特征向量，$\boldsymbol{\alpha}_1=\begin{bmatrix}-\frac{a_2}{a_1}\\1\\0\\\vdots\\0\end{bmatrix}$，$\boldsymbol{\alpha}_2=\begin{bmatrix}-\frac{a_3}{a_1}\\0\\1\\\vdots\\0\end{bmatrix}$，…，$\boldsymbol{\alpha}_{n-1}=\begin{bmatrix}-\frac{a_n}{a_1}\\0\\0\\\vdots\\1\end{bmatrix}$.

28. $f(\boldsymbol{A})=0$.

29. 提示：(1) 令 $\boldsymbol{\alpha}=[1, 1, \cdots, 1]^{\mathrm{T}}$，则 $\boldsymbol{A\alpha}=a\boldsymbol{\alpha}$；

(2) 当 $\boldsymbol{A}$ 可逆时，$\boldsymbol{A}^{-1}\boldsymbol{\alpha}=\frac{1}{a}\boldsymbol{\alpha}$.

30. 略.

# 第七章　二次型

## 一、重点、难点及学习要求

### （一）重点

二次型及其矩阵、二次型化为标准形、二次型分类.

### （二）难点

将二次型化为标准形、惯性定理、正定二次型的判定.

### （三）学习要求

1. 理解二次型的定义，并能将其用矩阵表示.
2. 了解合同矩阵的定义，并与等价矩阵、相似矩阵的定义做出比较.
3. 熟练掌握用正交变换法与配方法化二次型为标准形.
4. 理解规范型的定义、惯性定理、二次型的分类定义.
5. 理解正定矩阵的定义、正定矩阵的等价条件、霍尔维茨定理.
6. 了解最小二乘法.

## 二、知识结构网络图

- 二次型及其矩阵表示
  - 二次型的定义
  - 二次型的矩阵表示
  - 合同矩阵的定义
- 二次型化为标准形
  - 正交变换法
  - 配方法
  - 合同变换法
- 正定二次型
  - 惯性定理
  - 二次型分类的定义
  - 正定矩阵的等价条件
  - 霍尔维茨定理
- 二次型的应用
  - 求多元函数的极值
  - 最小二乘法
  - 判别二次曲面的类别

## 三、基本内容与重要结论

1. 称 $n$ 元二次齐次多项式

$$\begin{aligned} f(x_1, x_2, \cdots, x_n) &= a_{11}x_1^2+2a_{12}x_1x_2+2a_{13}x_1x_3+\cdots+2a_{1n}x_1x_n+ \\ &\quad a_{22}x_2^2+2a_{23}x_2x_3+\cdots+2a_{2n}x_2x_n+ \\ &\quad a_{33}x_3^2+\cdots+2a_{3n}x_3x_n+\cdots+ \\ &\quad a_{nn}x_n^2 \\ &= \boldsymbol{\alpha}^{\mathrm{T}}\boldsymbol{A}\boldsymbol{\alpha} \end{aligned}$$

为 $n$ 元二次型. 其中，$\boldsymbol{\alpha}=[x_1, x_2, \cdots, x_n]^{\mathrm{T}}$，$\boldsymbol{A}=\begin{bmatrix} a_{11} & a_{12} & \cdots & a_{1n} \\ a_{21} & a_{22} & \cdots & a_{2n} \\ \vdots & \vdots & & \vdots \\ a_{n1} & a_{n2} & \cdots & a_{nn} \end{bmatrix}$，且 $\boldsymbol{A}=\boldsymbol{A}^{\mathrm{T}}$.

2. 设 $\boldsymbol{A}$，$\boldsymbol{B}$ 是 $n$ 阶矩阵，若存在可逆阵 $\boldsymbol{P}$，使得 $\boldsymbol{B}=\boldsymbol{P}^{\mathrm{T}}\boldsymbol{A}\boldsymbol{P}$，则称 $\boldsymbol{A}$ 合同于 $\boldsymbol{B}$，记为 $\boldsymbol{A}\simeq\boldsymbol{B}$.

3. 任一实二次型 $f(\boldsymbol{\alpha})=\boldsymbol{\alpha}^{\mathrm{T}}\boldsymbol{A}\boldsymbol{\alpha}$，其中 $\boldsymbol{A}=\boldsymbol{A}^{\mathrm{T}}\in\mathbf{R}^{n\times n}$，存在正交变换 $\boldsymbol{\alpha}=\boldsymbol{P}\cdot\boldsymbol{\gamma}$，其中 $\boldsymbol{P}$ 是正交矩阵，使得 $f(\boldsymbol{\alpha})$ 化为标准形，即

$$f(\boldsymbol{\alpha})=\boldsymbol{\alpha}^{\mathrm{T}}\boldsymbol{A}\boldsymbol{\alpha}=(\boldsymbol{P}\boldsymbol{\gamma})^{\mathrm{T}}\boldsymbol{A}(\boldsymbol{P}\boldsymbol{\gamma})=\boldsymbol{\gamma}^{\mathrm{T}}\boldsymbol{A}\boldsymbol{P}\boldsymbol{\gamma}=\boldsymbol{\gamma}^{\mathrm{T}}\boldsymbol{\Lambda}\boldsymbol{\gamma}$$

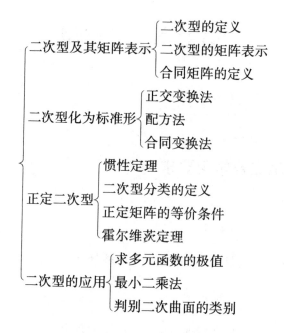

$$=\lambda_1 y_1^2+\lambda_2 y_2^2+\cdots+\lambda_n y_n^2,$$

其中，$\boldsymbol{\gamma}=(y_1, y_2, \cdots, y_n)^{\mathrm{T}}$，$\boldsymbol{\Lambda}=\operatorname{diag}(\lambda_1, \lambda_2, \cdots, \lambda_n)$，$\lambda_1, \lambda_2, \cdots, \lambda_n$ 是 $\boldsymbol{A}$ 的特征值.

4. 对于任一 $n$ 元二次型 $f(\boldsymbol{\alpha})=\boldsymbol{\alpha}^{\mathrm{T}}\boldsymbol{A}\boldsymbol{\alpha}$，$\boldsymbol{A}=\boldsymbol{A}^{\mathrm{T}}$，通过配平方处理都可以找到一个可逆线性变换 $\boldsymbol{\alpha}=\boldsymbol{C}\cdot\boldsymbol{\gamma}$，$\boldsymbol{\gamma}=(y_1, y_2, \cdots, y_n)^{\mathrm{T}}$，使得

$$f(\boldsymbol{\alpha})=g(\boldsymbol{\gamma})=d_1 y_1^2+d_2 y_2^2+\cdots+d_n y_n^2.$$

5. $\forall$ 实二次型 $f(\boldsymbol{\alpha})=\boldsymbol{\alpha}^{\mathrm{T}}\boldsymbol{A}\boldsymbol{\alpha}$，$\exists$ 可逆线性变换 $\boldsymbol{\alpha}=\boldsymbol{P}\boldsymbol{\gamma}$，使得

$$f(\boldsymbol{\alpha})=\boldsymbol{\alpha}^{\mathrm{T}}\boldsymbol{A}\boldsymbol{\alpha}\xlongequal{\boldsymbol{\alpha}=\boldsymbol{P}\boldsymbol{\gamma}}\boldsymbol{\gamma}^{\mathrm{T}}\boldsymbol{P}^{\mathrm{T}}\boldsymbol{A}\boldsymbol{P}\boldsymbol{\gamma}=\boldsymbol{\gamma}^{\mathrm{T}}\begin{bmatrix}\boldsymbol{I}_s & \boldsymbol{O} & \boldsymbol{O}\\ \boldsymbol{O} & -\boldsymbol{I}_t & \boldsymbol{O}\\ \boldsymbol{O} & \boldsymbol{O} & \boldsymbol{O}\end{bmatrix}\boldsymbol{\gamma}=g(\boldsymbol{\gamma}),$$

其中，$s+t=R(\boldsymbol{A})$，$g(\boldsymbol{\gamma})$称为$f(\boldsymbol{\alpha})$的规范形.

6. 设有 $n$ 元实二次型 $f(\boldsymbol{\alpha})=\boldsymbol{\alpha}^{\mathrm{T}}\boldsymbol{A}\boldsymbol{\alpha}$，如果对任意 $\boldsymbol{\alpha}\neq 0$，

(1) $f(\boldsymbol{\alpha})>0$，则称 $f(\boldsymbol{\alpha})$为正定二次型.

(2) $f(\boldsymbol{\alpha})\geqslant 0$，则称 $f(\boldsymbol{\alpha})$为半正定二次型.

(3) $f(\boldsymbol{\alpha})<0$，则称 $f(\boldsymbol{\alpha})$为负定二次型.

(4) $f(\boldsymbol{\alpha})\leqslant 0$，则称 $f(\boldsymbol{\alpha})$为半负定二次型.

(5) $f(\boldsymbol{\alpha})$既可能大于零，又可能小于零，则称 $f(\boldsymbol{\alpha})$为不定二次型.

7. 设 $\boldsymbol{A}$ 为 $n$ 阶实对称矩阵，$f(\boldsymbol{\alpha})=\boldsymbol{\alpha}^{\mathrm{T}}\boldsymbol{A}\boldsymbol{\alpha}$ 正定，则称 $\boldsymbol{A}$ 为正定矩阵.

8. 二次型经过可逆线性替换，其类型不变.

9. 设 $n$ 阶实矩阵 $\boldsymbol{A}=\boldsymbol{A}^{\mathrm{T}}$ 且 $f(\boldsymbol{\alpha})=\boldsymbol{\alpha}^{\mathrm{T}}\boldsymbol{A}\boldsymbol{\alpha}$ 是二次型，则以下命题等价：

(1) $\boldsymbol{A}$ 为正定矩阵.

(2) $\boldsymbol{A}$ 的特征值全为正数.

(3) $f(\boldsymbol{\alpha})$的正惯性指标 $s=n$.

(4) $\boldsymbol{A}$ 合同于单位矩阵.

(5) 存在可逆阵 $\boldsymbol{C}$，使得 $\boldsymbol{A}=\boldsymbol{C}^{\mathrm{T}}\boldsymbol{C}$.

10. 设 $n$ 阶实矩阵 $\boldsymbol{A}=\boldsymbol{A}^{\mathrm{T}}$，$R(\boldsymbol{A})=r$，$f(\boldsymbol{\alpha})=\boldsymbol{\alpha}^{\mathrm{T}}\boldsymbol{A}\boldsymbol{\alpha}$ 是实二次型，则以下命题等价：

(1) $\boldsymbol{A}$ 为半正定矩阵.

(2) $\boldsymbol{A}$ 的特征值非负.

(3) $f(\boldsymbol{\alpha})$的正惯性指标 $s=r\leqslant n$.

(4) $\boldsymbol{A}$ 合同于对角阵 $\operatorname{diag}(\boldsymbol{I}_r, \boldsymbol{O})$.

(5) 存在矩阵 $\boldsymbol{C}$，使得 $\boldsymbol{A}=\boldsymbol{C}^{\mathrm{T}}\boldsymbol{C}$.

11. $\boldsymbol{A}$ 为正定矩阵的充要条件是 $\boldsymbol{A}$ 的各阶顺序主子式大于零；$\boldsymbol{A}$ 为负定矩阵的充要条件是 $\boldsymbol{A}$ 的奇数阶顺序主子式小于零，而偶数顺序主子式大于零.

12. $\boldsymbol{A}$ 是 $m\times n$ 常矩阵，$\boldsymbol{b}$ 是 $m$ 维常向量，$\forall\boldsymbol{\alpha}\in\mathbf{R}^{n\times1}$，$\exists\boldsymbol{\alpha}_0\in\mathbf{R}^{n\times1}$，使得

$$\|\boldsymbol{A}\boldsymbol{\alpha}_0-\boldsymbol{b}\|^2=\min_{\boldsymbol{\alpha}\in\mathbf{R}^{n\times1}}\|\boldsymbol{A}\boldsymbol{\alpha}-\boldsymbol{b}\|^2,$$

称 $\boldsymbol{\alpha}_0$ 是 $\boldsymbol{A}\boldsymbol{\alpha}=\boldsymbol{b}$ 的最小二乘解.

13. $\forall\boldsymbol{A}\in\mathbf{R}^{m\times n}$，$\boldsymbol{b}\in\mathbf{R}^{n\times1}$，$\boldsymbol{A}^{\mathrm{T}}\boldsymbol{A}\boldsymbol{\alpha}=\boldsymbol{A}^{\mathrm{T}}\boldsymbol{b}$ 必有解 $\boldsymbol{\alpha}_0$，且 $\boldsymbol{\alpha}_0$ 是 $\boldsymbol{A}\boldsymbol{\alpha}=\boldsymbol{b}$ 的最小二乘解.

## 四、疑难解答与典型例题

1. 二次型产生的原因之一就是化二次曲面方程为标准方程，即把二次型化为标准形. 其通常表示为 $f(\boldsymbol{\alpha})=\boldsymbol{\alpha}^{\mathrm{T}}\boldsymbol{A}\boldsymbol{\alpha}$，此处 $\boldsymbol{\alpha}$ 是一个 $n$ 维向量，$\boldsymbol{A}$ 是 $n$ 阶对称矩阵，当且仅当 $\boldsymbol{A}$ 是对称矩阵时才能保证 $f$ 与 $\boldsymbol{A}$ 一一对应，即对于一个二次型 $f(\boldsymbol{\alpha})$，当 $\boldsymbol{A}$ 是对称矩阵时，其矩阵表示是唯一的，否则 $f(\boldsymbol{\alpha})$ 有多种矩阵表示.（详见例 1）

2. 在对二次型 $f(\boldsymbol{\alpha})=\boldsymbol{\alpha}^{\mathrm{T}}\boldsymbol{A}\boldsymbol{\alpha}$ 作线性变换 $\boldsymbol{\alpha}=\boldsymbol{P}\boldsymbol{\eta}$ 时，要求变换矩阵 $\boldsymbol{P}$ 是可逆的，只有这样才能保证 $\boldsymbol{\alpha}$ 与 $\boldsymbol{\eta}$ 一一对应且保证二次型在变换前后某些重要特征保持不变. 对于 $\boldsymbol{\alpha}=\boldsymbol{P}\boldsymbol{\eta}$ 这样一个可逆变换，相当于把 $n$ 维坐标系依次作一个平移变换、旋转变换、拉伸压缩变换，从而将二次型化简.

3. 用正交变换法化实二次型为标准形是本章重点，步骤如下：

（1）写出二次型 $f$ 的矩阵 $\boldsymbol{A}$（注意 $\boldsymbol{A}$ 一定是 $n$ 阶实对称矩阵），并求出 $\boldsymbol{A}$ 的全部特征值 $\lambda_i$（$i=1,2,\cdots,n$，注意 $\lambda_i$ 里有重复根）.

（2）对每个 $\lambda_i$ 求出相应的特征向量，并用施密特正交规范化过程将它们正交单位化，获得 $n$ 个两两正交且单位长度的特征向量 $\boldsymbol{\eta}_1$，$\boldsymbol{\eta}_2$，$\cdots$，$\boldsymbol{\eta}_n$.

（3）令 $\boldsymbol{Q}=(\boldsymbol{\eta}_1,\boldsymbol{\eta}_2,\cdots,\boldsymbol{\eta}_n)$，则 $\boldsymbol{Q}$ 必为正交矩阵，且 $\boldsymbol{Q}^{\mathrm{T}}\boldsymbol{A}\boldsymbol{Q}=\boldsymbol{\Lambda}=\operatorname{diag}(\lambda_1,\lambda_2,\cdots,\lambda_n)$.

（4）令 $\boldsymbol{\alpha}=\boldsymbol{Q}\boldsymbol{\beta}$，则 $f(\boldsymbol{\alpha})=\boldsymbol{\alpha}^{\mathrm{T}}\boldsymbol{A}\boldsymbol{\alpha}=\boldsymbol{\beta}^{\mathrm{T}}(\boldsymbol{Q}^{\mathrm{T}}\boldsymbol{A}\boldsymbol{Q})\boldsymbol{\beta}=\boldsymbol{\beta}^{\mathrm{T}}\boldsymbol{\Lambda}\boldsymbol{\beta}=g(\boldsymbol{\beta})$，$g(\boldsymbol{\beta})$ 就是 $f(\boldsymbol{\alpha})$ 的标准形.

4. 配方法化二次型为标准形的注意事项.

（1）二次型 $f$ 中如果含有变量 $x_i$ 的平方项，则按 $x_i$ 配完全平方，然后依次对剩余变量做类似处理至都配成完全平方.

（2）如果 $f$ 中不含平方项，只含交叉项，如 $a_{ij}x_ix_j\,(i\neq j)$，则先作一个可逆变换

$$\begin{cases}z_i=x_i+x_j,\\ z_j=x_i-x_j\,(k\neq i,\ j,\ k=1,\ 2,\ \cdots,\ n),\\ z_k=x_k.\end{cases}$$

然后再按（1）处理.

5. 无论是正交变换法还是配方法，将二次型化为标准形后，其形式并不唯一，只有

进一步化为规范形，其形式才唯一，这可由惯性定理探知.

6. 正定矩阵是通过二次型定义的，它一定是实对称矩阵且对应一个正定二次型.

**例 1**

$$f(\boldsymbol{\alpha})=\boldsymbol{\alpha}^{\mathrm{T}}\begin{bmatrix}1&1&4\\2&1&5\\0&0&0\end{bmatrix}\boldsymbol{\alpha}=\boldsymbol{\alpha}^{\mathrm{T}}\boldsymbol{B}\boldsymbol{\alpha}$$

$$=\boldsymbol{\alpha}^{\mathrm{T}}\begin{bmatrix}1&0&0\\3&1&2\\4&3&0\end{bmatrix}\boldsymbol{\alpha}=\boldsymbol{\alpha}^{\mathrm{T}}\boldsymbol{C}\boldsymbol{\alpha}$$

$$=\boldsymbol{\alpha}^{\mathrm{T}}\begin{bmatrix}1&\frac{3}{2}&2\\\frac{3}{2}&1&\frac{5}{2}\\2&\frac{5}{2}&0\end{bmatrix}\boldsymbol{\alpha}=\boldsymbol{\alpha}^{\mathrm{T}}\boldsymbol{D}\boldsymbol{\alpha},$$

请写出 $f(\boldsymbol{\alpha})$的矩阵.

**解**　由于二次型 $f(\boldsymbol{\alpha})$与对称矩阵是一一对应的，故 $f(\boldsymbol{\alpha})$的矩阵为

$$\boldsymbol{A}=\frac{\boldsymbol{B}+\boldsymbol{B}^{\mathrm{T}}}{2}=\frac{\boldsymbol{C}+\boldsymbol{C}^{\mathrm{T}}}{2}=\frac{\boldsymbol{D}+\boldsymbol{D}^{\mathrm{T}}}{2}=\boldsymbol{D}.$$

**例 2**　将二次型 $f(\boldsymbol{\alpha})=(x_1-x_2)^2+(x_2-x_3)^2+(x_1-x_3)^2$ 化为标准形，并指出 $f(\boldsymbol{\alpha})$的秩是多少.

**分析**　此题易错解为：令

$$\begin{cases}y_1=x_1-x_2,\\y_2=x_2-x_3,\\y_3=x_1-x_3,\end{cases}$$

则得 $f(\boldsymbol{\alpha})=y_1{}^2+y_2{}^2+y_3{}^2$，秩为 3.

此思路忽略了线性变换 $\begin{bmatrix}y_1\\y_2\\y_3\end{bmatrix}=\begin{bmatrix}1&-1&0\\0&1&-1\\1&0&-1\end{bmatrix}\begin{bmatrix}x_1\\x_2\\x_3\end{bmatrix}$中的变换阵$\begin{bmatrix}1&-1&0\\0&1&-1\\1&0&-1\end{bmatrix}$是不可逆的，而只有可逆变换才能保证二次型的秩不变.

**解**　令 $y_1=x_1-x_2$，$y_2=x_2-x_3$，则此时 $x_3-x_1=-(y_1+y_2)$，为保证变换矩阵可逆，令 $y_3=x_3$.

$$\begin{bmatrix}y_1\\y_2\\y_3\end{bmatrix}=\begin{bmatrix}1&-1&0\\0&1&-1\\0&0&1\end{bmatrix}\begin{bmatrix}x_1\\x_2\\x_3\end{bmatrix},$$

有

$$f=y_1^2+y_2^2+(y_1+y_2)^2=2\left(y_1+\frac{1}{2}y_2\right)^2+\frac{3}{2}y_2^2.$$

再令

$$\begin{bmatrix}z_1\\z_2\\z_3\end{bmatrix}=\begin{bmatrix}1&\frac{1}{2}&0\\0&1&0\\0&0&1\end{bmatrix}\begin{bmatrix}y_1\\y_2\\y_3\end{bmatrix},$$

得 $f$ 的标准形为

$$f=2z_1^2+\frac{3}{2}z_2^2.$$

故其秩为 2.

**例 3** 用正交变换法将二次型

$$f(\boldsymbol{\alpha})=\boldsymbol{\alpha}^{\mathrm{T}}\begin{bmatrix}5&-1&3\\-1&5&-3\\3&-3&3\end{bmatrix}\boldsymbol{\alpha}$$

化为标准形，并指出 $f$ 表示哪种二次曲面.

**解** $|\lambda\boldsymbol{I}-\boldsymbol{A}|=\begin{vmatrix}\lambda-5&1&-3\\1&\lambda-5&3\\-3&3&\lambda-3\end{vmatrix}=\lambda(\lambda-4)(\lambda-9)$,

得特征值 $\lambda_1=0$，$\lambda_2=4$，$\lambda_3=9$.

解 $(0\cdot\boldsymbol{I}-\boldsymbol{A})\boldsymbol{\alpha}=\boldsymbol{0}$，得 $\lambda_1=0$ 对应的特征向量为

$$\boldsymbol{\alpha}_1=[-1,\ 1,\ 2]^{\mathrm{T}}.$$

解 $(4\boldsymbol{I}-\boldsymbol{A})\boldsymbol{\alpha}=\boldsymbol{0}$，得 $\lambda_2=4$ 对应的特征向量为

$$\boldsymbol{\alpha}_2=[1,\ 1,\ 0]^{\mathrm{T}}.$$

解 $(9\boldsymbol{I}-\boldsymbol{A})\boldsymbol{\alpha}=\boldsymbol{0}$，得 $\lambda_3=9$ 对应的特征向量为

$$\boldsymbol{\alpha}_3=[-1,\ 1,\ -1]^{\mathrm{T}}.$$

将 $\boldsymbol{\alpha}_1$，$\boldsymbol{\alpha}_2$，$\boldsymbol{\alpha}_3$ 单位化，得

$$\boldsymbol{\eta}_1=\frac{\boldsymbol{\alpha}_1}{\|\boldsymbol{\alpha}_1\|}=\left[-\frac{1}{\sqrt{6}},\ \frac{1}{\sqrt{6}},\ \frac{2}{\sqrt{6}}\right]^{\mathrm{T}},$$

$$\boldsymbol{\eta}_2=\frac{\boldsymbol{\alpha}_2}{\|\boldsymbol{\alpha}_2\|}=\left[\frac{1}{\sqrt{2}},\ \frac{1}{\sqrt{2}},\ 0\right]^{\mathrm{T}},$$

$$\boldsymbol{\eta}_3=\frac{\boldsymbol{\alpha}_3}{\|\boldsymbol{\alpha}_3\|}=\left[-\frac{1}{\sqrt{3}},\ \frac{1}{\sqrt{3}},\ -\frac{1}{\sqrt{3}}\right]^{\mathrm{T}}.$$

令

$$Q=(\boldsymbol{\eta}_1,\ \boldsymbol{\eta}_2,\ \boldsymbol{\eta}_3)=\begin{bmatrix}-\frac{1}{\sqrt{6}} & \frac{1}{\sqrt{2}} & -\frac{1}{\sqrt{3}}\\ \frac{1}{\sqrt{6}} & \frac{1}{\sqrt{2}} & \frac{1}{\sqrt{3}}\\ \frac{2}{\sqrt{6}} & 0 & -\frac{1}{\sqrt{3}}\end{bmatrix},$$

$$\boldsymbol{\alpha}=\begin{bmatrix}x_1\\x_2\\x_3\end{bmatrix}=\boldsymbol{Q}\cdot\boldsymbol{\beta}=\boldsymbol{Q}\begin{bmatrix}y_1\\y_2\\y_3\end{bmatrix},$$

则
$$\boldsymbol{Q}^{\mathrm{T}}\boldsymbol{A}\boldsymbol{Q}=\mathrm{diag}(0,\ 4,\ 9),$$
$$f(\boldsymbol{\alpha})=\boldsymbol{\beta}^{\mathrm{T}}\boldsymbol{Q}^{\mathrm{T}}\boldsymbol{A}\boldsymbol{Q}\boldsymbol{\beta}=4y_2^2+9y_3^2=g(\boldsymbol{\beta}).$$

显然 $g(\boldsymbol{\beta})=f(\boldsymbol{\alpha})=3$ 表示椭圆柱面.

**例 4**　用配方法化二次型 $f(\boldsymbol{\alpha})=x_1^2+x_2^2+x_3^2+2x_1x_2+2x_1x_3+3x_2x_3$ 为标准形.

**解**　$f(\boldsymbol{\alpha})=x_1^2+2x_1(x_2+x_3)+(x_2+x_3)^2+x_2x_3.$

$=(x_1+x_2+x_3)^2+x_2x_3.$

令
$$\begin{cases}x_1+x_2+x_3=y_1,\\ x_2=y_2+y_3,\\ x_3=y_2-y_3,\end{cases}$$

即
$$\begin{cases}y_1=x_1+x_2+x_3,\\ y_2=\frac{1}{2}x_2+\frac{1}{2}x_3,\\ y_3=\frac{1}{2}x_2-\frac{1}{2}x_3,\end{cases}$$

所以
$$f(\boldsymbol{\alpha})=y_1^2+y_2^2-y_3^2.$$

**例 5**　用合同变换法将上题中的二次型化为标准形.

**解**
$$f(\boldsymbol{\alpha})=[x_1\quad x_2\quad x_3]\begin{bmatrix}1 & 1 & 1\\ 1 & 1 & \frac{3}{2}\\ 1 & \frac{3}{2} & 1\end{bmatrix}\begin{bmatrix}x_1\\x_2\\x_3\end{bmatrix},$$

$$\begin{bmatrix} A \\ I \end{bmatrix}=\begin{bmatrix} 1 & 1 & 1 \\ 1 & 1 & \frac{3}{2} \\ 1 & \frac{3}{2} & 1 \\ 1 & 0 & 0 \\ 0 & 1 & 0 \\ 0 & 0 & 1 \end{bmatrix}\xrightarrow[-c_1+c_2]{-r_1+r_2}\begin{bmatrix} 1 & 0 & 1 \\ 0 & 0 & \frac{1}{2} \\ 1 & \frac{1}{2} & 1 \\ 1 & -1 & 0 \\ 0 & 1 & 0 \\ 0 & 0 & 1 \end{bmatrix}\xrightarrow[-c_1+c_3]{-r_1+r_3}\begin{bmatrix} 1 & 0 & 0 \\ 0 & 0 & \frac{1}{2} \\ 0 & \frac{1}{2} & 0 \\ 1 & -1 & -1 \\ 0 & 1 & 0 \\ 0 & 0 & 1 \end{bmatrix}$$

$$\xrightarrow[-c_1+c_2]{-r_1+r_2}\begin{bmatrix} 1 & 0 & 0 \\ 0 & 1 & \frac{1}{2} \\ 0 & \frac{1}{2} & 0 \\ 1 & -2 & -1 \\ 0 & 1 & 0 \\ 0 & 1 & 1 \end{bmatrix}\xrightarrow[-\frac{1}{2}c_2+c_3]{-\frac{1}{2}r_2+r_3}\begin{bmatrix} 1 & 0 & 0 \\ 0 & 1 & 0 \\ 0 & 0 & -1 \\ 1 & -2 & 0 \\ 0 & 1 & -\frac{1}{2} \\ 0 & 1 & \frac{1}{2} \end{bmatrix}.$$

令 $\begin{bmatrix} x_1 \\ x_2 \\ x_3 \end{bmatrix}=\begin{bmatrix} 1 & -2 & 0 \\ 0 & 1 & -\frac{1}{2} \\ 0 & 1 & \frac{1}{2} \end{bmatrix}\begin{bmatrix} y_1 \\ y_2 \\ y_3 \end{bmatrix}$，则

$$f(\boldsymbol{\alpha})=y_1{}^2+y_2{}^2-y_3{}^2.$$

**例 6** $f(\boldsymbol{\alpha})=\boldsymbol{\alpha}^{\mathrm{T}}\boldsymbol{A}\boldsymbol{\alpha}$，$\lambda_1$，$\lambda_n$ 分别是实对称矩阵 $\boldsymbol{A}$ 的最小与最大特征值，$\|\boldsymbol{\alpha}\|=1$. 试证：$\lambda_1\leqslant f(\boldsymbol{\alpha})\leqslant\lambda_n$.

**证明** $\boldsymbol{A}$ 是实对称矩阵，故存在正交矩阵 $\boldsymbol{Q}$，使得 $\boldsymbol{Q}^{\mathrm{T}}\boldsymbol{A}\boldsymbol{Q}=\mathrm{diag}(\lambda_1, \lambda_2, \cdots, \lambda_n)$，其中 $\lambda_i(i=1, 2, \cdots, n)$ 是 $\boldsymbol{A}$ 的特征值.

令 $\boldsymbol{\alpha}=\boldsymbol{Q}\boldsymbol{\beta}=\boldsymbol{Q}[y_1, y_2, \cdots, y_n]^{\mathrm{T}}$，则 $\|\boldsymbol{\beta}\|^2=\|\boldsymbol{\alpha}\|^2=1$，即

$$\begin{aligned} f(\boldsymbol{\alpha})&=\boldsymbol{\beta}^{\mathrm{T}}\boldsymbol{Q}^{\mathrm{T}}\boldsymbol{A}\boldsymbol{Q}\boldsymbol{\beta}=\boldsymbol{\beta}^{\mathrm{T}}\mathrm{diag}(\lambda_1, \lambda_2, \cdots, \lambda_3)\boldsymbol{\beta} \\ &=\lambda_1y_1{}^2+\lambda_2y_2{}^2+\cdots+\lambda_ny_n{}^2, \end{aligned}$$

$$f(\boldsymbol{\alpha})=\lambda_1y_1{}^2+\lambda_1y_2{}^2+\cdots+\lambda_1y_n{}^2\geqslant\lambda_1\|\boldsymbol{\beta}\|^2=\lambda_1,$$

$$f(\boldsymbol{\alpha})=\lambda_ny_1{}^2+\lambda_ny_2{}^2+\cdots+\lambda_ny_n{}^2\leqslant\lambda_n\|\boldsymbol{\beta}\|^2=\lambda_n,$$

所以

$$\lambda_1\leqslant f(\boldsymbol{\alpha})\leqslant\lambda_n.$$

**例 7** 设 $\boldsymbol{A}$，$\boldsymbol{B}$ 是 $n$ 阶正定矩阵，则 $\boldsymbol{AB}$ 是正定矩阵的充要条件为 $\boldsymbol{AB}=\boldsymbol{BA}$.

**证明** $\boldsymbol{A}$，$\boldsymbol{B}$ 是正定矩阵$\Rightarrow\boldsymbol{A}^{\mathrm{T}}=\boldsymbol{A}$，$\boldsymbol{B}^{\mathrm{T}}=\boldsymbol{B}$.

“$\Rightarrow$”

$\boldsymbol{AB}$ 是正定矩阵$\Rightarrow(\boldsymbol{AB})^{\mathrm{T}}=\boldsymbol{AB}$，故

$$AB=(AB)^{\mathrm{T}}=B^{\mathrm{T}}A^{\mathrm{T}}=BA.$$

“$\Leftarrow$”

$$AB=BA\Rightarrow(AB)^{\mathrm{T}}=B^{\mathrm{T}}A^{\mathrm{T}}=BA=AB,$$

即 $AB$ 是实对称矩阵.

由 $A$，$B$ 正定知存在可逆阵 $P$，$Q$，使得

$$A=P^{\mathrm{T}}P,\ B=Q^{\mathrm{T}}Q,$$

故

$$AB=P^{\mathrm{T}}PQ^{\mathrm{T}}Q,$$

$$QABQ^{-1}=Q(P^{\mathrm{T}}PQ^{\mathrm{T}}Q)Q^{-1}=(PQ^{\mathrm{T}})^{\mathrm{T}}(PQ^{\mathrm{T}})\quad(*).$$

而 $PQ^{\mathrm{T}}$ 显然是可逆的，则 $(PQ^{\mathrm{T}})^{\mathrm{T}}(PQ^{\mathrm{T}})$ 正定，其特征值全大于零．$(*)$ 说明 $AB$ 相似于一个正定矩阵，$AB$ 的特征值亦全大于零．故 $AB$ 亦是正定矩阵.

注意：$A$，$B$ 均正定时，$A^{\mathrm{T}}$，$A^{-1}$，$A^{*}$，$A+B$ 都正定，但 $AB$ 却不一定正定，除非 $AB$ 对称，而 $AB=BA$ 恰好就能保证 $AB$ 是对称阵.

**例 8**　讨论 $\lambda$ 为何值时 $f(x_1,\ x_2,\ x_3)=\lambda(x_1{}^2+x_2{}^2+x_3{}^2)-2x_1x_2+2x_1x_3-2x_2x_3$ 是正定二次型.

**解**　二次型 $f$ 的矩阵为

$$A=\begin{bmatrix}\lambda & -1 & 1\\ -1 & \lambda & -1\\ 1 & -1 & \lambda\end{bmatrix},$$

由霍尔维茨定理知 $f$ 正定的充要条件是 $A$ 的所有顺序主子式大于零．故

$$\begin{cases}\lambda>0,\\ \begin{vmatrix}\lambda & -1\\ -1 & \lambda\end{vmatrix}=\lambda^2-1>0,\\ |A|=(\lambda+2)(\lambda-1)^2>0,\end{cases}$$

即：$\lambda>1$ 时，$f$ 正定.

## 五、练习题精选

1．写出下列二次型的矩阵形式.

(1) $f(x_1,\ x_2,\ x_3)=x_1{}^2-2x_1x_3+2x_2{}^2$；

(2) $f(x_1,\ x_2,\ x_3)=2x_1x_2+2x_1x_3+4x_2x_3$；

(3) $f(x,\ y,\ z)=x^2+4xy+4y^2+2xz+z^2+4yz$.

2．写出二次型 $f(\boldsymbol{\alpha})=\boldsymbol{\alpha}^{\mathrm{T}}\begin{bmatrix}1 & 2 & 3\\ 4 & 5 & 6\\ 7 & 8 & 9\end{bmatrix}\boldsymbol{\alpha}$ 的矩阵.

3. 求出二次型 $f(x_1, x_2, x_3)=\boldsymbol{\alpha}^{\mathrm{T}}\begin{bmatrix}1 & 2 & 1\\ 0 & 1 & 0\\ 1 & 2 & 1\end{bmatrix}\boldsymbol{\alpha}$ 的秩

4. 已知二次型 $f(x_1, x_2, x_3)=x_1^2+x_2^2+ax_3^2+4x_1x_2+6x_2x_3$ 的秩为 2，求 $a$ 的值.

5. 设 $\boldsymbol{A}$ 为 $n$ 阶矩阵，若对所有的 $n$ 维列向量 $\boldsymbol{\alpha}$，恒有 $\boldsymbol{\alpha}^{\mathrm{T}}\boldsymbol{A}\boldsymbol{\alpha}=\boldsymbol{0}$，证明：$\boldsymbol{A}$ 是反对称矩阵.

6. 求正交变换将下列二次型化为标准形.

(1) $f(x_1, x_2, x_3)=2x_1^2+3x_2^2+3x_3^2+4x_2x_3$；

(2) $f(x_1, x_2, x_3, x_4)=2x_1x_2-2x_3x_4$；

(3) $f(x_1, x_2, x_3)=x_1^2+4x_2^2+4x_3^2-4x_1x_2+4x_1x_3-8x_2x_3$.

7. 求一个正交变换把二次曲面的方程 $x_1^2+2x_2^2+x_3^2-2x_1x_3=1$ 化为标准方程.

8. 已知二次型 $5x_1^2+5x_2^2+Cx_3^2-2x_1x_2+6x_1x_3-6x_2x_3$ 的秩为 2，求 $C$，并用正交变换化二次型为标准形.

9. 已知 $(1, -1, 0)^{\mathrm{T}}$ 是二次型 $f(x_1, x_2, x_3)=\boldsymbol{\alpha}^{\mathrm{T}}\boldsymbol{A}\boldsymbol{\alpha}=ax_1^2+x_3^2-2x_1x_2+2x_1x_3+2bx_2x_3$ 的矩阵 $\boldsymbol{A}$ 的特征向量，求正交变换化二次型为标准形，并求 $\boldsymbol{\alpha}^{\mathrm{T}}\boldsymbol{\alpha}=2$ 时，$f=\boldsymbol{\alpha}^{\mathrm{T}}\boldsymbol{A}\boldsymbol{\alpha}$ 的最大值.

10. 设二次型 $f=x_1^2+x_2^2+x_3^2+2ax_1x_2+2bx_2x_3+2x_1x_3$ 经正交变换 $\boldsymbol{X}=\boldsymbol{Q}\boldsymbol{Y}$ 化为标准形 $f=y_2^2+2y_3^2$，试求常数 $a$，$b$.

11. 设 $\boldsymbol{A}$ 为三阶实对称矩阵，且满足 $\boldsymbol{A}^3-\boldsymbol{A}^2-\boldsymbol{A}=2\boldsymbol{I}$，二次型 $\boldsymbol{\alpha}^{\mathrm{T}}\boldsymbol{A}\boldsymbol{\alpha}$ 经正交变换可化为标准形，求此标准形的表达式.

12. 用配方法化下列二次型为标准形，并写出所用的变换矩阵.

(1) $f(x_1, x_2, x_3)=x_1^2+2x_2^2+2x_1x_3-2x_2x_3$；

(2) $f(x_1, x_2, x_3)=2x_1x_2-4x_1x_3+2x_2x_3$.

13. 判别下列二次型的类型.

(1) $f(x_1, x_2, x_3)=-2x_1^2-6x_2^2-4x_3^2+2x_1x_2+2x_1x_3$；

(2) $f(x_1, x_2, x_3)=3x_1^2+3x_2^2+2x_1x_2+x_3^2$；

(3) $f(x_1, x_2, x_3)=5x_1^2+6x_2^2+4x_3^2-4x_1x_2-4x_2x_3$.

14. $t$ 取何值时，下列二次型为正定二次型.

(1) $f(x_1, x_2, x_3)=x_1^2+x_2^2+5x_3^2+2tx_1x_2-2x_1x_3+4x_2x_3$；

(2) $f(x_1, x_2, x_3)=5x_1^2+x_2^2+tx_3^2+4x_1x_2-2x_1x_3-2x_2x_3$.

15. 已知 $\begin{bmatrix}2-a & 1 & 0\\ 1 & 1 & 0\\ 0 & 0 & a+3\end{bmatrix}$ 是正定矩阵，求 $a$ 的取值范围.

16. 已知 $\boldsymbol{A}$ 为 $n$ 阶正定矩阵，证明 $\boldsymbol{A}^*$ 也是正定矩阵.

17. 设 $\boldsymbol{A}$，$\boldsymbol{B}$ 分别为 $m$，$n$ 阶正定矩阵，则分块矩阵 $\boldsymbol{C}=\begin{bmatrix}\boldsymbol{A} & \boldsymbol{O}\\ \boldsymbol{O} & \boldsymbol{B}\end{bmatrix}$ 也是正定矩阵.

18. 设 $\boldsymbol{A}=\begin{bmatrix}1 & 0 & 1\\ 0 & 2 & 0\\ 1 & 0 & 1\end{bmatrix}$，$\boldsymbol{B}=(k\boldsymbol{I}+\boldsymbol{A})^2$，其中 $k$ 为实数，$\boldsymbol{I}$ 为单位矩阵，求对角矩阵 $\boldsymbol{\Lambda}$，使 $\boldsymbol{B}$ 与 $\boldsymbol{\Lambda}$ 相似，并求 $k$ 为何值时，$\boldsymbol{B}$ 为正定矩阵.

19. $\boldsymbol{A}$，$\boldsymbol{B}$ 均是 $n$ 阶实对称矩阵，其中 $\boldsymbol{A}$ 正定，证明：存在实数 $t$，使得 $t\boldsymbol{A}+\boldsymbol{B}$ 是正定矩阵.

20. 设 $\boldsymbol{A}$ 是 $n$ 阶正定矩阵，$\boldsymbol{I}$ 为 $n$ 阶单位矩阵，证明：$|\boldsymbol{A}+\boldsymbol{I}|>1$.

21. 对任意实数 $\lambda>0$，$u>0$，试证：

(1) 当 $\boldsymbol{A}$，$\boldsymbol{B}$ 均半正定时，$\lambda\boldsymbol{A}+u\boldsymbol{B}$ 也半正定；

(2) 若当 $\boldsymbol{A}$，$\boldsymbol{B}$ 中有一个正定，另一个半正定时，$\lambda\boldsymbol{A}+u\boldsymbol{B}$ 正定.

22. 设 $\boldsymbol{A}$，$\boldsymbol{B}$ 是正定矩阵，证明：$\boldsymbol{AB}$ 是正定矩阵当且仅当 $\boldsymbol{A}$，$\boldsymbol{B}$ 可交换.

23. 设 $\boldsymbol{A}$ 为 $n$ 阶实对称矩阵，且满足 $\boldsymbol{A}^3+\boldsymbol{A}^2+\boldsymbol{A}=3\boldsymbol{I}$. 证明：$\boldsymbol{A}$ 是正定矩阵.

24. 二次型 $f(x_1, x_2, x_3)=x_1^2+ax_2^2+x_3^2+2x_1x_2-2x_1x_3-3ax_2x_3$ 的正、负惯性指数都是 1，求参数 $a$.

25. $\forall \boldsymbol{A}\in\mathbf{R}^{m\times n}$，$\mathrm{rank}(\boldsymbol{A})=n<m$，则 $\boldsymbol{A}^{\mathrm{T}}\boldsymbol{A}$ 为正定矩阵，且 $\boldsymbol{A}\boldsymbol{A}^{\mathrm{T}}$ 为半正定矩阵.

**参考答案：**

1. (1) $f(x_1, x_2, x_3)=[x_1, x_2, x_3]\begin{bmatrix}1 & 0 & -1\\ 0 & 2 & 0\\ -1 & 0 & 0\end{bmatrix}\begin{bmatrix}x_1\\ x_2\\ x_3\end{bmatrix}$；

(2) $f(x_1, x_2, x_3)=[x_1, x_2, x_3]\begin{bmatrix}0 & 1 & 1\\ 1 & 0 & 2\\ 1 & 2 & 0\end{bmatrix}\begin{bmatrix}x_1\\ x_2\\ x_3\end{bmatrix}$；

(3) $f(x, y, z)=[x, y, z]\begin{bmatrix}1 & 2 & 1\\ 2 & 4 & 2\\ 1 & 2 & 1\end{bmatrix}\begin{bmatrix}x\\ y\\ z\end{bmatrix}$.

2. $\boldsymbol{A}=\begin{bmatrix}1 & 3 & 5\\ 3 & 5 & 7\\ 5 & 7 & 9\end{bmatrix}$.

3. 二次型 $f(x_1, x_2, x_3)$ 的秩为 1.

4. $a=-3$.

5. 提示：设 $e_i$ 表示单位矩阵的第 $i$ 列．首先取 $\boldsymbol{X}=e_i$ 代入 $\boldsymbol{X}^{\mathrm{T}}\boldsymbol{A}\boldsymbol{X}=0$，可得 $a_{ii}=0$ $(i=1,\cdots,n)$．再取 $\boldsymbol{X}=e_i+e_j(i\neq j,\ i,\ j=1,\cdots,n)$ 代入 $\boldsymbol{X}^{\mathrm{T}}\boldsymbol{A}\boldsymbol{X}=0$，可得 $a_{ij}+a_{ji}=0$．故 $\boldsymbol{A}$ 是反对称矩阵．

6. 略．

7. 略．

8. $C=3$．

9. $a=0$，$b=1$，$\boldsymbol{A}$ 的特征值为 $1,\sqrt{3},-\sqrt{3}$，当 $\boldsymbol{\alpha}^{\mathrm{T}}\boldsymbol{\alpha}=2$ 时，$\boldsymbol{\alpha}^{\mathrm{T}}\boldsymbol{A}\boldsymbol{\alpha}$ 的最大值为 $2\sqrt{3}$．

10. 提示：$\begin{bmatrix}1&a&1\\a&1&b\\1&b&1\end{bmatrix}\xrightarrow{\text{行变换}}\begin{bmatrix}1&a&1\\0&1-a^2&b-a\\0&b-a&0\end{bmatrix}\Rightarrow a=b$，且 $a^2\neq1$，考虑 1 是 $\boldsymbol{A}$ 的特征值，可得 $a=0$．

11. 设 $\lambda$ 是 $\boldsymbol{A}$ 的特征值，则 $\lambda^3-\lambda^2-\lambda$ 是 $\boldsymbol{A}^3-\boldsymbol{A}^2-\boldsymbol{A}=2\boldsymbol{I}$ 的特征值，$\lambda^3-\lambda^2-\lambda=2$，即 $(\lambda-2)\left(\lambda-\dfrac{-1+\sqrt{3}i}{2}\right)\left(\lambda-\dfrac{-1-\sqrt{3}i}{2}\right)=0$，$\lambda$ 是实数，故 $\lambda=2$．$\boldsymbol{X}^{\mathrm{T}}\boldsymbol{A}\boldsymbol{X}$ 化为标准形的表达式为 $2y_1^2+2y_2^2+2y_3^2$．

12. 略．

13. 略．

14. 略．

15. $-3<a<1$．

16. 略．

17. 提示：设 $\lambda_1\cdots\lambda_m$ 是 $\boldsymbol{A}$ 的特征值，$s_1\cdots s_n$ 是 $\boldsymbol{B}$ 的特征值，则 $\lambda_1\cdots\lambda_m$，$s_1\cdots s_n$ 是 $\boldsymbol{C}$ 的特征值．显然 $\boldsymbol{C}$ 的所有特征值均大于零．

18. 提示：$\boldsymbol{A}$ 可对角化，$\boldsymbol{A}$ 的特征向量必然是 $\boldsymbol{B}=(k\boldsymbol{I}+\boldsymbol{A})^2$ 的特征向量，故 $\boldsymbol{B}$ 可对角化；当 $k\neq0$ 且 $k\neq-2$ 时，$\boldsymbol{B}$ 为正定矩阵．

19. 提示：设 $\boldsymbol{A}$ 有特征值 $0<\lambda_1\leqslant\lambda_2\leqslant\cdots\leqslant\lambda_n$，$\boldsymbol{B}$ 有特征值 $\mu_1\leqslant\mu_2\leqslant\cdots\leqslant\mu_n$．$\forall\boldsymbol{x}\neq0$，$\boldsymbol{x}^{\mathrm{T}}(t\boldsymbol{A}+\boldsymbol{B})\boldsymbol{x}=t\boldsymbol{x}^{\mathrm{T}}\boldsymbol{A}\boldsymbol{x}+\boldsymbol{x}^{\mathrm{T}}\boldsymbol{B}\boldsymbol{x}\geqslant t\lambda_1\boldsymbol{x}^{\mathrm{T}}\boldsymbol{x}+\mu_1\boldsymbol{x}^{\mathrm{T}}\boldsymbol{x}=(t\lambda_1+\mu_1)\|\boldsymbol{x}\|^2$，总存在 $t$，使得 $t\lambda_1+\mu_1>0$，有 $\boldsymbol{x}^{\mathrm{T}}(t\boldsymbol{A}+\boldsymbol{B})\boldsymbol{x}>0$，从而 $t\boldsymbol{A}+\boldsymbol{B}$ 对称正定．

20. 提示：$\lambda_i>0\ (i=1,\cdots,n)$ 是 $\boldsymbol{A}$ 的特征值，$\lambda_i+1$ 是 $\boldsymbol{A}+\boldsymbol{I}$ 的特征值，$|\boldsymbol{A}+\boldsymbol{I}|=\prod\limits_{i=1}^{n}(\lambda_i+1)>\prod\limits_{i=1}^{n}1=1$．

21. 提示：利用（半）正定二次型的定义．

22. 提示：$\boldsymbol{A}=\boldsymbol{A}^{\mathrm{T}}$，$\boldsymbol{B}=\boldsymbol{B}^{\mathrm{T}}$

“$\Rightarrow$” $\boldsymbol{AB}$ 正定 $\Rightarrow(\boldsymbol{AB})^{\mathrm{T}}=\boldsymbol{AB}\Rightarrow\boldsymbol{AB}=(\boldsymbol{AB})^{\mathrm{T}}=\boldsymbol{B}^{\mathrm{T}}\boldsymbol{A}^{\mathrm{T}}=\boldsymbol{BA}$

“$\Leftarrow$” $\boldsymbol{AB}=\boldsymbol{BA}\Rightarrow(\boldsymbol{AB})^{\mathrm{T}}=\boldsymbol{B}^{\mathrm{T}}\boldsymbol{A}^{\mathrm{T}}=\boldsymbol{BA}=\boldsymbol{AB}$．故 $\boldsymbol{AB}$ 实对称．$\boldsymbol{A}$，$\boldsymbol{B}$ 正定 $\Rightarrow$ 存在可逆

阵 $\boldsymbol{P}$，$\boldsymbol{Q}$，使得 $\boldsymbol{A}=\boldsymbol{P}^{\mathrm{T}}\boldsymbol{P}$，$\boldsymbol{B}=\boldsymbol{Q}^{\mathrm{T}}\boldsymbol{Q}$. 故 $\boldsymbol{Q}(\boldsymbol{AB})\boldsymbol{Q}^{-1}=\boldsymbol{Q}(\boldsymbol{P}^{\mathrm{T}}\boldsymbol{P}\boldsymbol{Q}^{\mathrm{T}}\boldsymbol{Q})\boldsymbol{Q}^{-1}=(\boldsymbol{Q}\boldsymbol{P}^{\mathrm{T}})(\boldsymbol{P}\boldsymbol{Q}^{\mathrm{T}})=(\boldsymbol{P}\boldsymbol{Q}^{\mathrm{T}})^{\mathrm{T}}(\boldsymbol{P}\boldsymbol{Q}^{\mathrm{T}})$，而 $\boldsymbol{P}\boldsymbol{Q}^{\mathrm{T}}$可逆，故 $\boldsymbol{AB}$ 相似于一个正定矩阵 $(\boldsymbol{P}\boldsymbol{Q}^{\mathrm{T}})^{\mathrm{T}}(\boldsymbol{P}\boldsymbol{Q}^{\mathrm{T}})$，说明 $\boldsymbol{AB}$ 的特征值全大于零，从而 $\boldsymbol{AB}$ 是正定矩阵.

23. 设 $\lambda$ 是 $\boldsymbol{A}$ 的特征值，则 $\lambda^3+\lambda^2+\lambda$ 是 $\boldsymbol{A}^3+\boldsymbol{A}^2+\boldsymbol{A}=3\boldsymbol{I}$ 的特征值，故 $\lambda^3+\lambda^2+\lambda=3$，即 $(\lambda-1)(\lambda^2+2\lambda+3)=0$，$\lambda$ 是实数，故 $\lambda=1>0$，从而 $\boldsymbol{A}$ 正定.

24. $a=\dfrac{2}{3}$.

25. 提示：用正定二次型的定义.

# 期中考试试题（闭卷）

（2017—2018 学年第 1 学期）

1. （15 分）设四阶方阵 $\boldsymbol{A}$，$\boldsymbol{B}$ 满足 $|\boldsymbol{A}|=\frac{1}{2}$，且 $\boldsymbol{B}=2\boldsymbol{A}^*-(2\boldsymbol{A})^{-1}$. 求 $|\boldsymbol{B}^*|$（$\boldsymbol{A}^*$，$\boldsymbol{B}^*$ 分别为 $\boldsymbol{A}$，$\boldsymbol{B}$ 的伴随矩阵）.

2. （15 分）设 $D=\begin{vmatrix}1 & 1 & 1 & 1\\ 1 & -2 & 3 & -1\\ 4 & 5 & -1 & 2\\ 1 & -8 & 27 & -1\end{vmatrix}$，试将 $M_{31}-4M_{32}+9M_{33}-M_{34}$ 用一个四阶行列式表示，并求值.

3. （20 分）求 $\begin{bmatrix}2 & 1 & 0 & 0\\ 0 & 2 & 0 & 0\\ 0 & 0 & 2 & 4\\ 0 & 0 & 1 & 2\end{bmatrix}^n$.

4. （10 分）设 $\boldsymbol{A}$ 为 $n$ 阶可逆矩阵，交换 $\boldsymbol{A}$ 的第 $i$ 列与第 $j$ 列得到矩阵 $\boldsymbol{B}$.

（1）求证 $\boldsymbol{B}$ 可逆；

（2）求 $\boldsymbol{B}^{-1}\boldsymbol{A}$.

5. （20 分）已知 $\boldsymbol{A}$，$\boldsymbol{B}$ 为三阶方阵且满足 $2\boldsymbol{A}^{-1}\boldsymbol{B}=\boldsymbol{B}-4\boldsymbol{I}$，

（1）证明 $\boldsymbol{A}-2\boldsymbol{I}$ 可逆；

（2）若 $\boldsymbol{B}=\begin{bmatrix}1 & -2 & 0\\ 1 & 2 & 0\\ 0 & 0 & 2\end{bmatrix}$，求矩阵 $\boldsymbol{A}$.

6. （10 分）军事通信中需要将字符转化为数字，比如将字符与数字一一对应如下：

$$\begin{matrix} a & b & c & \cdots & x & y & z\\ 1 & 2 & 3 & \cdots & 24 & 25 & 26\end{matrix}$$

则 *the* 对应 $\boldsymbol{B}=(20,8,5)^{\mathrm{T}}$. 如果直接按这种方式传输，很容易被破译造成损失，这就需要加密. 一种加密方法是用一个约定的加密矩阵 $\boldsymbol{A}$ 乘以原始信号矩阵 $\boldsymbol{B}$ 的转置. 传输

信号时，不是传输信号矩阵 $\boldsymbol{B}$，而是传输转换后的矩阵 $\boldsymbol{C}=\boldsymbol{A}\boldsymbol{B}^{\mathrm{T}}$. 收到信号时，再将信号还原. 不知道加密矩阵就难以破译信息. 设收到的信号为 $\boldsymbol{C}=(21,\ 27,\ 31)^{\mathrm{T}}$，且加密矩阵 $\boldsymbol{A}=\begin{bmatrix}-1 & 0 & 1\\ 0 & 1 & 1\\ 1 & 1 & 1\end{bmatrix}$. 求原始信号 $\boldsymbol{B}$.

7. （10 分）试问当 $\lambda$ 为何值时，线性方程组 $\begin{cases}\lambda x_1+x_2+x_3=1\\ x_1+\lambda x_2+x_3=\lambda\\ x_1+x_2+\lambda x_3=\lambda^2\end{cases}$ 有唯一解？

注：本试题中的 $\boldsymbol{I}$ 表示单位矩阵，$\boldsymbol{A}^*$ 为方阵 $\boldsymbol{A}$ 的伴随矩阵.

# 期中考试试题（闭卷）

（2018—2019 学年第 1 学期）

1. （10 分）设 $\boldsymbol{\alpha}=(1,\ -2,\ 3)$，是否存在 $k\neq 0$，使得 $\boldsymbol{I}+k\boldsymbol{\alpha}^{\mathrm{T}}\boldsymbol{\alpha}$ 为正交矩阵？若有这样的 $k$，则进一步求出 $k$．方阵 $\boldsymbol{A}$ 为正交矩阵是指满足条件 $\boldsymbol{A}^{\mathrm{T}}\boldsymbol{A}=\boldsymbol{I}$.

2. （10 分）设 $\boldsymbol{A}=\begin{bmatrix}2&0&0\\0&2&1\\0&5&3\end{bmatrix}$，求 $((\boldsymbol{A}^{-1})^{\mathrm{T}})^{*}$.

3. （10 分）是否存在一元二次多项式，使得其平面图形经过四个点（$-1$，11），（1，$-1$），（2，$-1$），（3，3）？若存在，求出这个多项式.

4. （15 分）将矩阵写成一个下三角矩阵和一个上三角矩阵的乘积，称为其 LU 分解．据此往往可以简化矩阵运算．设矩阵 $\boldsymbol{A}$ 有如下的分解．计算 $\boldsymbol{A}^{-1}$.

$$\boldsymbol{A}=\begin{bmatrix}2&-2&1&-1\\4&-5&3&-2\\-2&2&0&2\\-4&3&-2&2\end{bmatrix}=\begin{bmatrix}1&0&0&0\\2&1&0&0\\-1&0&1&0\\-2&1&-1&1\end{bmatrix}\begin{bmatrix}2&-2&1&-1\\0&-1&1&0\\0&0&1&1\\0&0&0&1\end{bmatrix}.$$

5. （15 分）设 $\boldsymbol{A}=\begin{bmatrix}\lambda&1&1\\0&\lambda-1&0\\1&1&\lambda\end{bmatrix}$，$\boldsymbol{b}=\begin{bmatrix}a\\1\\1\end{bmatrix}$，线性方程组 $\boldsymbol{AX}=\boldsymbol{b}$ 存在两个不同的解，求 $\lambda$，$a$.

6. （20 分）求多项式 $f(x)=\begin{vmatrix}5&4&2x&3\\3&5&43&2x\\2x&3&5x&4\\4&2x&3x&5\end{vmatrix}$ 的三次项 $x^3$ 的系数以及常数项.

7. （20 分）设 $\boldsymbol{A}=\begin{bmatrix}2&0&0\\0&1&2\\0&2&3\end{bmatrix}$，$2\boldsymbol{A}^{*}\boldsymbol{B}^{2}\boldsymbol{A}^{-1}=3\boldsymbol{A}^{-1}\boldsymbol{B}\boldsymbol{A}^{*}+4\boldsymbol{A}+5\boldsymbol{I}$，求证 $\boldsymbol{B}$ 可逆．是否存在方阵 $\boldsymbol{C}$，使得 $\boldsymbol{C}^{\mathrm{T}}\boldsymbol{C}=\boldsymbol{A}$？若存在，则求出矩阵 $\boldsymbol{C}$；若不存在，则给出证明.

注：本试题中的 $\boldsymbol{I}$ 表示单位矩阵，$\boldsymbol{A}^{*}$ 为方阵 $\boldsymbol{A}$ 的伴随矩阵.

# 期中考试试题（闭卷）

## （2019—2020学年第1学期）

1. （14分）设矩阵 $\boldsymbol{A}=\begin{bmatrix}2&1&0&0\\0&2&0&0\\0&0&-1&0\\0&0&0&1\end{bmatrix}$，$\boldsymbol{B}=\begin{bmatrix}0&0&1&0\\0&1&0&0\\0&0&0&1\\1&0&0&0\end{bmatrix}$.

（1）计算 $\boldsymbol{A}^4-2\boldsymbol{A}$；

（2）计算行列式 $\left||\boldsymbol{A}|(2\boldsymbol{B})^{-2}\right|$.

2. （14分）设矩阵 $\boldsymbol{A}$ 的伴随矩阵为 $\boldsymbol{A}^*=\begin{bmatrix}-2&0&0\\0&1&0\\0&0&-2\end{bmatrix}$，且 $|\boldsymbol{A}|>0$. 矩阵 $\boldsymbol{B}$ 满足方程 $\boldsymbol{ABA}^{-1}=\boldsymbol{B}(\boldsymbol{A}^{-1})^{\mathrm{T}}+2\boldsymbol{A}$，求矩阵 $\boldsymbol{B}$.

3. （14分）如果线性方程组 $\begin{cases}x_1-x_2+x_3=1\\x_1+kx_2-x_3=2\\kx_1+x_2+x_3=a\end{cases}$ 至少有两个不同的解，求参数 $k$，$a$.

4. （14分）求多项式 $f(x)=\begin{vmatrix}2x&3&1&2\\x&x&-2&1\\2&1&x&4\\x&2&1&4x\end{vmatrix}$ 的四次项 $x^4$ 的系数以及常数项.

5. （14分）若矩阵 $\boldsymbol{A}$ 与 $\boldsymbol{B}$ 可通过一系列初等变换相互转化，称 $\boldsymbol{A}$ 与 $\boldsymbol{B}$ 等价. 设矩阵 $\boldsymbol{A}=\begin{bmatrix}1&0&1\\1&-1&2\\0&2&a\end{bmatrix}$，$\boldsymbol{B}=\begin{bmatrix}1&0&1\\0&-1&1\\0&0&0\end{bmatrix}$. 当参数 $a$ 为何值时，矩阵 $\boldsymbol{A}$ 与 $\boldsymbol{B}$ 等价？此时求可逆矩阵 $\boldsymbol{P}$，使得 $\boldsymbol{PA}=\boldsymbol{B}$.

6. （15分）设列向量 $\boldsymbol{\alpha}=(x_1, x_2, \cdots, x_n)^{\mathrm{T}}$ 满足 $\boldsymbol{\alpha}^{\mathrm{T}}\boldsymbol{\alpha}=1$. 定义矩阵 $\boldsymbol{H}=\boldsymbol{I}-k\boldsymbol{\alpha\alpha}^{\mathrm{T}}$，其中 $\boldsymbol{I}$ 为 $n$ 阶单位矩阵.

（1）证明 $\boldsymbol{H}$ 是对称矩阵；

（2）当 $k$ 为何值时 $\boldsymbol{H}$ 是正交矩阵，即满足 $\boldsymbol{H}\boldsymbol{H}^{\mathrm{T}}=\boldsymbol{I}$；

（3）当 $k$ 为何值时 $\boldsymbol{H}$ 不可逆.

7.（15 分）一种通用的传递信息的方式是将每一个字母与一个数字对应，然后传输一串整数. 比如，将字母与数字一一对应如下：

$$\begin{matrix} a & b & c & \cdots & x & y & z \\ 1 & 2 & 3 & \cdots & 24 & 25 & 26 \end{matrix}$$

则 $scu$ 对应 $\boldsymbol{B}=(19,\ 3,\ 21)^{\mathrm{T}}$. 但是这种编码容易被破译，比如根据较长信息中数字出现的相对频率猜测每一数字表示的字母. 为了进一步加密，可以利用一个约定的加密矩阵 $\boldsymbol{A}$ 乘以原始信号矩阵 $\boldsymbol{B}$，并传输转换后的矩阵 $\boldsymbol{C}=\boldsymbol{A}\boldsymbol{B}$. 收到信号时，再将信号还原. 不知道加密矩阵就难以破译信息.

（1）如果加密矩阵 $\boldsymbol{A}=\begin{bmatrix} 1 & 0 & -1 \\ 2 & 1 & 0 \\ 1 & 2 & 2 \end{bmatrix}$，接收到的信号为 $\boldsymbol{C}=(1,\ 24,\ 41)^{\mathrm{T}}$，求原始信号 $\boldsymbol{B}$；

（2）设 $\boldsymbol{A}$ 是所有元素均为整数的可逆矩阵，证明：$\boldsymbol{A}$ 的行列式为 1 或 $-1$ 的充分必要条件是 $\boldsymbol{A}^{-1}$ 的元素均为整数.

# 期末考试试题（闭卷）

## （2017—2018 学年第 1 学期）

一、填空题（每题 3 分，共 18 分）

1. 按列分块的三阶方阵 $\boldsymbol{A}=[\alpha_1, \alpha_2, \alpha_3]$，$\boldsymbol{B}=[\alpha_1+\alpha_2, \alpha_2+\alpha_3, \alpha_1+\alpha_3]$，且 $|\boldsymbol{A}|=2017$，则 $|\boldsymbol{B}|=$________.

2. 设 6 阶方阵 $\boldsymbol{A}$ 满足 $\boldsymbol{A}^2+12\boldsymbol{I}=7\boldsymbol{A}$，并且 $\boldsymbol{A}-3\boldsymbol{I}$ 的秩为 1，则 $\boldsymbol{A}-4\boldsymbol{I}$ 的秩为________.

3. 三阶方阵 $\boldsymbol{A}$ 有两个特征值为 2，3，并且 $|\boldsymbol{A}|=30$，则行列式 $|\boldsymbol{A}^2-4\boldsymbol{A}+5\boldsymbol{I}|=$________.

4. 若 $\begin{bmatrix}2 & -1 & 4\\0 & a & 7\\0 & 0 & 3\end{bmatrix}\sim\begin{bmatrix}1 & 0 & 0\\0 & 2 & 0\\0 & 0 & b\end{bmatrix}$，则 $a+b=$________.

5. 已知二次型 $f(x_1, x_2)=(x_1, x_2)\begin{bmatrix}1 & 0\\1 & t\end{bmatrix}\begin{bmatrix}x_1\\x_2\end{bmatrix}$ 正定，则 $t$ 应满足条件________.

6. $\mathbf{R}^2$ 的基 $\boldsymbol{\alpha}_1=\begin{bmatrix}2\\1\end{bmatrix}$，$\boldsymbol{\alpha}_2=\begin{bmatrix}5\\3\end{bmatrix}$ 到另一组基 $\boldsymbol{\beta}_1=\begin{bmatrix}3\\2\end{bmatrix}$，$\boldsymbol{\beta}_2=\begin{bmatrix}5\\4\end{bmatrix}$ 的过渡矩阵为________.

二、解答题（共 66 分）

1.（10 分）已知四阶方阵 $\boldsymbol{A}=\begin{bmatrix}2 & 1 & 1 & 1\\1 & 3 & 1 & 1\\1 & 1 & 4 & 1\\1 & 1 & 1 & 5\end{bmatrix}$，求 $\boldsymbol{A}$ 的行列式.

2.（10 分）已知矩阵 $\boldsymbol{X}$ 满足方程 $\boldsymbol{A}^2\boldsymbol{X}=\boldsymbol{A}+3\boldsymbol{I}-\boldsymbol{A}\boldsymbol{X}+6\boldsymbol{X}$，其中 $\boldsymbol{A}=\begin{bmatrix}3 & 1 & 1\\1 & 4 & 3\\2 & -1 & -3\end{bmatrix}$，$\boldsymbol{I}$ 为三阶单位矩阵，求矩阵 $\boldsymbol{X}$.

3. （10 分）设 $\boldsymbol{\alpha}_1=(1, -2, 3, -4)^{\mathrm{T}}$，$\boldsymbol{\alpha}_2=(2, -4, 6, -8)^{\mathrm{T}}$，$\boldsymbol{\alpha}_3=(2, -5, 7, 11)^{\mathrm{T}}$，$\boldsymbol{\alpha}_4=(3, -8, 11, 26)^{\mathrm{T}}$，$\boldsymbol{\alpha}_5=(-1, 4, 6, 3)^{\mathrm{T}}$，求向量组的一个极大无关组，并将其余向量用该极大无关组线性表出.

4. （12 分）已知线性方程组 $\begin{cases} x_1+2x_2+3x_3=4 \\ 5x_1+6x_2+7x_3=8 \\ 9x_1+10x_2+ax_3=b \end{cases}$，请回答下列问题：

（1）当参数 $a$，$b$ 满足什么条件时，方程组无解？何时有唯一解？

（2）当参数 $a$，$b$ 满足什么条件时，方程组有无穷多解？请求出此条件下方程组的解集.

5. （12 分）已知二次型 $f(x_1, x_2, x_3)=x_1^2+3x_2^2+3x_3^2+4x_2x_3$.

（1）写出二次型的矩阵 $\boldsymbol{A}$；

（2）计算 $\boldsymbol{A}$ 的特征值和特征向量；

（3）用正交变换将该二次型化为标准形，写出所做的正交变换.

6. （12 分）在生态系统的研究中，经常需要对某个物种的种群演化情况作出一个预估. 假设某昆虫按其年龄分为幼虫和成虫两个阶段. 通过样本统计数据的分析，平均每年来说：幼虫存活率为 80%，存活的幼虫中有变为成虫；成虫存活率为存活的成虫每只剩下 2 只幼虫，死亡的成虫不能生下幼虫. 用 $x_n$，$y_n$ 分别表示 $n$ 年后幼虫、成虫的数量（单位：万只），用 $\boldsymbol{\alpha}_n=(x_n, y_n)^{\mathrm{T}}$ 表示向量. 某年的年初发现此昆虫幼虫、成虫的数量分别为 30 万只、30 万只，即 $\boldsymbol{\alpha}_0=(30, 30)^{\mathrm{T}}$. 计算下列问题：

（1）写出 $a_{n+1}$ 与 $a_n$ 的关系，并求出一年后此物种幼虫、成虫的数量；

（2）求很多年之后此昆虫的幼虫与成虫的数量比，即求出极限 $\lim\limits_{n\to\infty}\dfrac{x_n}{y_n}$.

三、证明题（共 16 分）

1. （8 分）已知 $\boldsymbol{\alpha}\in\mathbf{R}^n$ 为单位向量，即 $|\boldsymbol{\alpha}|=1$，$n$ 阶方阵 $\boldsymbol{H}=\boldsymbol{I}-2\boldsymbol{\alpha}\boldsymbol{\alpha}^{\mathrm{T}}$ 称为 Householder 矩阵，在很多领域具有重要应用.

（1）证明 $\boldsymbol{H}$ 是正交矩阵；

（2）若有两个 $\mathbf{R}^n$ 中向量 $\boldsymbol{X}$，$\boldsymbol{Y}$，满足 $\boldsymbol{X}\neq\boldsymbol{Y}$ 且 $|\boldsymbol{X}|=|\boldsymbol{Y}|\neq 0$. 令 $\boldsymbol{\alpha}=\dfrac{\boldsymbol{X}-\boldsymbol{Y}}{|\boldsymbol{X}-\boldsymbol{Y}|}$，$\boldsymbol{H}=\boldsymbol{E}-2\boldsymbol{\alpha}\boldsymbol{\alpha}^{\mathrm{T}}$. 证明 $\boldsymbol{H}\boldsymbol{X}=\boldsymbol{Y}$.

2. （8 分）已知向量组 $\boldsymbol{\alpha}_1$，$\boldsymbol{\alpha}_2$，$\boldsymbol{\alpha}_3$，$\boldsymbol{\alpha}_4$，$\boldsymbol{\alpha}_5$ 中每一个向量的长度都等于 2，其中任意两个不同向量的内积都为 1，证明向量组 $\boldsymbol{\alpha}_1$，$\boldsymbol{\alpha}_2$，$\boldsymbol{\alpha}_3$，$\boldsymbol{\alpha}_4$，$\boldsymbol{\alpha}_5$ 线性无关.

注：本试题中的 $\boldsymbol{I}$ 表示单位矩阵，$\boldsymbol{A}^*$ 为方阵 $\boldsymbol{A}$ 的伴随矩阵.

# 期末考试试题（闭卷）

## （2018—2019 学年第 1 学期）

一、填空题（每题 3 分，共 21 分）

1. 若矩阵 $\begin{bmatrix}1&0&0&0\\1&2&0&4\\1&2&3&4\\1&0&0&x\end{bmatrix}$ 与 $\begin{bmatrix}3&2&0&0\\1&2&0&0\\0&0&4&y\\0&0&1&1\end{bmatrix}$ 相似，则 $xy=$________.

2. 若存在三维列向量不能由向量组 $\begin{bmatrix}1\\0\\1\end{bmatrix}$，$\begin{bmatrix}1\\k\\2\end{bmatrix}$，$\begin{bmatrix}0\\2\\1\end{bmatrix}$ 线性表出，则 $k=$________.

3. 三阶方阵 $\boldsymbol{A}$ 有两个特征值为 2，3，并且 $|\boldsymbol{A}|=30$，则行列式 $|\boldsymbol{A}^2-4\boldsymbol{A}+5\boldsymbol{I}|=$________.

4. 设 $\boldsymbol{A}$ 为三阶实对称矩阵，$\boldsymbol{A}^2-\boldsymbol{A}=2\boldsymbol{I}$，$\mathrm{tr}(\boldsymbol{A})=0$，则二次型 $\boldsymbol{X}^{\mathrm{T}}\boldsymbol{A}\boldsymbol{X}$ 的规范型为________.

5. 行列式 $\begin{vmatrix}0&0&0&1&1&1\\0&0&0&2&3&4\\0&0&0&3&5&9\\3&4&2&5&5&5\\5&9&5&7&1&8\\3&0&0&6&2&3\end{vmatrix}=$________.

6. 设 $\boldsymbol{\alpha}_1$，$\boldsymbol{\alpha}_2$，$\boldsymbol{\alpha}_3$ 为规范正交向量组，则向量 $2\boldsymbol{\alpha}_1-3\boldsymbol{\alpha}_2+6\boldsymbol{\alpha}_3$ 的长度为________.

7. 多项选择：下列集合中，________不是 $\mathbf{R}^3$ 的子空间.

A. $\{(x_1, x_2, x_3) \mid x_1+2x_2=x_2+3x_3=0;\ x_1, x_2, x_3\in\mathbf{R}\}$

B. $\{(x_1, x_2, x_3) \mid x_1x_2=0;\ x_1, x_2, x_3\in\mathbf{R}\}$

C. $\{(x_1, x_2, x_3) \mid (x_1-x_2+x_3)^2+(3x_2-4x_3)^2=0;\ x_1, x_2, x_3\in\mathbf{R}\}$

D. $\{(x_1, x_1+1, x_3) \mid x_1, x_3\in\mathbf{R}\}$

E. $\{(x_1+1, x_2-1, x_1+x_2) \mid x_1, x_2\in\mathbf{R}\}$

二、计算题（共 60 分）

1.（10 分）求向量组 $\boldsymbol{\alpha}_1=\begin{bmatrix}1\\2\\3\\5\end{bmatrix}$，$\boldsymbol{\alpha}_2=\begin{bmatrix}4\\4\\6\\10\end{bmatrix}$，$\boldsymbol{\alpha}_3=\begin{bmatrix}4\\3\\4\\6\end{bmatrix}$，$\boldsymbol{\alpha}_4=\begin{bmatrix}1\\2\\4\\8\end{bmatrix}$张成的子空间的维数，以及该向量组的一个极大无关组，并用该极大无关组线性表示其余向量.

2.（10 分）设矩阵 $\boldsymbol{A}=\begin{bmatrix}3&2&0\\5&3&0\\0&0&-1\end{bmatrix}$满足方程 $\boldsymbol{A}^2+\boldsymbol{B}=\boldsymbol{AB}+\boldsymbol{A}^*$，求矩阵 $\boldsymbol{B}$.

3.（8 分）已知 $\boldsymbol{\alpha}_1=\begin{bmatrix}1\\-1\\3\end{bmatrix}$，$\boldsymbol{\alpha}_2=\begin{bmatrix}1\\2\\-1\end{bmatrix}$和 $\boldsymbol{\beta}_1=\begin{bmatrix}5\\1\\7\end{bmatrix}$，$\boldsymbol{\beta}_2=\begin{bmatrix}7\\2\\9\end{bmatrix}$为 $\mathbf{R}^3$ 的同一子空间的两组基. 求出基 $\boldsymbol{\alpha}_1$，$\boldsymbol{\alpha}_2$ 到基 $\boldsymbol{\beta}_1$，$\boldsymbol{\beta}_2$ 的过渡矩阵，进一步求 $\boldsymbol{\beta}_1+\boldsymbol{\beta}_2$ 在基 $\boldsymbol{\alpha}_1$，$\boldsymbol{\alpha}_2$ 下的坐标.

4.（12 分）当 $a$，$b$ 取何值时，方程组$\begin{cases}x_1-x_2-6x_3-x_4=b\\x_1+x_2-2x_3+3x_4=0\\2x_1+x_2-6x_3+4x_4=-1\\3x_1+2x_2+ax_3+7x_4=-1\end{cases}$有解？有解时求出通解.

5.（12 分）用正交变换将下述二次型化为标准形，并写出所用的正交变换.

$f(x_1, x_2, x_3)=x_1^2+4x_1x_2+8x_1x_3+4x_2^2+x_3^2-4x_2x_3$.

6.（8 分）给定两个互质的整数 $a$，$b$，其中 $b\geqslant 2$. 欲求整数 $x$，使得 $ax-1$ 是 $b$ 的整数倍. 对此问题，古希腊数学家欧几里得提出了辗转相除法，我国北宋数学家秦九韶提出了大衍求一术. 从线性代数的角度看，即为如下方法：首先构造矩阵$\begin{bmatrix}a&1\\b&0\end{bmatrix}$，接下来对$\begin{bmatrix}a&1\\b&0\end{bmatrix}$作第三类初等行变换（即倍加变换，要求为整数倍），将之化作形如$\begin{bmatrix}1&x\\y&z\end{bmatrix}$的矩阵，则 $ax-1$ 为 $b$ 的整数倍（本题不需要证明这个结论）. 据此，求正整数 $x$（$1\leqslant x\leqslant 36$），使得 $94x-1$ 为 37 的倍数.

三、证明题（共 19 分）

1.（7 分）证明向量组 $\boldsymbol{\alpha}_1$，$\boldsymbol{\alpha}_2$，$\boldsymbol{\alpha}_3$ 线性无关的充分必要条件是 $\boldsymbol{\alpha}_1+\boldsymbol{\alpha}_2$，$\boldsymbol{\alpha}_2+\boldsymbol{\alpha}_3$，$\boldsymbol{\alpha}_1+\boldsymbol{\alpha}_3$ 线性无关.

2.（6 分）设方阵 $\boldsymbol{A}$ 使得 $\boldsymbol{A}^3=2\boldsymbol{A}$，证明 $\boldsymbol{A}^2-\boldsymbol{I}$ 可逆，并求 $\boldsymbol{A}^2-\boldsymbol{I}$ 的逆矩阵.

3.（6 分）设 $n$ 阶方阵 $\boldsymbol{A}$ 满足 $\boldsymbol{A}^2=\boldsymbol{A}$，则 $\boldsymbol{\alpha}$ 为齐次线性方程组 $\boldsymbol{AX}=\boldsymbol{0}$ 的解的充分必

要条件是：存在向量 $\boldsymbol{\beta}$，使得 $\boldsymbol{\alpha}=\boldsymbol{\beta}-\boldsymbol{A}\boldsymbol{\beta}$.

注：本试题中的 $\boldsymbol{I}$ 表示单位矩阵.

# 期末考试试题（闭卷）

（2019—2020 学年第 1 学期）

一、填空题（每题 3 分，共 18 分）

1. 设 $\boldsymbol{A}=\begin{bmatrix}1&2&-2\\2&1&2\\1&0&2\end{bmatrix}$，$\boldsymbol{\alpha}=\begin{bmatrix}k\\1\\1\end{bmatrix}$. 若 $\boldsymbol{A\alpha}$ 与 $\boldsymbol{\alpha}$ 线性相关，则 $k=$________.

2. 若 $\boldsymbol{A}$ 的伴随矩阵 $\boldsymbol{A}^*=\begin{bmatrix}1&2&4&6\\0&2&2&4\\0&0&2&2\\0&0&0&2\end{bmatrix}$，则 $\boldsymbol{A}^2-\boldsymbol{A}$ 的秩为________.

3. 设 $\boldsymbol{\alpha}_1=(1,\ 2,\ -1,\ 0)^{\mathrm{T}}$，$\boldsymbol{\alpha}_2=(1,\ 1,\ 0,\ 2)^{\mathrm{T}}$，$\boldsymbol{\alpha}_3=(2,\ 1,\ 1,\ k)^{\mathrm{T}}$. 由 $\boldsymbol{\alpha}_1$，$\boldsymbol{\alpha}_2$，$\boldsymbol{\alpha}_3$ 可生成 $\mathbf{R}^4$ 的子空间 $\boldsymbol{H}$. 若 $\boldsymbol{H}$ 的维数为 2，则 $k=$________.

4. 设 $\boldsymbol{A}=[\boldsymbol{\alpha}_1,\ \boldsymbol{\alpha}_2,\ \boldsymbol{\alpha}_3]$，方程组 $\boldsymbol{AX}=\begin{bmatrix}1\\2\\1\end{bmatrix}$ 的通解为 $\begin{bmatrix}0\\1\\1\end{bmatrix}+c\begin{bmatrix}1\\2\\0\end{bmatrix}$，其中 $c$ 为任意实数，则 $\boldsymbol{\alpha}_1+2\boldsymbol{\alpha}_2=$________.

5. 设 $\boldsymbol{A}$ 为三阶方阵，$|\boldsymbol{A}+\boldsymbol{I}|=|\boldsymbol{A}-\boldsymbol{I}|=0$，$\boldsymbol{A}$ 的迹 $\mathrm{tr}(\boldsymbol{A})=2$，则 $|\boldsymbol{A}^2+\boldsymbol{A}^*-\boldsymbol{I}|=$________.

6. 设二次型 $f(x_1,\ x_2,\ x_3)$ 在正交变换 $\boldsymbol{X}=\boldsymbol{PY}$ 下的标准形为 $y_1^2+2y_2^2-3y_3^2$，其中 $\boldsymbol{P}=(\boldsymbol{\alpha}_1,\ \boldsymbol{\alpha}_2,\ \boldsymbol{\alpha}_3)$. 若 $\boldsymbol{Q}=(-\boldsymbol{\alpha}_1,\ \boldsymbol{\alpha}_3,\ \boldsymbol{\alpha}_2)$，则 $f(x_1,\ x_2,\ x_3)$ 在正交变换 $\boldsymbol{X}=\boldsymbol{QY}$ 下的标准形为________.

二、（14 分）已知 $\boldsymbol{\alpha}_1$，$\boldsymbol{\alpha}_2$，$\boldsymbol{\alpha}_3$ 是 $\mathbf{R}^3$ 的一个基，$\boldsymbol{\beta}_1=2\boldsymbol{\alpha}_1+2k\boldsymbol{\alpha}_3$，$\boldsymbol{\beta}_2=2\boldsymbol{\alpha}_2$，$\boldsymbol{\beta}_3=\boldsymbol{\alpha}_1+(k-1)\boldsymbol{\alpha}_3$.

（1）证明 $\boldsymbol{\beta}_1$，$\boldsymbol{\beta}_2$，$\boldsymbol{\beta}_3$ 为 $\mathbf{R}^3$ 的一个基. 求出基 $\boldsymbol{\alpha}_1$，$\boldsymbol{\alpha}_2$，$\boldsymbol{\alpha}_3$ 到基 $\boldsymbol{\beta}_1$，$\boldsymbol{\beta}_2$，$\boldsymbol{\beta}_3$ 的过渡矩阵.

（2）当 $k$ 为何值时，存在非零向量 $\boldsymbol{\xi}$，其在两组基下的坐标相同，并求出所有的 $\boldsymbol{\xi}$.

三、（14 分）设矩阵 $\boldsymbol{A}=\begin{bmatrix}1 & -1 & -1\\ 2 & a & 1\\ -1 & 1 & a\end{bmatrix}$，$\boldsymbol{B}=\begin{bmatrix}2 & 2\\ 1 & a\\ -a-1 & b\end{bmatrix}$. 当 $a$，$b$ 为何值时，方程组 $\boldsymbol{AX}=\boldsymbol{B}$ 有唯一解？当 $a$，$b$ 为何值时，方程组有无穷多解？此时求其全部解.

四、（10 分）某种佐料由四种原料 $A$，$B$，$C$，$D$ 混合而成. 假设四种原料混合在一起时不发生化学变化，且四种原料的比例按重量计算. 这种佐料现有四种不同口味的配方，其中四种原料的比例如下表所示：

| | 配方 1 | 配方 2 | 配方 3 | 配方 4 |
|---|---|---|---|---|
| $A$ | 2 | 1 | 4 | 2 |
| $B$ | 3 | 2 | 7 | 1 |
| $C$ | 1 | 1 | 3 | 1 |
| $D$ | 1 | 2 | 5 | 3 |

比如，若第一种配方的佐料每袋净重 7 克，则其中 $A$，$B$，$C$，$D$ 四种原料分别含 2 克、3 克、1 克、1 克. 现由于工艺原因，希望减少配方的数量，并通过保留的配方组合出不再单独生产的配方. 试确定至少需要保留哪几种配方，并将其余配方通过保留的配方组合出来.

五、（12 分）设 $\boldsymbol{A}$ 为三阶实对称矩阵，$\boldsymbol{A}$ 的秩为 2，且 $\boldsymbol{A}\begin{bmatrix}1 & 1\\ 1 & -1\\ 0 & 0\end{bmatrix}=\begin{bmatrix}1 & -1\\ 1 & 1\\ 0 & 0\end{bmatrix}$.

（1）求 $\boldsymbol{A}$ 的所有特征值与特征向量；

（2）求矩阵 $\boldsymbol{A}$.

六、（12 分）令 $\boldsymbol{A}=2\boldsymbol{\alpha}\boldsymbol{\alpha}^{\mathrm{T}}+3\boldsymbol{\beta}\boldsymbol{\beta}^{\mathrm{T}}$，其中 $\boldsymbol{\alpha}=(1,\ 1,\ 1)^{\mathrm{T}}$，$\boldsymbol{\beta}=(1,\ 0,\ -1)^{\mathrm{T}}$. 令 $\boldsymbol{X}=(x_1,\ x_2,\ x_3)^{\mathrm{T}}$. 利用正交变换化二次型 $f(\boldsymbol{X})=\boldsymbol{X}^{\mathrm{T}}\boldsymbol{AX}$ 为标准形，并写出所用的正交变换.

七、证明题（每小题 7 分，共 14 分）

1. 设 $\boldsymbol{A}$ 是 $m\times n$ 矩阵，并存在 $n\times m$ 矩阵 $\boldsymbol{B}$ 和 $\boldsymbol{C}$，使得 $\boldsymbol{BA}=\boldsymbol{I}_n$，$\boldsymbol{AC}=\boldsymbol{I}_m$，其中 $\boldsymbol{I}_n$ 和 $\boldsymbol{I}_m$ 分别为 $n$ 阶单位矩阵和 $m$ 阶单位矩阵. 证明：$m=n$，$\boldsymbol{B}=\boldsymbol{C}$.

2. 设 $\boldsymbol{A}$ 是 $n$ 阶对称正定矩阵，$\boldsymbol{B}$ 是秩为 $r$ 的 $n\times r$ 矩阵. 证明 $\boldsymbol{B}^{\mathrm{T}}\boldsymbol{AB}$ 是对称正定矩阵.

八、（6 分）已知 $\boldsymbol{A}$ 为三阶方阵，1，$-1$ 是 $\boldsymbol{A}$ 的特征值，其特征向量分别为 $\boldsymbol{\alpha}_1$，$\boldsymbol{\alpha}_2$，且 $\boldsymbol{A\alpha}_3=\boldsymbol{\alpha}_1+\boldsymbol{\alpha}_3$.

（1）证明：$\boldsymbol{\alpha}_1$，$\boldsymbol{\alpha}_2$，$\boldsymbol{\alpha}_3$ 线性无关；

（2）令 $\boldsymbol{P}=[\boldsymbol{\alpha}_1,\ \boldsymbol{\alpha}_2,\ \boldsymbol{\alpha}_3]$，求 $\boldsymbol{P}^{-1}\boldsymbol{AP}$.